Nikon D500
数码单反摄影技巧大全

FUN视觉 雷波 编著

化学工业出版社
·北京·

本书是一本全面解析 Nikon D500 强大功能、实拍设置技巧及各类拍摄题材实战技法的实用类书籍，将官方手册中没讲清楚的内容以及抽象的功能描述，以实拍测试、精美照片展示、文字详解的形式讲明白、讲清楚。

在相机功能及拍摄参数设置方面，本书不仅针对 Nikon D500 相机结构、菜单功能以及光圈、快门速度、白平衡、感光度、曝光补偿、测光模式、对焦模式、拍摄模式等设置技巧进行了详细的讲解，更有详细的菜单操作图示，即使是没有任何摄影基础的初学者也能够根据这样的图示，玩转相机的菜单及功能设置。

在镜头与附件方面，本书针对数款适合该相机配套使用的高素质镜头进行了详细点评，同时对常用附件的功能、使用技巧进行了深入的解析，以便各位读者有选择地购买相关镜头、附件，与 Nikon D500 配合使用拍摄出更漂亮的照片。

在实战技术方面，本书以大量精美的实拍照片，深入剖析了使用 Nikon D500 拍摄人像、风光、动物、花卉、建筑等常见题材的技巧，以便读者快速提高摄影技能，达到较高的境界。

经验和解决方案是本书的亮点之一，本书精选了数位资深摄影师总结出来的大量关于 Nikon D500 的使用经验及技巧，这些来自一线摄影师的经验和技巧，能够帮助读者少走弯路，让您感觉身边时刻有“高手点拨”。本书还汇总了摄影爱好者初上手使用 Nikon D500 时可能会遇到的一些问题、出现的原因及解决方法，相信能够解决许多爱好者遇到这些问题求助无门的苦恼。

全书语言简洁，图示丰富、精美，即使是接触摄影时间不长的新手，也能够通过阅读本书在较短的时间内精通 Nikon D500 相机的使用并提高摄影技能，从而拍摄出令人满意的摄影作品。

图书在版编目(CIP)数据

Nikon D500 数码单反摄影技巧大全/FUN 视觉，雷波编著.
北京：化学工业出版社，2016.10
ISBN 978-7-122-27906-4

Ⅰ.①N… Ⅱ.①F… ②雷… Ⅲ. 数字照相机-单镜头反光照相机-摄影技术 Ⅳ.①TB86②J41

中国版本图书馆 CIP 数据核字(2016)第 201479 号

责任编辑：孙　炜　王思慧　　　　装帧设计：王晓宇

出版发行：化学工业出版社（北京市东城区青年湖南街 13 号　邮政编码 100011）
印　　装：北京东方宝隆印刷有限公司
787mm×1092mm　1/16　印张 15　字数 375 千字　2016 年 10 月北京第 1 版第 1 次印刷

购书咨询：010-64518888（传真：010-64519686）　售后服务：010-64518899
网　　址：http://www.cip.com.cn
凡购买本书，如有缺损质量问题，本社销售中心负责调换。

定　　价：79.80 元　**版权所有　违者必究**

前　言

尼康在 2016 年 1 月份发布了一台有着强悍功能的数码单反相机——Nikon D500。作为全新的尼康 DX 画幅的新旗舰机，不仅搭载了 2088 万像素的新型号 APS-C 画幅传感器，同时还搭载了强大的 153 点自动对焦系统，4K 视频录制、翻转触控屏、全新的无线功能与首次出现在尼康单反相机上的 SnapBridge 技术，这些都展示出了这款相机的专业水准。

本书正是一本全面解析 Nikon D500 强大功能、实拍设置技巧及各类拍摄题材实战技法的实用类书籍，将官方手册中没讲清楚或没讲到的内容，以及抽象的功能描述，通过实拍测试及精美照片示例具体、形象地展现了出来。

在相机功能及拍摄参数设置方面，本书不仅针对 Nikon D500 相机的结构、菜单功能，以及光圈速度、快门、白平衡、感光度、曝光补偿、测光、对焦、拍摄模式等设置技巧进行了详细的讲解，更有详细的菜单操作图示，即使是没有任何摄影基础的初学者，也能够根据这样的图示，玩转相机的菜单及功能设置。

在镜头与附件方面，本书针对数款适合该相机配套使用的高素质镜头进行了详细点评，同时对常用附件的功能、使用技巧进行了深入的解析，以便各位读者有选择地购买相关镜头、附件，与 Nikon D500 配合使用拍摄出更漂亮的照片。

在实战技术方面，本书通过大量精美的实拍照片，深入剖析了使用 Nikon D500 拍摄人像、风光、动物、花卉、建筑等常见题材的技巧，以便读者快速提高摄影技能，达到较高的境界。

经验与解决方案是本书的亮点之一，本书精选了数位资深玩家总结出来的关于 Nikon D500 的使用经验及技巧，这些来自一线摄影师的经验和技巧，一定能够帮助各位读者少走弯路，让你感觉身边时刻有“高手点拨”。本书还汇总了摄影爱好者初上手使用 Nikon D500 时可能会遇到的一些问题、问题出现的原因及解决方法，相信能够解决许多爱好者遇到这些问题求助无门的苦恼。

为了使阅读学习方式更符合媒体时代的特点，本书加入了大量视频学习二维码，这些视频均由专业摄影师讲解，内容丰富实用，阅读时通过手机扫码即可观看学习。

此外，本书还附赠以下 3 本电子书，同样可以通过扫码下载阅读学习，这无疑极大地提升了本书的性价比：

- 38 页《尼康流行镜头全解》电子书。
- 353 页《数码单反摄影常见问答 150 例》电子书。
- 100 页《时尚人像摄影摆姿宝典》电子书。

为了方便及时地与笔者交流与沟通，欢迎读者朋友加入光线摄影交流 QQ 群（群 7：493812664，群 8：494474732，群 9：494765455）。关注我们的微博 http://weibo.com/leibobook 或微信公众号 FUNPHOTO，每日接收最新、最实用的摄影技巧。也可以拨打我们的 400 电话 4008367388，与我们沟通交流。

本书是集体劳动的结晶，参与本书编著的还包括雷剑、吴腾飞、雷波、左福、范玉婵、刘志伟、李芳兰、石军伟、王芬、杜林、李美、邓冰峰、詹曼雪、黄正、孙美娜、刑海杰、刘小松、陈红艳、徐克沛、吴晴、李洪泽、漠然、李亚洲、佟晓旭、江海艳、董文杰、张来勤、刘星龙、边艳蕊、马俊南、姜玉双、李敏、邰琳琳、卢金凤、李静、肖辉、寿鹏程、管亮、马牧阳、杨冲、张奇、陈志新、孙雅丽、孟祥印、李倪、潘陈锡、姚天亮、车宇霞、陈秋娣、楮倩楠、王晓明、陈常兰、吴庆军、陈炎、苑丽丽等。

编　者

2016 年 5 月

Chapter 01
Nikon D500 机身结构

Chapter 02
初上手一定要学会的菜单设置

Chapter 03
必须掌握的基本曝光与对焦设置

Chapter 04

活用曝光模式拍出好照片

Chapter 05

拍出佳片必须掌握的高级曝光技巧

Chapter 06

不可忽视的即时取景与视频拍摄功能

Chapter 07

掌握 Wi-Fi 功能设定

Chapter 08

Nikon D500 相机适用镜头推荐

Chapter 09

用附件为照片增色的技巧

Chapter 10

Nikon D500 人像摄影技巧

Chapter 11

Nikon D500 风光摄影技巧

Chapter 12

Nikon D500 动物摄影技巧

Chapter 13

Nikon D500 花卉摄影技巧

Chapter 14

Nikon D500 建筑摄影技巧

01 Chapter
Nikon D500 机身结构

Nikon D500 相机

正面结构

1 Fn1功能按钮

此按钮为自定义功能按钮，可在“f1：自定义控制功能”菜单中为其指定功能

2 Pv按钮

此按钮的默认功能为预览景深，在“f1：自定义控制功能”菜单中可将其变更为其他功能

3 副指令拨盘

通过旋转副指令拨盘可以改变光圈、色温的数值，或用于播放照片等

4 快门释放按钮

半按快门可以开启相机的自动对焦及测光系统，完全按下时即可完成拍摄。当相机处于省电状态时，轻按快门可以恢复工作状态

5 自拍指示灯

当设置自拍模式时，此灯会连续闪光进行提示

6 立体声麦克风

通过此麦克风可以录制有立体声的视频

7 闪光同步端子盖

打开此端子盖，可根据需要将同步线连接至同步端子。当热靴上安装有闪光灯组件时，若要进行后帘同步闪光拍摄，请勿使用同步线连接其他闪光灯组件

8 10针遥控端子盖

打开此端子盖，可以将快门线插入，从而遥控快门拍摄

9 镜头释放按钮

用于拆卸镜头，按下此按钮并旋转镜头的镜筒，可以把镜头从机身上取下来

Nikon D500 相机

顶部结构

① 释放模式拨盘锁定解除按钮

按下此按钮并旋转释放模式拨盘可选择一种快门释放模式

② 图像品质/图像尺寸/双键重设按钮

按下此按钮并旋转主指令拨盘，可以选择图像品质；按下此按钮并旋转副指令拨盘，可以选择图像尺寸；同时按下此按钮和曝光补偿按钮2s以上，可将部分相机的设定恢复为默认值

③ 白平衡按钮

按下此按钮并转动主指令拨盘可以选择白平衡模式

④ 曝光模式按钮

按下此按钮并转动主指令拨盘可以选择曝光模式

⑤ 测光模式按钮

按下此按钮并转动主指令拨盘可以选择测光模式

⑥ 释放模式拨盘

按下释放模式拨盘锁定解除按钮并旋转此拨盘即可选择不同的快门释放模式

⑦ 配件热靴

用于安装外置闪光灯、无线引闪器等设备

⑧ 驱光度调节控制器

向左或向右转动旋钮，以使取景器中的画面显得更清晰

⑨ 控制面板

可设置绝大部分常用的拍摄参数

⑩ ISO按钮/格式化存储卡按钮

按下此按钮并转动主指令拨盘可以调整ISO感光度值；同时按下此按钮和删除按钮可以格式化存储卡

⑪ 曝光补偿按钮/双键重设按钮

按下此按钮并旋转主指令拨盘，可以选择曝光补偿值；同时按住此按钮和QUAL按钮两秒以上，可恢复部分相机设定的默认值

⑫ 电源开关/LCD照明器

用于控制相机的开启及关闭。将开关拨至☀端时，可以开启控制面板的照明

⑬ 动画录制按钮

按下此按钮将开始录制视频，显示屏中会显示录制指示及可用录制时间，再次按下此按钮将结束视频录制

Nikon D500 相机 背面结构

1 MENU菜单按钮

按下此按钮后可显示相机的菜单

2 帮助/优化校准/保护按钮

在选择菜单命令或功能时，按下此按钮可查看相关的帮助与提示；在拍摄待机状态时，按下此按钮可以显示优化校准列表，用户可以选择所需的优化校准模式；在查看照片时，按下此按钮可以保护该照片

3 放大播放按钮

在查看已拍摄的照片时，可以放大照片以观察其局部

4 缩略图按钮/ 缩小按钮/闪光模式/闪光补偿按钮

在回放照片时，按下此按钮可以缩小缩略图或照片的显示比例；当相机上安装有外置闪光灯时，可以按下此按钮并旋转主指令拨盘来选择闪光模式，按下此按钮并旋转副指令拨盘可以选择闪光补偿值

5 OK按钮

通常情况下，按下OK按钮与按下多重选择器中央按钮的作用相同，但在某些情况下仅通过按下OK按钮进行选择

6 Fn2功能按钮

此按钮为自定义功能按钮，可以在“f1：自定义控制功能”菜单中为其指定功能

7 副选择器

在拍摄时，向上、下、左、右倾斜选择器可以选择自动对焦点，按下副选择器中央则可以锁定曝光与对焦，除此之外，还可以通过“f1：自定义控制功能”菜单为其指定其他功能

8 可翻折显示屏/触摸屏

用于查看设定、即时取景、查看照片、全屏播放。此显示屏可以向上折叠约90°，向下翻转约75°，以实现低角度和高角度拍摄；此显示屏还可以在播放照片时触摸操作，通过手指轻触、滑动来操作

9 多重选择器中央按钮

用于选择菜单命令或确认当前的设置

10 info（信息）按钮

使用取景器拍摄时，按下此按钮可以开启显示屏拍摄信息显示；在即时取景、动画录制模式及播放照片模式下，每按一次此按钮可切换不同的信息显示

11 Lv按钮

按下此按钮后，反光板将弹起，此时可从显示屏中观察拍摄场景

1 播放按钮

按下此按钮，可切换至查看照片状态

2 删除/格式化存储卡按钮

在查看照片时，按下此按钮，屏幕中将显示一个确认对话框，再次按下此按钮可删除图像并返回播放状态。同时按下 ISO 按钮和此按钮直至出现格式化指示，然后将它们再次按下即可格式化存储卡

3 接目镜快门操作杆

旋转接目镜快门杆可以关闭或开启取景器

4 取景器接目镜

在拍摄时，通过观察取景器目镜中的景物进行取景构图

5 扬声器

用于播放声音

6 AF-ON 按钮

除了半按快门可以对焦外，也可以按下此按钮来激活自动对焦；在即时取景模式下，使用多重选择器选择对焦点，按下此按钮，相机将正常对焦

7 主指令拨盘

用于改变快门速度数值或播放照片等

8 存储卡存取指示灯

使用存储卡保存、读取照片以及进行自拍时，该指示灯会不断闪烁

9 多重选择器

用于选择菜单命令、浏览照片、选择

10 对焦选择器锁定开关

将对焦选择器锁定开关转至“●”位置，多重选择器便可用于选择对焦点，当将对焦选择器锁定开关转至“L”时，将锁定所选对焦点的位置

11 i按钮

在播放模式、取景器拍摄、即时取景静态拍摄和动画即时取景期间，按下此按钮，可以快速访问常用设定

12 即时取景选择器

将即时取景选择器旋转至📷，然后按下 Lv 按钮，即可在即时取景状态下拍摄照片；将即时取景选择器旋转至🎥，然后按下 Lv 按钮，

Nikon D500 相机

侧面结构

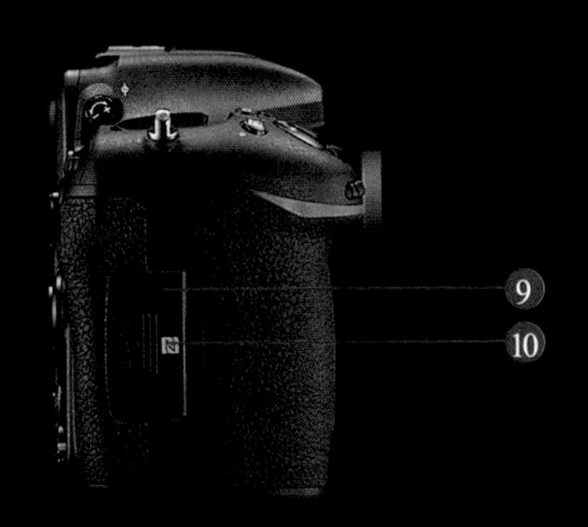

1 BKT按钮

按下此按钮并旋转主指令拨盘可以选择包围曝光的拍摄张数，按下此按钮并旋转副指令拨盘可以选择包围曝光的曝光增量

2 镜头安装标志

将镜头上的白色标志与机身上的白色标志对齐，旋转镜头即可完成镜头的安装

3 AF模式按钮

按下此按钮并旋转主指令拨盘，可选择所需的对焦模式；按下此按钮并旋转副指令拨盘，可选择所需的AF区域模式

4 对焦模式选择器

要使用自动对焦模式进行对焦，可将对焦模式选择器旋转至 AF；要使用手动对焦模式进行对焦，可将对焦模式选择器旋转至 M

5 耳机接口

用来连接耳机

6 USB接口

利用 USB 连接线可将相机与计算机连接起来，以便在计算机上查看图像；连接打印机可以进行打印

7 外置麦克风接口

用来连接麦克风

8 HDMI迷你针式接口

C 型迷你针式高清晰度多媒体接口（HDMI）连接线可用来将相机连接至高清视频设备

9 存储卡插槽盖

打开此盖可拆装存储卡，Nikon D500 有两个存储卡插槽，可以分别安装 XQD 和 SD 存储卡

10 N标记

如果用户的智能手机支持 NFC 功能，那么手机开启 NFC 功能后，将智能手机上的 NFC 天线轻轻碰触相机 N （N 标记），即可启动手机上的 SnapBridge 应用程序

Nikon D500 相机

底部结构

1 电池舱盖锁闩

安装电池时，应先移动电池舱盖锁闩，然后打开舱盖

2 电池舱盖

打开该舱盖可安装和更换锂离子电池

3 脚架连接孔

用于将相机固定在脚架上。可通过顺时针转动脚架快装板上的旋钮，将相机固定在脚架上

光学取景器

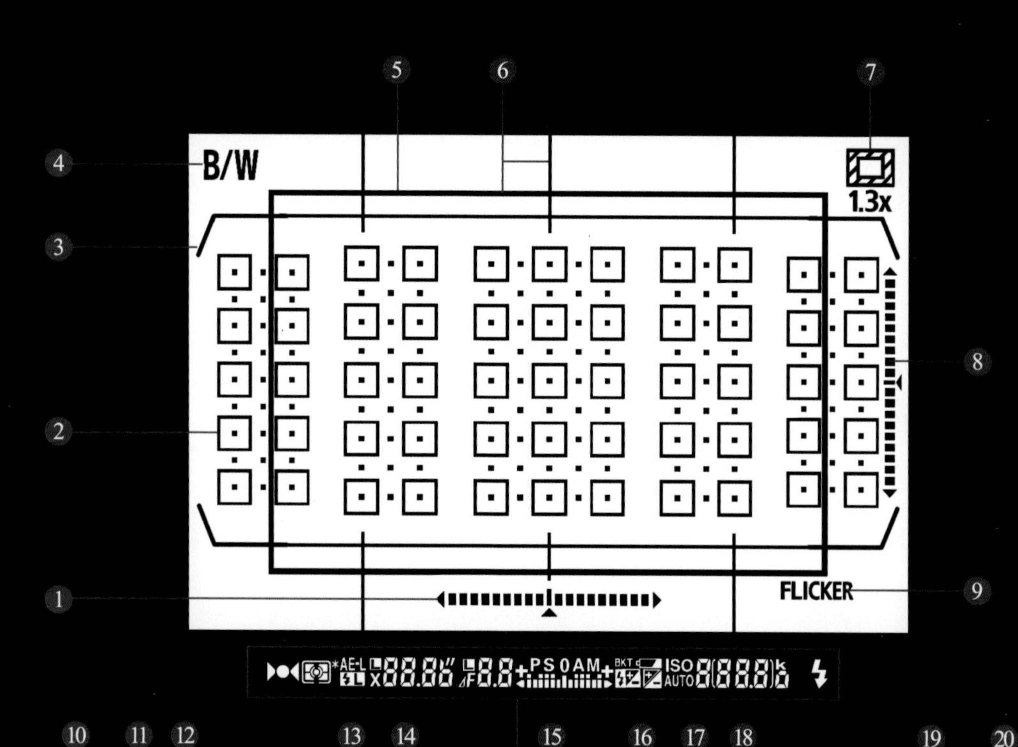

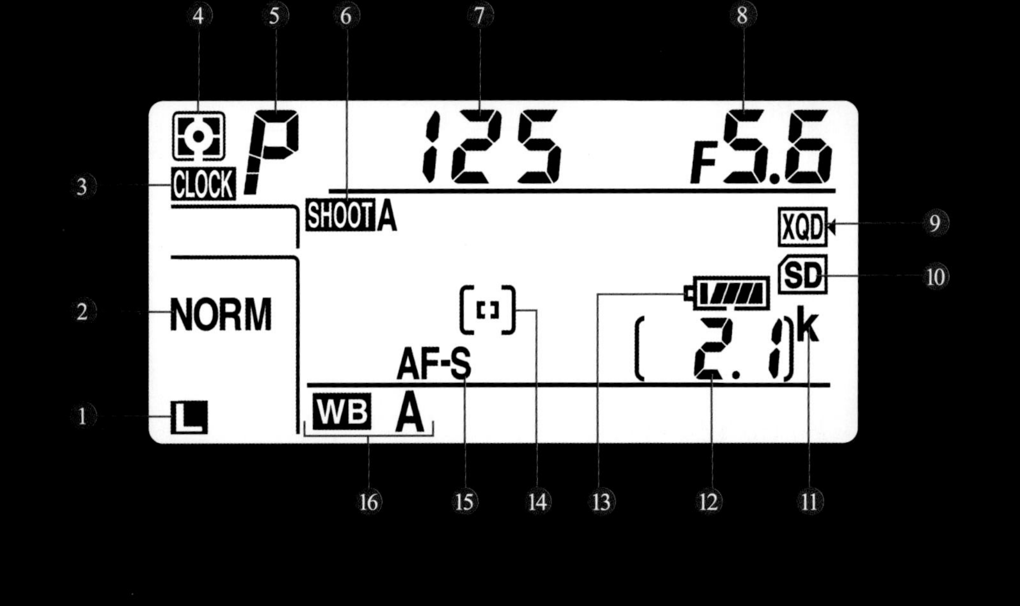

1 图像尺寸

2 图像品质

3 CLOCK指示

4 测光模式

5 曝光模式

6 照片拍摄菜单库

7 快门速度

8 光圈

10 SD卡图标

11 “k” （当剩余存储空间足够拍摄1000 张以上时出现）

12 剩余可拍摄张数

13 电池电量指示

14 对焦区域模式

15 自动对焦模式

16 白平衡

显示屏

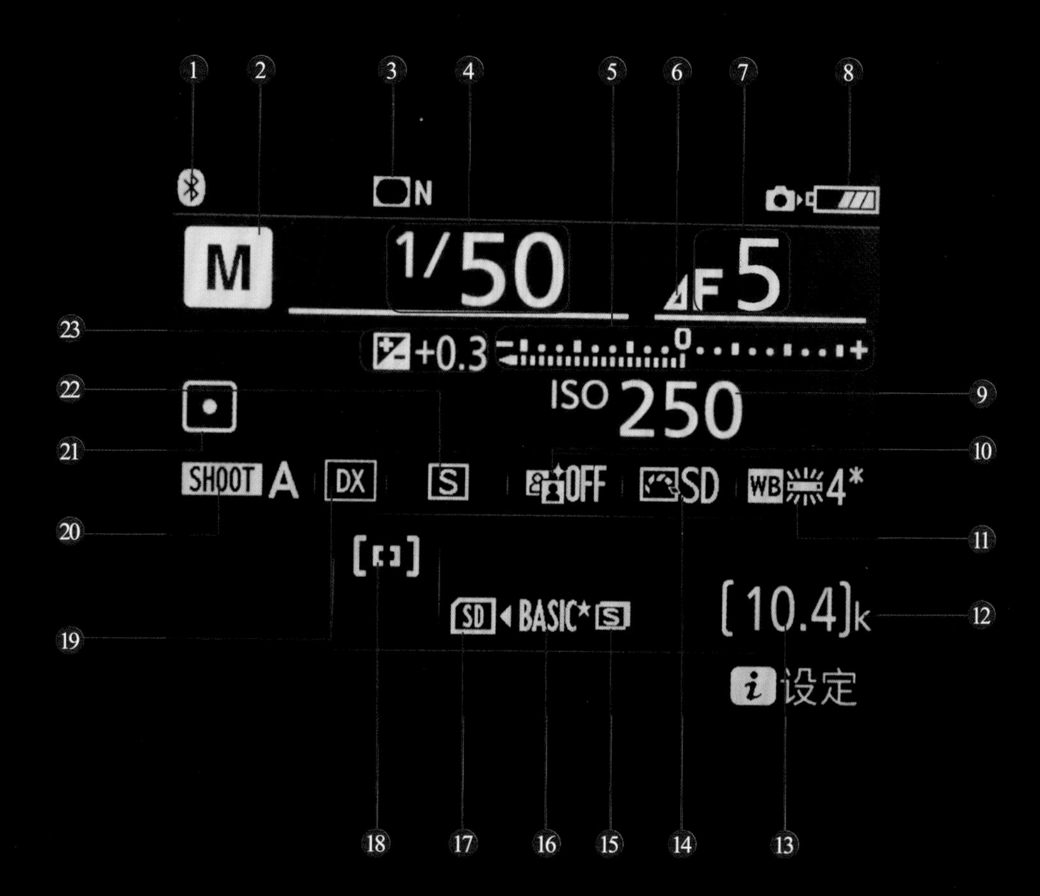

1 蓝牙连接指示
2 拍摄模式
3 暗角控制指示
4 快门速度值
5 曝光/曝光补偿显示/包围进程
6 光圈级数指示
7 光圈值（F值）
8 电池电量/MB-D17 电池类型显示/MB-D17 电池电量
9 ISO 感光度
10 动态D-Lighting
11 白平衡
12 “k”（当剩余可拍摄张数达到1000张以上时出现）
13 剩余可拍摄张数/手动镜头编号
14 优化校准
15 图像尺寸
16 图像品质
17 SD 卡图标
18 AF区域模式
19 影像区域
20 照片拍摄菜单库
21 测光模式
22 释放模式
23 曝光补偿图标/曝光补偿值

Chapter 02 初上手一定要学会的菜单设置

菜单的使用方法

Nikon D500 的菜单功能非常强大，熟练掌握菜单相关的操作，可以帮助我们进行更快速、准确的设置。下面先来介绍一下机身上与菜单设置相关的功能按钮。

使用菜单时，可以先按下 MENU 按钮，在显示屏中就会显示相应的菜单项目，位于菜单左侧从上到下有 8 个图标，代表 8 个菜单项目，依次为播放▶、照片拍摄📷、动画拍摄📽、自定义设定✏、设定Y、润饰☑、我的菜单▤，以及最底部的“?”图标（即帮助图标）。当“?”图标出现时，表明有帮助信息，此时可以按下帮助按钮进行查看。

菜单的基本操作方法如下。

❶ 要在各个菜单项之间进行切换，可以按下◀方向键切换至左侧的图标栏，再按下▲或▼方向键进行选择。

❷ 在左侧选择一个菜单项目后，按下▶方向键可进入下一级菜单中，然后可按下▲和▼方向键选择其中的子菜单命令。

❸ 选择一个子菜单命令后，再次按下▶方向键进入其参数设置页面，可以使用主指令拨盘、多重选择器等在其中进行参数设置。

❹ 参数设置完毕后，按下多重选择器中央按钮按钮即可确定参数设置。在部分情况下，需要按下OK方向键保存设置；如果按下◀方向键，则返回上一级菜单中，并不保存当前的参数设置。

设定步骤

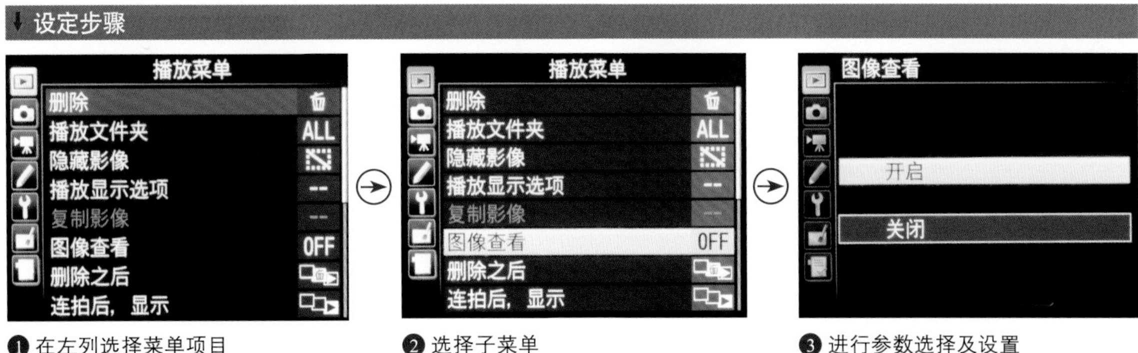

❶ 在左列选择菜单项目　❷ 选择子菜单　❸ 进行参数选择及设置

利用机身按钮设置拍摄参数

在Nikon D500相机上，对于特别常用的拍摄参数，例如白平衡、图像品质、图像尺寸、ISO感光度、自动对焦操作、曝光补偿等，都可以通过按下相应的机身按钮，并转动主指令拨盘或副指令拨盘进行设置。

例如要设置白平衡模式，可以先按下白平衡按钮，然后转动主指令拨盘，直至显示屏信息显示中显示相应白平衡模式即可。

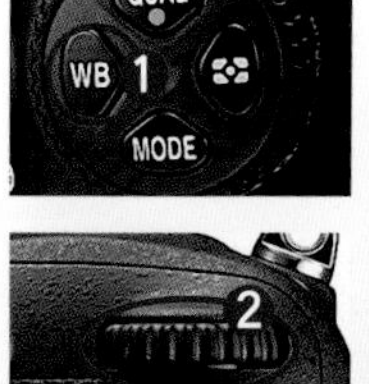

操作方法

按下WB白平衡按钮并转动主指令拨盘选择所需白平衡模式。当选择预设白平衡模式时，转动副指令拨盘则可以在琥珀色（A）-蓝色（B）轴上微调所选白平衡

利用快速菜单设置常用参数

使用Nikon D500时，除了可以按各种按钮进行常用参数设置外，还可以通过按下*i*按钮显示一个常用功能菜单，以快速设置相关参数。

在快速菜单中，可以对照片拍摄菜单库、自定义设定库、自定义控制功能、动态D-Lighting、选择影像区域、长时间曝光降噪、高ISO降噪等功能进行快速设置。

操作方法

按下*i*按钮显示快速菜单列表。当设置完成后再次按下*i*按钮返回拍摄信息显示

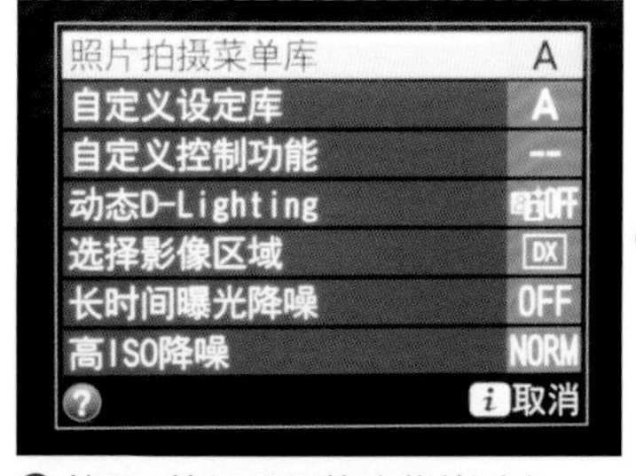

❶ 按下*i*按钮显示快速菜单列表

❷ 按下▲和▼方向键选择要设置的拍摄参数，然后按下多重选择器中央按钮

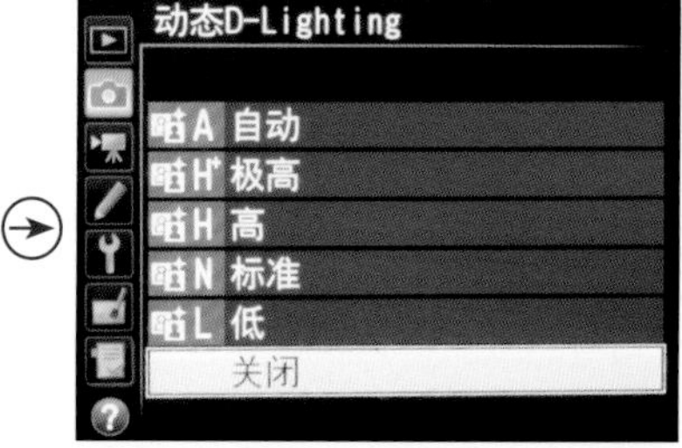

❸ 按下▲或▼方向键选择不同的参数，然后按下OK按钮即可确定更改并返回初始界面。

在控制面板中设置常用拍摄参数

Nikon D500 的控制面板（也称为肩屏）是设置参数时不可或缺的重要部件，甚至可以说，控制面板中已经囊括了常用参数，如光圈、快门速度、感光度等，因此，平常使用控制面板基本上就可以满足绝大部分常用参数设置的需求。

在控制面板中设置常用参数的方法很简单，在机身上按下相应的按钮，然后转动主指令拨盘或副指令拨盘即可调整相应的参数。

右侧示例了设置 ISO 感光度时的操作步骤。

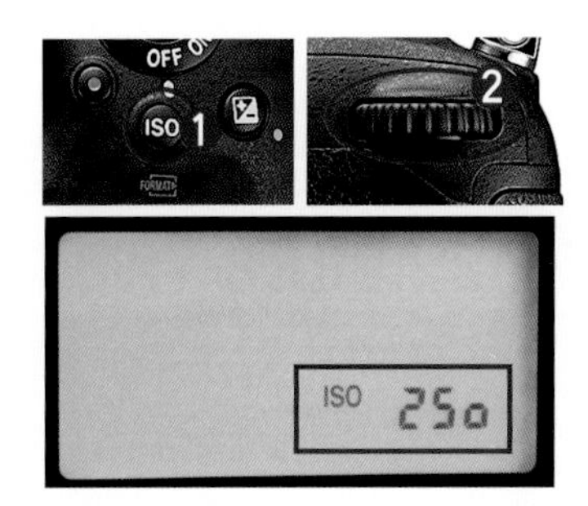

操作方法

按下ISO按钮并转动主指令拨盘，即可调节 ISO 感光度的数值

设置相机显示参数

把相机设定为中文显示

Nikon D500 为用户提供了多种显示语言，包括简体中文、繁体中文、英语、德语、俄语、韩语、日语、西班牙语等。开机后可以使用“语言 (Language)”菜单将相机的显示语言设置为自己需要的语言文字，如简体中文。

设定步骤

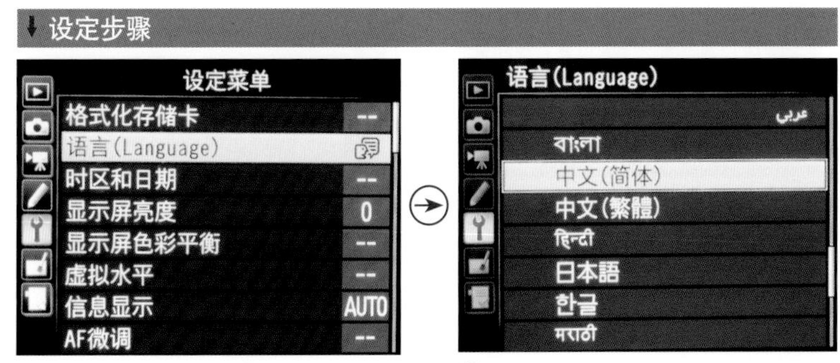

❶ 在**设定**菜单中选择**语言** (Language) 选项

❷ 在其子菜单中选择**中文（简体）**选项即可

『焦距：17mm ┆ 光圈：F19 ┆ 快门速度：1/3s ┆ 感光度：ISO160』

让相机显示正确的拍摄时间

大多数摄友通常都以时间＋标注的形式整理自己拍摄的数码照片，例如“2016-07-10- 欧洲之旅”。在这种情况下，让相机正确显示日期和时间就显得非常重要，利用“时区和日期”菜单可以很好地完成设置日期与时间的任务。

设定步骤

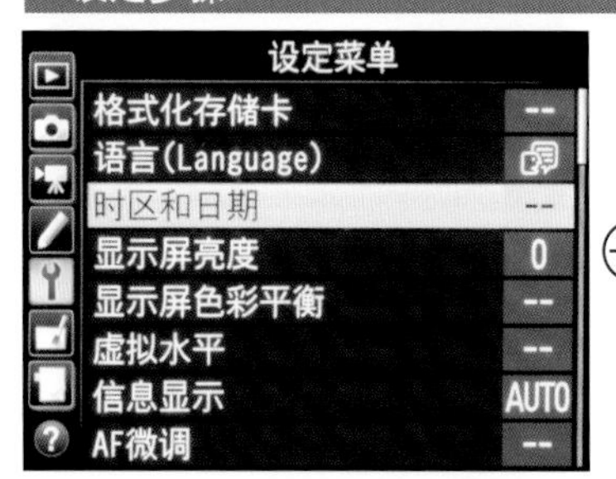

❶ 在**设定**菜单中选择**时区和日期**选项，按下▶方向键进入下一级菜单

❷ 按下▲或▼方向键选择**时区**选项，然后按下▶方向键

❸ 使用多重选择器的方向键将时区设置为 Beijing

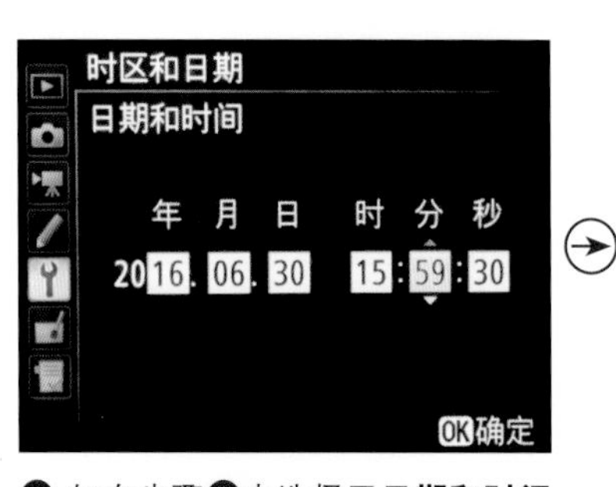

❹ 如在步骤❷中选择了**日期和时间**选项并按下▶方向键，按下◀或▶方向键选择一个日期或时间项目，然后按下▲或▼方向键修改其数值

❺ 如果在步骤❷ 中选择了**与智能设备同步**选项并按下▶方向键，按下▲或▼方向键可选择**开启**或**关闭**选项

❻ 如果在步骤❷ 中选择了**日期格式**选项并按下▶方向键，按下▲或▼方向键可选择年、月、日显示的顺序

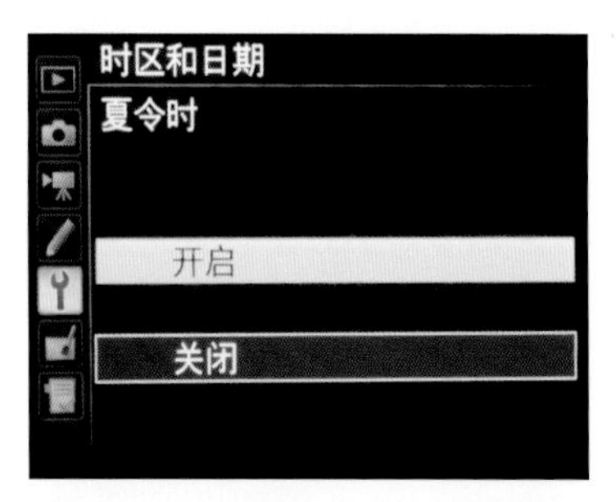

❼ 如果在步骤❷中选择了**夏令时**选项，按下▲或▼方向键可选择**开启**或**关闭**选项

▲ 在国外旅行时，记得将时间与时区设定为当地时间『焦距：32mm ┆ 光圈：F11 ┆ 快门速度：1/60s ┆ 感光度：ISO100』

利用显示屏关闭延迟提高相机的续航能力

“显示屏关闭延迟”菜单可以控制在播放、菜单查看、拍摄信息显示、图像查看以及即时取景过程中，未执行任何操作时，显示屏保持开启的时间长度。

设定步骤

❶ 进入**自定义设定**菜单，选择 **c 计时 /AE 锁定**中的 c4 **显示屏关闭延迟**选项

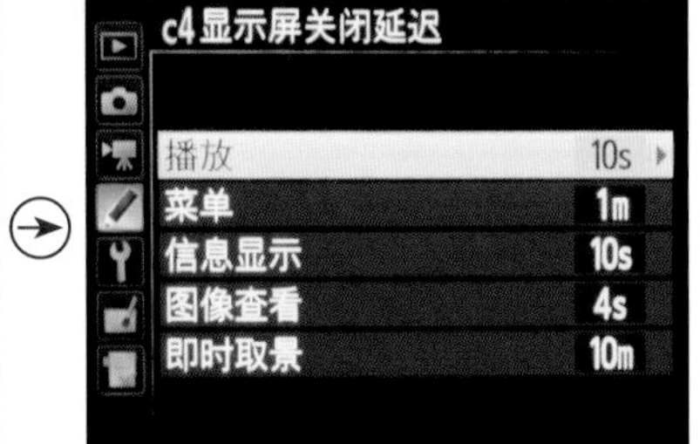

❷ 在其子菜单中可以选择**播放**、**菜单**、**信息显示**、**图像查看**或**即时取景**选项

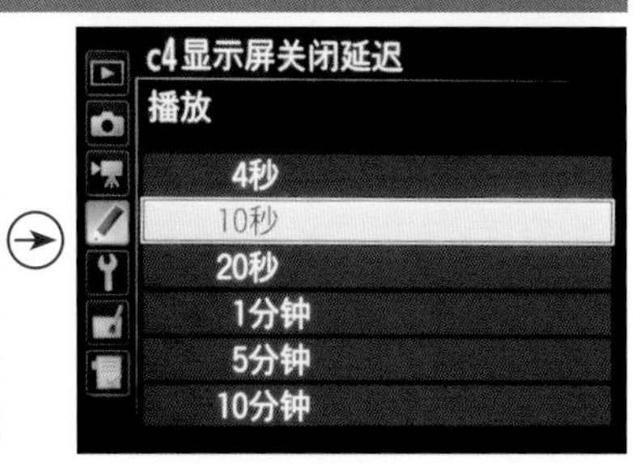

❸ 如果选择**播放**选项，按下▲或▼方向键即可设置回放照片时显示屏关闭的延迟时间

高手点拨：在“c4显示屏关闭延迟”菜单中将时间设置得越短，对节省电池的电力越有利，这一点在身处严寒环境中拍摄时显得尤其重要，因为在这样的低温环境中电池的电力消耗会很快。

- 播放：用于设置回放照片时显示屏关闭的延迟时间。
- 菜单：用于设置在进行菜单设置时显示屏关闭的延迟时间。
- 信息显示：用于设置按下 info 按钮后，打开显示屏查看拍摄信息时，显示屏关闭的延迟时间。
- 图像查看：用于设置拍摄照片后，相机自动显示照片效果时显示屏关闭的延迟时间。
- 即时取景：用于设置即时取景和动画录制期间，显示屏关闭的延迟时间。

在低温条件下拍摄风景时，如果能够使用备用电池最好，如果不能，应该将“显示屏关闭延迟”设置为较短时间『焦距：70mm ┆ 光圈：F9 ┆ 快门速度：1/20s ┆ 感光度：ISO50』

利用取景器网格轻松构图

Nikon D500 相机的“取景器网格显示”功能可以为我们进行比较精确构图提供极大的便利，如严格的水平线或垂直线构图等。另外，4×4 的网格结构也可以帮助我们进行较准确的 3 分法构图，这在拍摄时是非常实用的。

该菜单用于设置是否显示取景器网格，包含“开启”和“关闭”两个选项。选择“开启”选项时，在拍摄时取景器中将显示网格线以辅助构图。

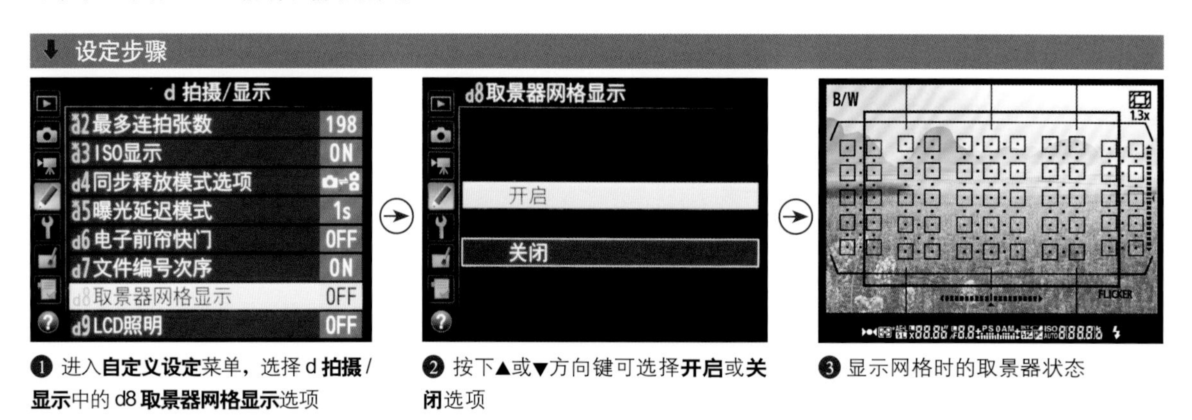

❶ 进入**自定义设定**菜单，选择 d **拍摄/显示**中的 d8 **取景器网格显示**选项

❷ 按下▲或▼方向键可选择**开启**或**关闭**选项

❸ 显示网格时的取景器状态

▲ 远处山景重叠，只凭人眼测试很难确定画面的水平线是否处于水平状态，开启“取景器网格显示”功能，可以利用水平网格线确保画面中的地平线处于水平状态『焦距：70mm ┆ 光圈：F13 ┆ 快门速度：1/320s ┆ 感光度：ISO200』

利用 LCD 照明在弱光下看清曝光参数

此处的 LCD 即指 Nikon D500 的控制面板，在弱光环境下，可以打开其照明灯，以照亮相机控制面板中的拍摄参数。在“LCD 照明”菜单中可以设置以何种方式为 LCD 进行照明。

- 开启：选择此选项，则控制面板的背光（LCD 照明器）将一直保持照亮状态，直至关闭相机电源才会熄灭。
- 关闭：选择此选项，则控制面板的背光（LCD 照明器）仅当电源开关被旋转至☀时点亮，以提高电池的续航能力。

设定步骤

❶ 进入**自定义设定**菜单，选择 d **拍摄 / 显示**中的 d9 LCD **照明**选项

❷ 按下▲或▼方向键可选择**开启**或**关闭**选项

▼ 在拍摄夜景时，由于周围环境较暗，需要开启“LCD 照明”功能以方便查看拍摄参数『焦距：17mm ┆ 光圈：F16 ┆ 快门速度：25s ┆ 感光度：ISO200』

设置相机控制参数

自定义控制功能

Nikon D500 相机可以在“自定义控制功能”菜单中，可以根据个人的操作习惯或临时的拍摄需求，为预览按钮、Fn1 按钮、Fn2 按钮、AF-ON 按钮、副选择器、副选择器中央、BKT 按钮、动画录制按钮、镜头对焦功能按钮指定一个功能。

在“自定义控制功能”菜单中，可以为各控制按钮在单独按下时、与指令拨盘组合使用时指定不同的功能，如果能够按自己的拍摄操作习惯对该按钮的功能进行重新定义，就能够使拍摄操作更顺手。

例如，若摄影师将按下 Fn1 按钮的操作指定为“仅 AE 锁定”功能，那么在拍摄时，按下 Fn1 按钮即可锁定曝光，释放按钮时则取消锁定曝光。

设定步骤

❶ 进入**自定义设定**菜单，选择 **f 控制**中的 f1 **自定义控制功能**选项

❷ 若是为按下按钮指定功能，则按下▲或▼方向键选择要注册的按钮选项，然后按下▶方向键（此处以选择预览按钮为例）

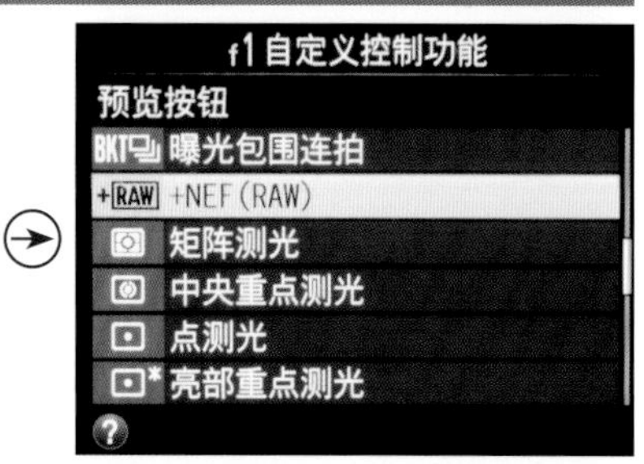

❸ 按下▲或▼方向键为按下预览按钮指定所需的功能

选择“按下”时，可以注册的功能选项。

- 预设对焦点：选择此选项，按下按钮可以选择一个预设对焦点。设定预设对焦点时，需要先选择好一个对焦点，然后同时按住 AF 模式按钮和注册的按钮直至对焦点闪烁。
- AF 区域模式：选择此选项时按下▶方向键选择一种对焦区域模式（3D 跟踪模式除外）选项。当在拍摄时，按住按钮则可以切换至该对焦区域模式，释放按钮时则恢复原来的对焦区域模式。
- AF 区域模式 +AF-ON：除按下按钮时也将启动自动对焦外，其他与上述 AF 区域模式相同。
- 预览：按住按钮，将预览景深。
- FV 锁定：按下按钮，将锁定闪光量，在不改变闪光级别的情况下重新构图，可确保即使重新构图后被摄对象不在画面中央，被锁定的闪光量也可用于拍摄该对象。再次按下则解除 FV 锁定。
- AE/AF 锁定：按住按钮，对焦和曝光被锁定。
- 仅 AE 锁定：按住按钮，仅曝光被锁定。
- AE 锁定（快门释放时解除）：按下按钮时，曝光被锁定并保持锁定直到再次按下该按钮、释放快门按钮或“c2 待机定时器”选项中定义的计时时间被耗尽。
- AE 锁定（保持）：按下按钮时，曝光被锁定并保持锁定直到再次按下该按钮或“c2 待机定时器”选项中定义的计时时间被耗尽。
- 仅 AF 锁定：按住按钮，仅对焦被锁定。
- AF-ON：按下按钮，可执行自动对焦操作。
- ⚡禁用 / 启用：若闪光灯当前处于关闭状态，按住按钮时，将启用前帘同步闪光模式，若闪光灯当前处于启用状态，那么按住按钮时将禁用闪光灯。

● 曝光包围连拍：若在单张拍摄或安静快门释放模式下进行曝光、闪光或动态 D-Lighting 包围时，按住按钮，则每次按下快门释放按钮，相机将会拍摄当前包围程序中的所有照片。当进行白平衡包围或选择了连拍模式（CH、CL、Qc模式）时，相机将在按住快门释放按钮时重复包围连拍。

● +NEF（RAW）：在将图像品质设为“JPEG 精细”“JPEG 标准”或“JPEG 基本”时，按下按钮，“RAW”将出现在取景器中，且在按下该按钮拍摄下一张照片的同时，将记录一个 NEF（RAW）副本。若不需要记录一个 NEF（RAW）副本而直接退出，可再次按下按钮。

● 矩阵测光：按住按钮，矩阵测光将被激活。

● 中央重点测光：按住按钮，中央重点测光将被激活。

● 点测光：按住 按钮，点测光将被激活。

● 亮部重点测光：按住按钮，亮部重点测光将被激活。

● 取景网格显示：按下按钮，可以在取景器中开启或关闭取景器网格显示功能。

● 取景器虚拟水平：按下按钮，将在取景器中查看虚拟水平仪显示。

● 同步释放选择：当连接了无线传输器或无线遥控器时，按下按钮可以在遥控释放、主控释放或同步释放之间进行切换。可用选项取决于“d4：同步释放模式选项”菜单中所选的设定。

● 我的菜单：按下按钮，将显示“我的菜单”。

● 访问我的菜单中首个项目：按下按钮，可快速转至“我的菜单”中的首个项目。选择该选项可快速进入常用菜单项目。

● 播放：按下按钮，将播放照片。

● 评级：按住按钮并同时按◀或▶方向键为当前照片评级。

● 选择中央对焦点：按住按钮可以选择中央对焦点。

● 加亮显示活动的对焦点：按下按钮可以加亮显示当前对焦点

● 无：按下按钮，将不执行任何操作。

设定步骤

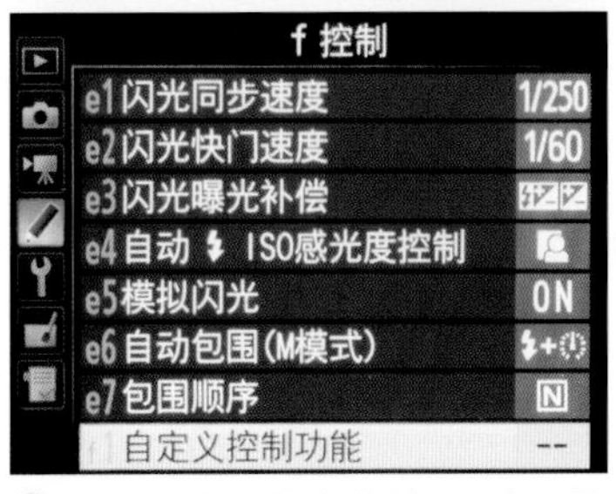

❶ 进入**自定义设定**菜单，选择 f **控制**中的 f1 **自定义控制功能**选项

❷ 若是为按钮+指令拨盘指定功能，则按下▲或▼方向键选择按钮+选项，然后按下▶方向键（此处以选择预览按钮＋为例）

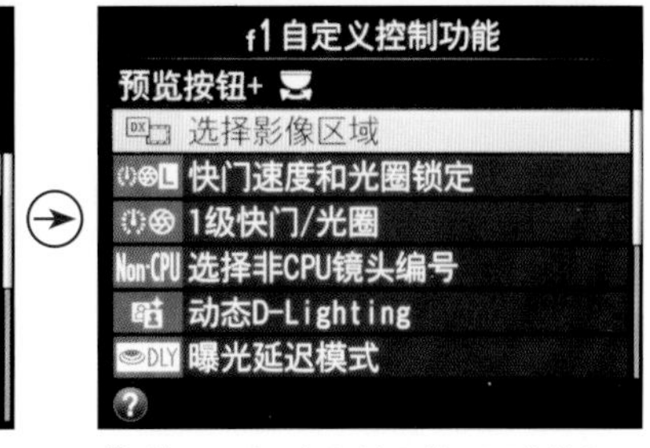

❸ 按下▲或▼方向键为按下预览按钮＋指令拨盘指定功能

选择“按下＋指令拨盘”时，可以注册的功能选项。

● 选择影像区域：按下按钮并同时旋转主指令或副指令拨盘，可选择图像区域。

● 快门速度和光圈锁定：在 S 和 M 模式下按下按钮并同时旋转主指令拨盘可锁定快门速度；在 A 和 M 下模式按下按钮并同时旋转副指令拨盘则可锁定光圈。

● 1 级快门 / 光圈：按下 按钮并旋转主指令或副指令拨盘，则无论在“b2：曝光控制 EV 步长”中选择了哪个选项，快门速度和光圈都将以 1EV 为增量进行更改。

● 选择非 CPU 镜头编号：按下 按钮并旋转主指令或副指令拨盘，可选择使用“非 CPU 镜头数据”选项指定的镜头编号。

● 动态 D-Lighting：按下按钮并旋转主指令拨盘，可调整动态 D-Lighting 选项。

● 曝光延迟模式：按下按钮并旋转主指令或副指令拨盘，可开启曝光延迟模式。

● 自动包围：按下按钮并同时旋转主指令拨盘，可选择包围序列中的拍摄张数，按下按钮并同时旋转副指令拨盘则可选择包围增量。

●多重曝光：按下按钮并同时旋转主指令拨盘可选择模式，按下控制并同时旋转副指令拨盘则可选择拍摄张数。

●HDR（高动态范围）：按下按钮并同时旋转主指令拨盘可选择“HDR模式”，同时旋转副指令拨盘则可选择“HDR强度”。

●无：按下按钮并旋转主指令或副指令拨盘时不会执行任何操作。

设定步骤

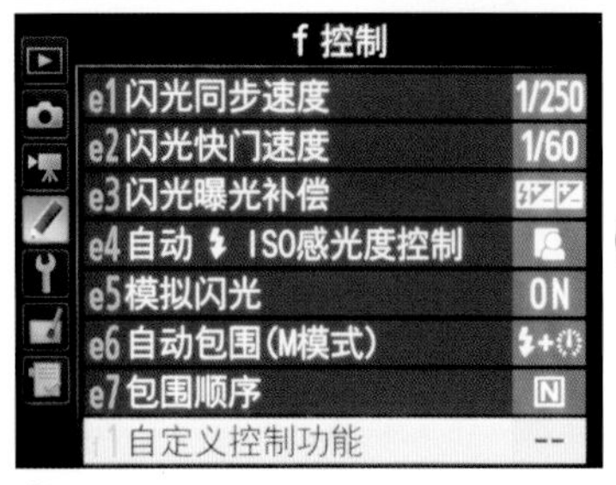

❶ 进入**自定义设定**菜单，选择**f控制**中的**f1 自定义控制功能**选项

❷ 若按下▲或▼方向键选择了**副选择器**选项，然后按下▶方向键

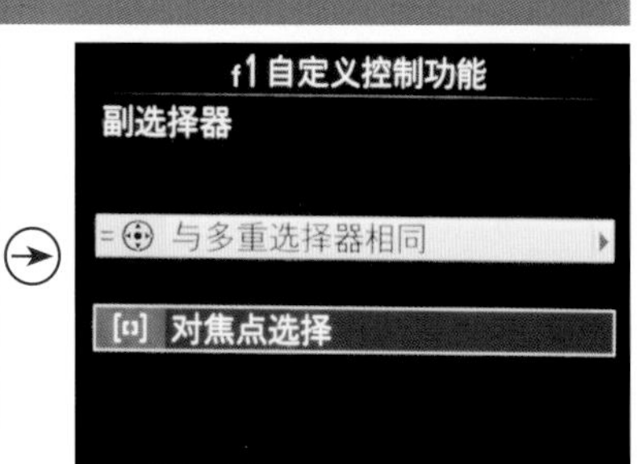

❸ 按下▲或▼方向键可选择**与多重选择器相同**或**对焦点选择**选项

当选择了“副选择器”选项时，可以注册下列功能。

●对焦点选择：选择此选项，副选择器可以用于选择对焦点。

●与多重选择器相同：选择此选项，副选择器所执行功能与多重选择器一样（如用于选择菜单项目）。此外，还可以进一步在“变焦播放”选项中，设定在变播播放过程中，副选择器是执行滚动显示照片的操作，还是以相同的缩放率查看其他照片的操作。

❹ 按下▲或▼方向键副选择器在变焦播放时所执行的操作

▼在风景区旅游时，既有拍旅行人像的时候，也有拍风景的时候，这个时候摄影师就可以将某两个按钮分别注册为“矩阵测光”和“中央重点测光”功能，那么在拍摄时只要按下相应的按钮，即可快速切换测光模式了『焦距：35mm ┆ 光圈：F8 ┆ 快门速度：1/500s ┆ 感光度：ISO200』

指定多重选择器中央按钮

多重选择器中央按钮在操作菜单时，经常用来确认操作，除了此操作外，其实该按钮在取景器拍摄、播放和即时取景过程中，也可以执行相应的操作。在“多重选择器中央按钮”菜单中，摄影师就可以根据自身的操作习惯，设置按下多重选择器中央按钮时所执行的功能。

设定步骤

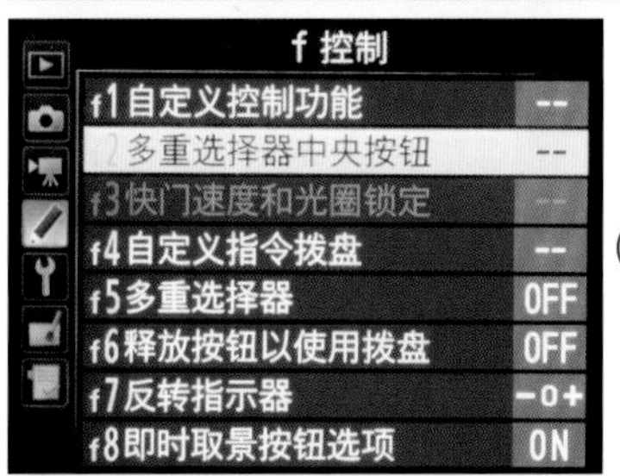

❶ 进入**自定义设定**菜单，选择 **f 控制**中的 f2 **多重选择器中央按钮**选项

❷ 按下▲或▼方向键选择所需选项，然后按下▶方向键（此处以选择**拍摄模式**为例）

❸ 按下▲或▼方向键选择在取景器拍摄时，按下多重选择器中央按钮的操作功能

选择“拍摄模式”选项时，可以注册的功能选项。

- 中央对焦点：选择此选项，按下多重选择器中央可以选择中央自动对焦点。
- 预设对焦点：选择此选项，按下多重选择器中央可以选择预设对焦点。设定预设对焦点时，需要先选择好一个对焦点，然后同时按住 AF 模式按钮和多重选择器中央按钮直至对焦点闪烁。
- 加亮显示活动的对焦点：选择此选项，按下多重选择器的中央可加亮显示当前对焦点。
- 无：按下按钮，在拍摄中按下多重选择器中央按钮将不执行任何操作。

选择“拍摄模式”选项时，可以注册的功能选项。

- 缩略图开启 / 关闭：选择此选项，按下多重选择器中央按钮可以在全屏和缩略图播放之间切换。
- 查看直方图：选择此选项，在全屏和缩略图播放中，按住多重选择器中央按钮将会显示一个直方图。
- 缩放开启 / 关闭：选择此选项，按下多重选择器中央按钮可以在全屏、缩略图播放或变焦播放之间切换。
- 选择插槽和文件夹：选择此选项，按下多重选择器中央按钮将显示插槽和文件夹选择对话框。

选择“拍摄模式”选项时，可以注册的功能选项。

- 选择中央对焦点：在即时取景拍摄时，按下多重选择器中央按钮可选择中央对焦点。
- 缩放开启 / 关闭：按下多重选择器中央按钮可以在缩放开启和关闭之间进行切换。
- 无：在即时取景拍摄时，按下多重选择器中央按钮不执行任何操作。

▲ 将多重选择器中央按钮在播放状态下的功能设置为“查看直方图”选项，大大方便了查看照片曝光的操作『焦距：85mm ┊ 光圈：F2 ┊ 快门速度：1/640s ┊ 感光度：ISO100』

自定义指令拨盘

根据个人的操作习惯，可以利用“自定义指令拨盘”菜单自定义指令拨盘在转动时调整参数的方式。

- 反转方向：指令拨盘的旋转方向与此前正好相反，有“曝光补偿”和“快门速度/光圈”两个选项。
- 改变主/副：包含“曝光设定”和“自动对焦设定”两个选项。在“曝光设定”选项下，选择“开启”选项，则主指令拨盘将控制光圈，而副指令拨盘将控制快门速度；选择“开启（自动）”选项，则主指令拨盘将仅在光圈优先模式下用于选择光圈；选择“关闭”选项，则主指令拨盘将用于控制快门速度，而副指令拨盘将用于控制光圈。在“自动对焦设定”选项下，选择“开启”选项，按住AF模式按钮并旋转副指令拨盘将选择自动对焦模式；按住AF模式按钮并旋转主指令拨盘将选择自动对焦区域模式。选择“关闭”选项，则不反转主/副指令拨盘的功能。

设定步骤

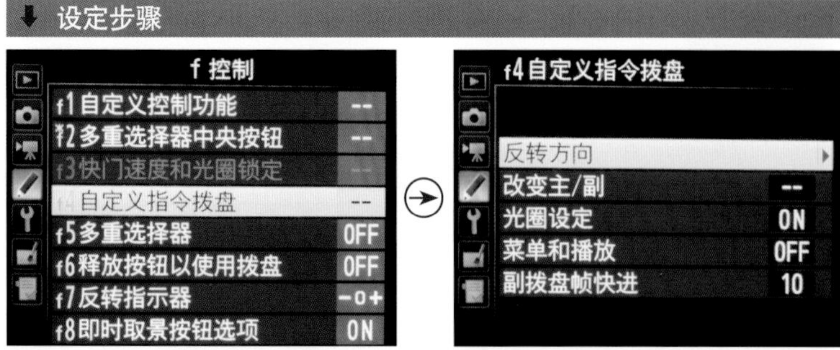

❶ 进入**自定义设定**菜单，选择 **f 控制**中的 f4 **自定义指令拨盘**选项

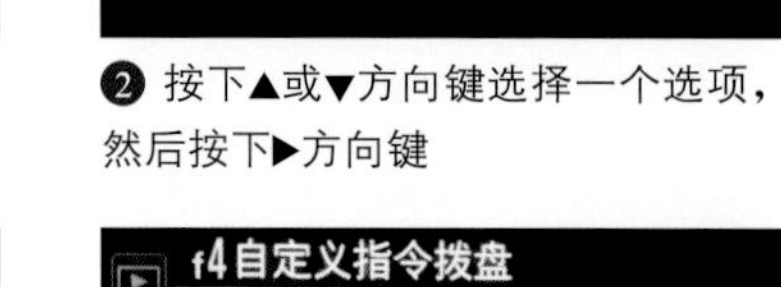

❷ 按下▲或▼方向键选择一个选项，然后按下▶方向键

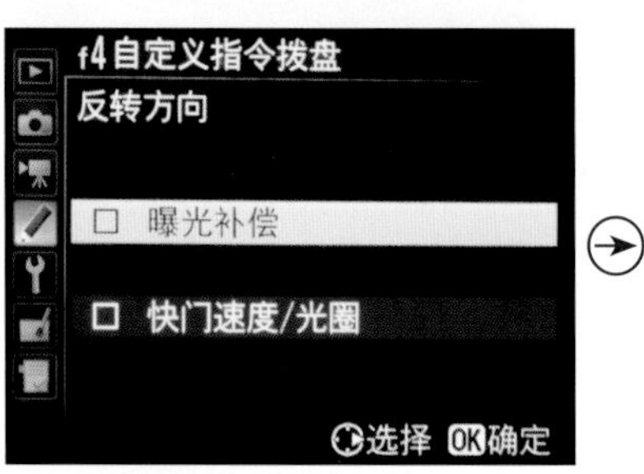

❸ 若在步骤❷中选择**反转方向**选项，按下▲或▼方向键选择一个选项，然后按下▶方向键进行勾选，然后按下OK按钮确定

❹ 若在步骤❷中选择**改变主/副**选项，按下▲或▼方向键可选择**曝光设定**或**自动对焦设定**选项，然后按下▶方向键进入详细设置界面

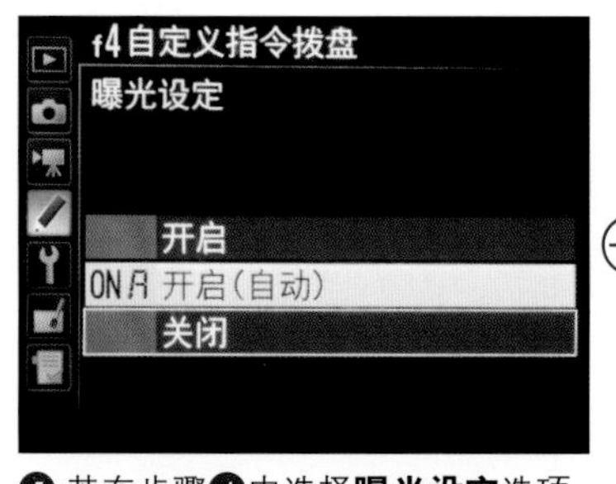

❺ 若在步骤❹中选择**曝光设定**选项，按下▲或▼方向键选择所需选项

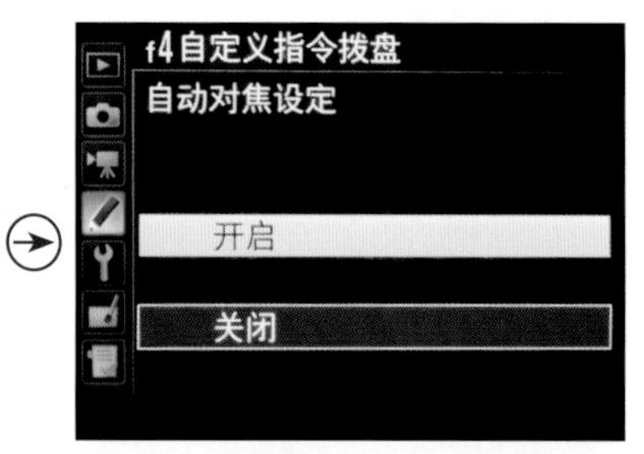

❻ 若在步骤❹中选择**自动对焦设定**选项，按下▲或▼方向键选择所需选项

● 光圈设定：选择“副指令拨盘”选项，则仅使用副指令拨盘调整光圈值，如果在“改变主/副”中选择了“开启”，则仅使用主指令拨盘调整光圈值；选择“光圈环”选项，则仅能通过镜头光圈环调整光圈值、且照相机光圈显示将以 1EV 为增量。

● 菜单和播放：选择“开启”或“开启（不包括影像查看）”选项，则主指令拨盘可用于选择全屏播放时显示的照片，在缩略图播放时用于左右移动光标以及上下移动菜单加亮显示条；副指令拨盘可用于在全屏播放时，根据“副拨盘帧快进”中所选项的不同，向前或向后跳转画面，以及在缩略图播放时向上或向下翻动页面。屏幕中显示菜单时，向右旋转副指令拨盘可显示所选项的子菜单，向左旋转则显示前一菜单。需要注意的是，选择“开启（不包括影像查看）”选项，可防止指令拨盘在图像查看过程中用于播放。选择“关闭”选项，则多重选择器可用于选择全屏播放时显示的照片，加亮显示缩略图和导航菜单。

● 副拨盘帧快进：当在“菜单和播放”中选择了“开启”或“开启（不包括影像查看）”选项时，在全屏播放期间旋转副指令拨盘可选择文件夹或者一次性向前或向后跳转 10 幅或 50 幅画面。或者跳至下一张或上一张受保护的图像、照片或动画。

设定步骤

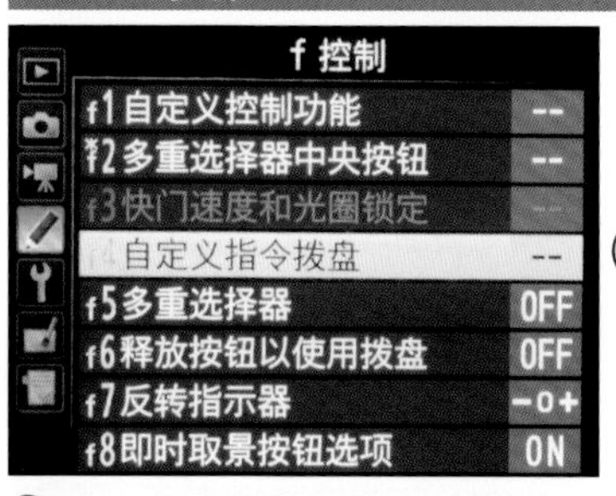

❶ 进入**自定义设定**菜单，选择 f **控制**中的 f4 **自定义指令拨盘**选项

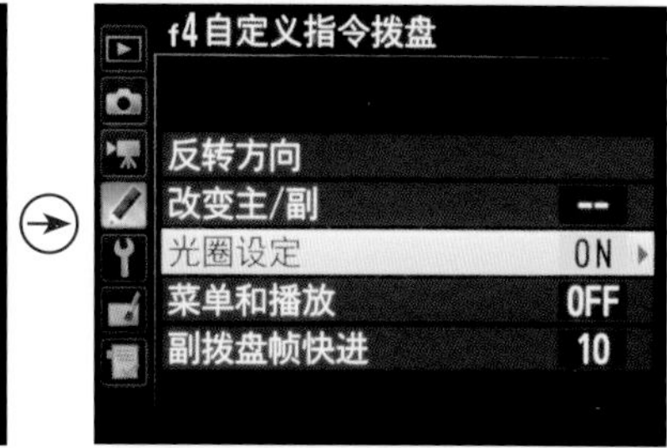

❷ 按下▲或▼方向键选择一个选项，然后按下▶方向键

❸ 若在步骤❷中选择**光圈设定**选项，按下▲或▼方向键可选择以何种方式设置光圈值

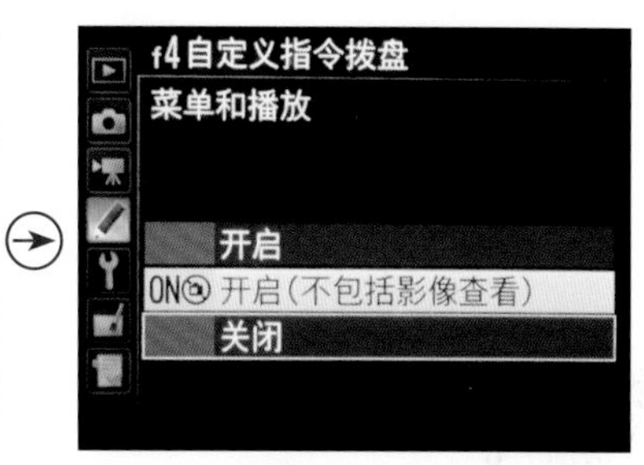

❹ 若在步骤❷中选择**菜单和播放**选项，按下▲或▼方向键可选择设置菜单及播放照片时指令拨盘的工作方式

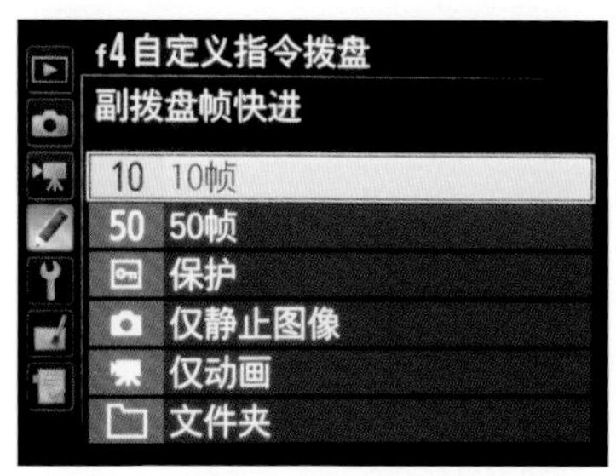

❺ 若在步骤❷中选择**副拨盘帧快进**选项，按下▲或▼方向键选择一个选项

设置按钮与拨盘的配合使用方式

默认情况下，在使用BKT、ISO、QUAL、WB或AF等机身按钮配合主/副指令拨盘设置参数时，需要按住此按钮的同时转动指令拨盘。

根据个人的操作习惯，也可以在“释放按钮以使用拨盘”菜单中选择“是”选项，将其指定为按下并释放某按钮后，再旋转指令拨盘来设置参数。在此情况下，当再次按下机身上的其他按钮或半按快门释放按钮时，则结束当前的参数设置。

设定步骤

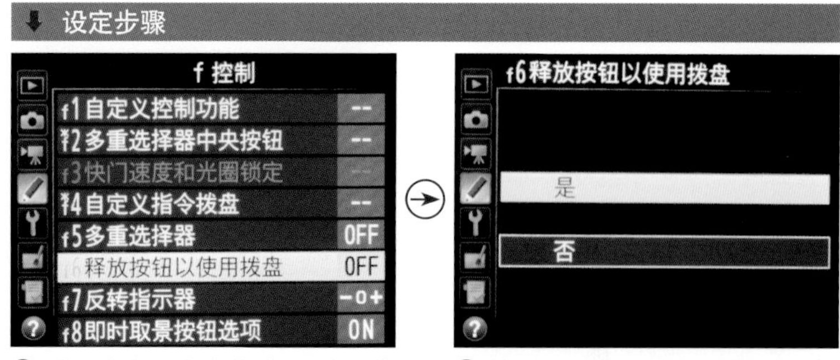

❶ 进入**自定义设定**菜单，选择**f控制**中的f6 **释放按钮以使用拨盘**选项

❷ 按下▲或▼方向键可设置是否启用该功能

反转指示器改变曝光指示的方向

指示器用于指示当前的曝光情况，是摄影师判断使用当前的曝光参数组合拍出的画面是否过曝或欠曝的重要依据。

根据个人的喜好，可以使用“反转指示器”菜单设置指示器的方向。

例如，默认情况下，取景器和信息显示中的曝光指示在左边显示负值，在右边显示正值，即–ıııı°ıııı+（-0+）。如果对此感到不习惯，也可以将其修改为在左边显示正值，在右边显示负值，即+ıııı°ıııı–（+0-）。

设定步骤

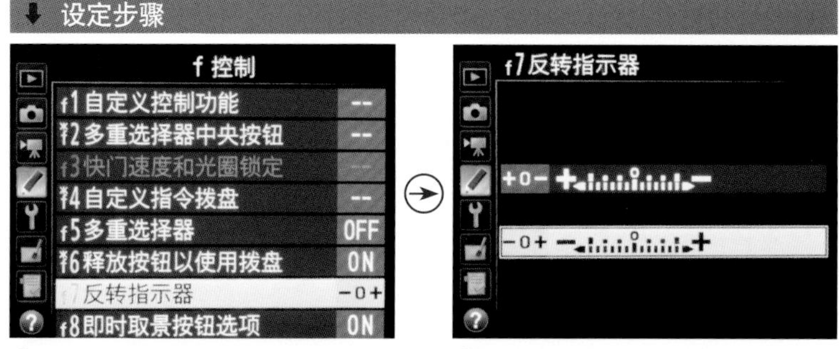

❶ 进入**自定义设定**菜单，选择**f控制**中的f7 **反转指示器**选项

❷ 按下▲或▼方向键可指定指示器的显示方式

▶ 在最初选择一种指示器的方向后，无需对其进行修改，以免由于已经习惯了这种模式而导致曝光错误『焦距：19mm ¦ 光圈：F14 ¦ 快门速度：10s ¦ 感光度：ISO100』

设置拍摄控制参数

空插槽时快门释放锁定

如果忘记为相机装存储卡，无论你多么用心拍摄，终将一张照片也留不下来，白白浪费时间和精力，在“空插槽时快门释放锁定”菜单中可以设置是否允许无存储卡时按下快门，从而防止出现未安装存储卡而进行拍摄的情况。

设定步骤

❶ 在**设定**菜单中选择**空插槽时快门释放锁定**选项

❷ 按下▲或▼方向键选择一个选项

● 快门释放锁定：选择此选项，则不允许无存储卡时按下快门。

● 快门释放启用：选择此选项，则未安装存储卡时仍然可以按下快门，但照片无法被存储，而被保存在相机内置的缓存中，只能短暂浏览，关机后照片将消失。

保存 / 载入用户设置

对于一些常用的用户设置，在经过多次使用后可能已经变得面目全非，如果一个一个地重新设置，无疑是非常麻烦的事。

此时，我们可以将常用设置保存起来，然后在需要的时候将其载入回来，从而快速地恢复相机常用设置。

设定步骤

❶ 选择**设定**菜单中的**保存 / 载入设定**选项

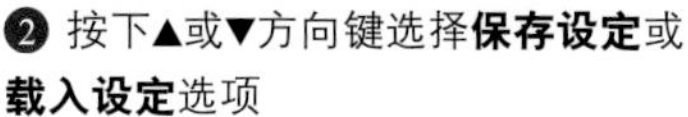

❷ 按下▲或▼方向键选择**保存设定**或**载入设定**选项

高手点拨： Nikon D500保存的用户设置包括了各个菜单中的绝大部分功能设置。在保存时必须插入存储卡，且有足够的空间可以保存设置文件。同样，当载入用户设置时，也需要插入该存储卡，且文件不能够重命名或移至其他位置，否则将无法载入设置文件。

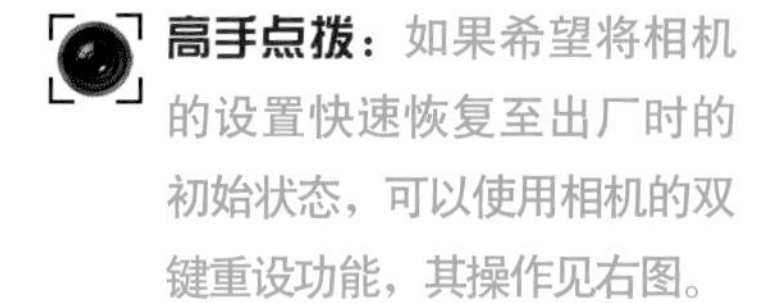

高手点拨： 如果希望将相机的设置快速恢复至出厂时的初始状态，可以使用相机的双键重设功能，其操作见右图。

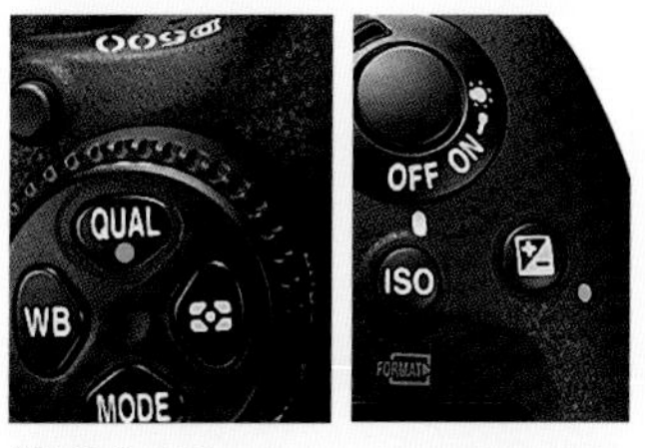

操作方法

同时按下 QUAL 按钮和曝光补偿按钮 2 秒钟以上，即可将相机的设置恢复至默认设置

设置影像存储参数

设置存储文件夹

利用“存储文件夹”菜单可以选择存储今后所拍图像的文件夹，包含“重新命名”“按编号选择文件夹”及“从列表中选择文件夹”三个选项。

设定步骤

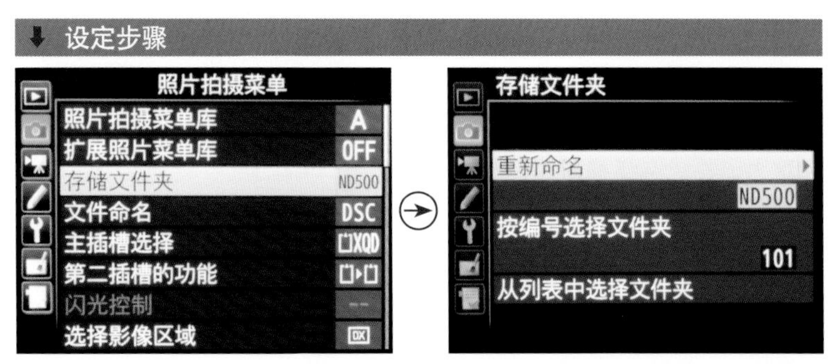

❶ 选择**照片拍摄**菜单中的**存储文件夹**选项

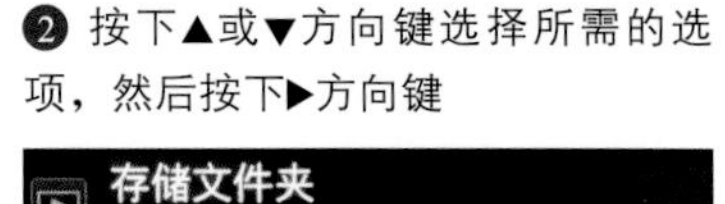

❷ 按下▲或▼方向键选择所需的选项，然后按下▶方向键

❸ 如果在步骤❷中选择**重新命名**选项，在此屏幕中可以点击选择所需的字符进行重命名，命名完成后点击屏幕上的 OK 图标确定

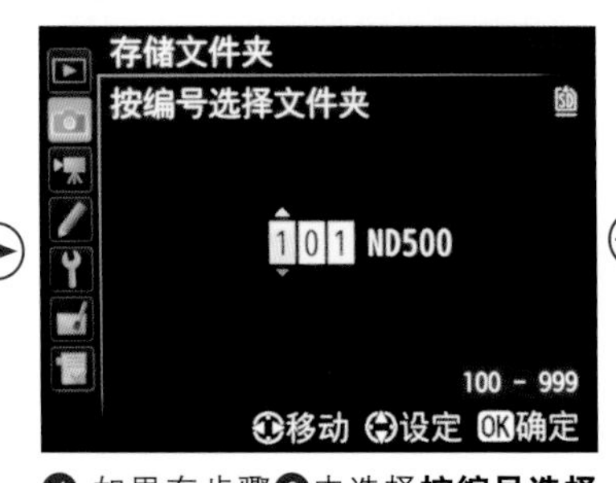

❹ 如果在步骤❷中选择**按编号选择文件夹**选项，按下◀或▶方向键加亮显示一个数字，然后按下▲或▼方向键选择编号

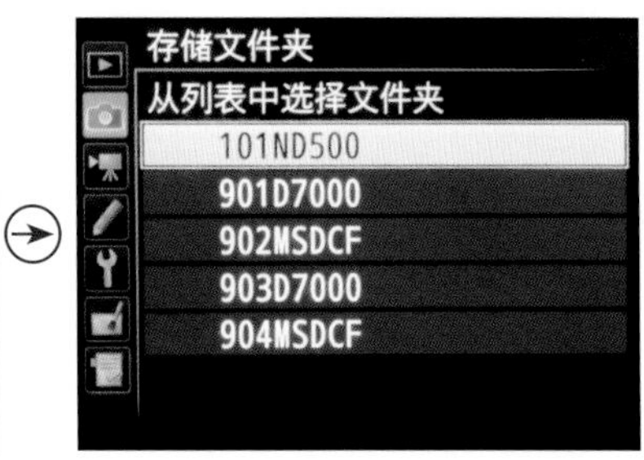

❺ 如果在步骤❷中选择**从列表中选择文件夹**选项，可以按下▲或▼方向键指定一个现有的文件夹保存图像

- 重新命名：选择此选项，可以将相机文件夹名称里自带的5个字符修改为自定义字符。如将字符修改为FUNSJ，则文件夹名称将显示为101FUNSJ、102FUNSJ。
- 按编号选择文件夹：选择此选项，则根据已有的文件夹编号来选择文件夹。如果所选的文件夹为空，则显示为□图标；如果所选文件夹剩余一部分空间（即照片数量不超过999张，或照片名称的最大编号不超过9999），则显示为▭图标；若此文件夹中照片数量超过999张，或照片名称的编号超过9999，则显示为■图标。
- 从列表中选择文件夹：选择此选项，将列出相机中已存在的文件夹列表，然后根据需要选择文件夹即可。

设置影像区域

虽然 Nikon D500 是 DX 画幅的相机，但其与尼康全画幅相机一样，也具有影像区域选择功能。

通过在“影像区域”菜单中选择“1.3×(18×12)”选项，可以使 Nikon D500 仅使用传感器的中间部分进行拍摄，从而以图像裁剪的形式拍摄更远处的对象。

尤其值得一提的是，可以在此画幅格式下将照片保存为 RAW 格式，这大大增加了照片的可编辑性。

- DX (24×16)：选择此选项，相机使用 23.5mm ×15.7mm 图像区域 (DX 格式) 记录照片。
- 1.3× (18×12)：选择此选项，相机使用 18.0mm ×12.0mm 图像区域记录照片，从而无需更换镜头即可获得远摄效果。

Q：在实际拍摄时，选择 1.3× 选项的具体好处是什么？

A：当使用常规 DX 格式拍摄照片时，D500 以相当于约 1.5 倍（DX 画幅的焦距转换系数）原镜头焦距进行拍摄。但如果选择 1.3×DX 裁切模式选项，就能够使 D500 以相当于原镜头 2 倍的焦距进行拍摄，并仍能具有高达约 1200 万有效像素。例如，原本最长焦距为 200mm 的镜头，经过裁切可以具有 400mm 焦距的望远拍摄效果，因此能够拍摄到更远处的对象。

如果经常拍摄鸟类、动物等题材，可以尝试使用此功能。特别值得一提的是，在这种拍摄模式下，D500 的自动对焦点将覆盖几乎整个拍摄画面，因此能够实现更高精确的对焦效果。

这种特性和 10 幅 / 秒的高速连拍、使用 JPEG/12 位 RAW 格式相结合，足以让 D500 在捕捉快速、不规则运动的拍摄对象时效率大增。

Nikon D500

设定步骤

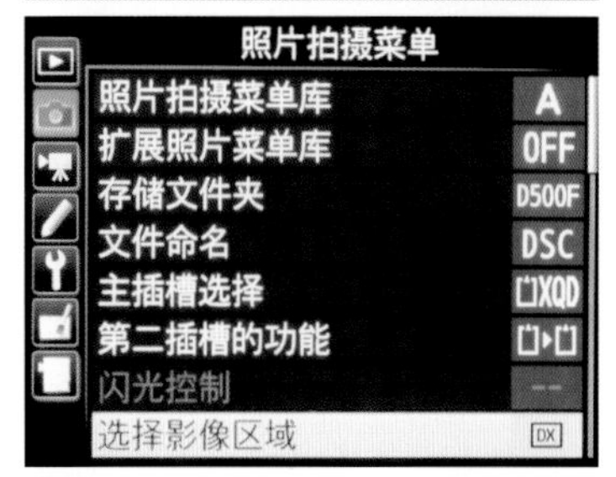

❶ 选择**照片拍摄**菜单中的**选择影像区域**选项

❷ 按下▲或▼方向键选择 DX(24×16) 或 1.3× (18×12) 选项

▲ 以 1.3× (18×12) 影像区域记录的照片

▲ 以 DX (24×16) 影像区域记录的照片

根据用途及后期处理要求设置图像品质

在拍摄过程中，根据照片的用途及后期处理要求，可以通过“图像品质”菜单设置照片的保存格式与品质。如果是用于专业输出或希望为后期调整留出较大的空间，则应采用RAW格式；如果只是日常记录或是要求不太严格的拍摄，使用JPEG格式即可。

采用JPEG格式拍摄的特点是文件小、通用性高，适用于网络发布、家庭照片洗印等，而且可以使用多种软件对其进行编辑处理。虽然压缩率较高，损失了较多的细节，但肉眼基本看不出来，因此是一种最常用的文件存储格式。

RAW格式则是一种数码单反相机专属格式，它充分记录了拍摄时的各种原始数据，因此具有极大的后期调整空间，但必须使用专用的软件进行处理，如View NX 2或尼康公司的Capture NX 2等，经过后期调整转换格式后才能够输出照片，因而在专业摄影领域常使用此格式进行拍摄。其缺点是文件容量特别大，尤其在连拍时会极大地降低连拍的数量。

就图像质量而言，虽然采用“精细”“标准”和“基本”品质拍摄的结果，用肉眼不容易分辨出来，但画面的细节和精细程度还是有区别的，因此，除非万不得已（如存储卡空间不足等），应尽可能使用“精细”品质。

- NEF（RAW）：选择此选项，则来自图像感应器的12位或14位原始数据被直接保存到存储卡上。
- NEF（RAW）+JPEG精细/NEF（RAW）+JPEG精细★：选择此选项，将记录两张照片，即一张NEF（RAW）图像和一张精细/标准/基本品质的JPEG图像。
- NEF（RAW）+JPEG标准/NEF（RAW）+JPEG标准★：选择此选项，将记录一张NEF（RAW）图像和一张标准品质的JPEG图像。
- NEF（RAW）+JPEG基本/NEF（RAW）+JPEG基本★：选择此选项，将记录一张NEF（RAW）图像和一张基本品质的JPEG图像。
- JPEG精细/JPEG精细★：选择此选项，则以大约1 ：4的压缩率记录JPEG图像（精细图像品质）。
- JPEG标准/JPEG标准★：选择此选项，则以大约1 ：8的压缩率记录JPEG图像（标准图像品质）。
- JPEG基本/JPEG基本★：选择此选项，则以大约1 ：16的压缩率记录JPEG图像（基本图像品质）。
- TIFF（RGB）：选择此选项，将以每通道8位的位深度（24位色彩）记录未压缩的TIFF-RGB图像。TIFF格式的图像可以广泛地适用于各种图像应用程序。

高手点拨：若选择了带有“★”图标的选项，那么图像在压缩时将优先确保图像质量，文件大小将根据不同的场景而有差异。而选择不带“★”图标的选项，则图像在压缩时将优先减少文件大小，无论拍摄场景如何，文件都将压缩至大约相同的大小。

设定步骤

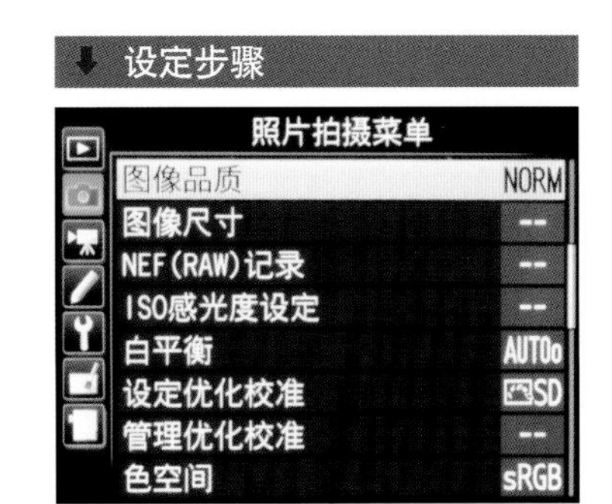

❶ 在**照片拍摄**菜单中选择**图像品质**选项

❷ 按下▲或▼方向键可选择文件存储的格式及品质

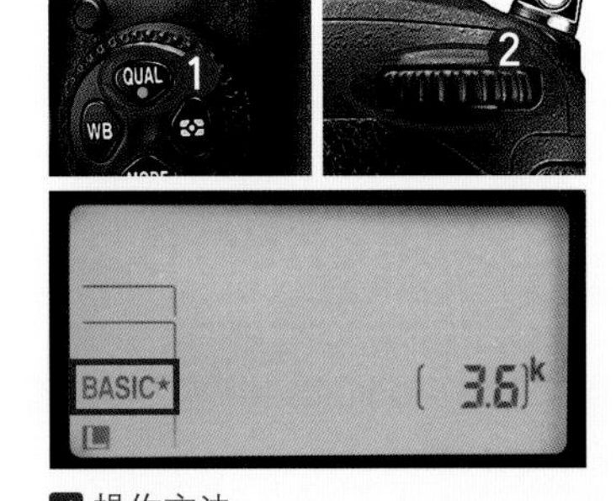

操作方法

按下QUAL按钮并同时转动主指令拨盘，即可选择不同的图像品质

Nikon D500

Q：什么是 RAW 格式文件？

A：简单地说，RAW 格式文件就是一种数码照片文件格式，包含了数码相机传感器未处理的图像数据，相机不会处理来自传感器的色彩分离的原始数据，仅将这些数据保存在存储卡上。

这意味着相机将（所看到的）全部信息都保存在图像文件中。采用 RAW 格式拍摄时，数码相机仅保存 RAW 格式图像和 EXIF 信息（相机型号、所使用的镜头、焦距、光圈、快门速度等）。摄影师设定的相机预设值或参数值（例如对比度、饱和度、清晰度和色调等）都不会影响所记录的图像数据。

Q：后期处理能够调整照片高光中极白或阴影中极黑的区域吗？

A：虽然说，以 RAW 格式存储的照片，可以在后期软件中对超过标准曝光 ±2 挡的画面有效修复，但是，对于照片中高光处所出现的极白或阴影处所出现的极黑区域，即使在最好的后期软件中也无法恢复其中的细节，因此，在拍摄时就尽可能地确定好画面的曝光量或通过调整构图，使画面中避免出现极白或极黑的区域。

Q：使用 RAW 格式拍摄的优点有哪些？

A：使用 RAW 格式拍摄有如下优点。

- 可将相机中的许多文件处理工作转移到计算机上进行，从而可进行更细致的处理，包括白平衡、高光区、阴影区和低光区调节，以及清晰度、饱和度控制。对于非 RAW 格式文件而言，由于在相机内处理图像时，已经应用了白平衡设置，因此画质会有部分损失。
- 可以使用最原始的图像数据（直接来自于传感器），而不是经过处理的信息，这毫无疑问将得到更好的画面效果。
- 利用 14 位图片文件进行编辑，这意味着照片将保存更多的颜色，使最后的照片达到更平滑的梯度和色调过渡。采用 14 位模式操作时，可使用的数据更多。
- 可在电脑中以不同幅度增加或减少曝光值，从而在一定程度上纠正曝光不足或过度。但需要注意的是，这无法从根本上改变照片欠曝或过曝的情况。

▲ 使用 RAW 格式拍摄的照片，即使拍摄时使用的白平衡不准，在后期处理软件中也能得到很好的还原『焦距：100mm ┆ 光圈：F5.6 ┆ 快门速度：1/500s ┆ 感光度：ISO100』

▲ 中文版 Photoshop CS6 教学视频（上）

▲ 中文版 Photoshop CS6 教学视频（下）

根据用途及存储空间设置图像尺寸

图像尺寸直接影响着最终输出照片的大小，通常情况下，只要存储卡空间足够，那么就建议使用大尺寸，以便于在计算机上通过后期处理软件，以裁剪的方式对照片进行二次构图处理。

另外，如果照片是用于印刷、洗印等，也推荐使用大尺寸记录。如果只是用于网络发布、简单的记录或在存储卡空间不足时，则可以根据情况选择较小的尺寸。

设定步骤

❶ 选择**照片拍摄**菜单中的**图像尺寸**选项

❷ 按下▲或▼方向键可选择 JPEG/TIFF 或 NEF （RAW）选项

❸ 若在步骤❷中选择了 JPEG/TIFF 选项，按下▲或▼方向键选择 JPEG/TIFF 格式照片的尺寸

❹ 若在步骤❷中选择了 JPEG/TIFF 选项，按下▲或▼方向键选择 RAW 格式照片的尺寸

影像区域	选项	尺寸（像素）	打印尺寸（cm）
DX（24×16）	大	5568×3712	47.1×31.4
	中	4176×2784	35.4×23.6
	小	2784×1856	23.6×15.7
1.3×（18×12）	大	4272×2848	36.2×24.1
	中	3200×2136	27.1×18.1
	小	2128×1424	18.0×12.1

注：在此所列举的打印尺寸是指以 300dpi 打印时的尺寸。

Q&A

Q：对于数码单反相机而言，是不是像素量越高画质越好？

A：很多摄影爱好者喜欢将相机的像素与成像质量联系在一起，认为像素越高则画质就越好，而实际情况可能正好相反。更准确地说，就是在数码相机感光元件面积确定的情况下，当相机的像素量达到一定数值后，像素量越高，则成像质量可能会越差。

究其原因，就要引出一个像素密度的概念。简单来说，像素密度即指在相同大小感光元件上的像素数量，像素数量越多，则像素密度就越高。直观理解就是可将感光元件分割为更多的块，每一块代表一个像素，随着像素数量的继续增加，则感光元件被分割为越来越小的块，当这些块小到一定程度后，可能会导致通过镜头投射到感光元件上的光线变少，并产生衍射等现象，最终导致画面质量下降。

因此，对于数码单反相机而言，尤其是 DX 画幅的数码单反相机，不能一味追求超高像素。

Nikon D500

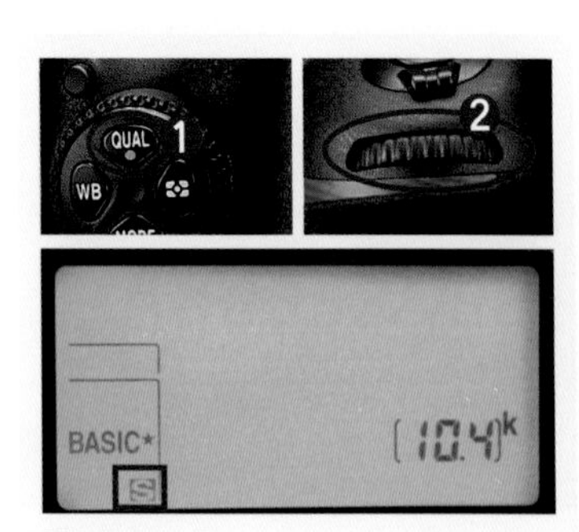

操作方法

设定 JPEG 和 TIFF 格式照片的图像尺寸，还可以按下 QUAL 按钮并同时转动副指令拨盘，来选择不同的图像尺寸

设置 NEF（RAW）文件格式

众所周知，RAW 格式照片可以最大限度地记录相机的拍摄参数，比 JPEG 格式拥有更高的可调整宽容度，但其最大的缺点就是由于记录的信息很多，因此文件容量非常大。在 Nikon D500 中，可以根据需要设置适当的压缩选项，以减小文件容量——当然，在存储卡空间足够的情况下，应尽可能地选择无损压缩的文件格式，从而为后期调整保留最大的空间。

此外，Nikon D500 相机还可以对 RAW 格式照片的位深度进行选择，以满足更专业的摄影及输出需求。

类型

该选项用于选择 RAW 图像的压缩类型。

设定步骤

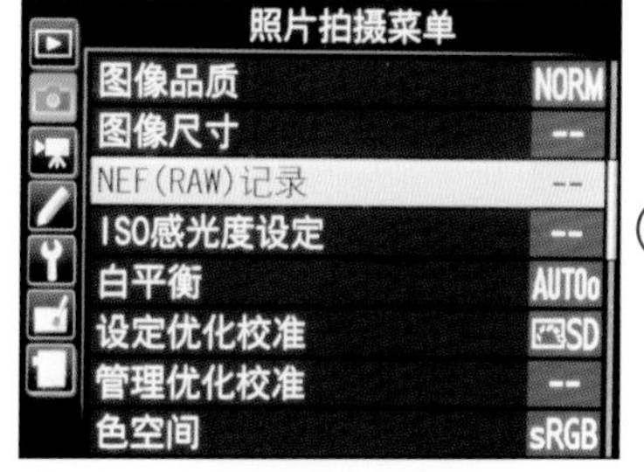

❶ 选择**照片拍摄**菜单中的 NEF（RAW）**记录**选项

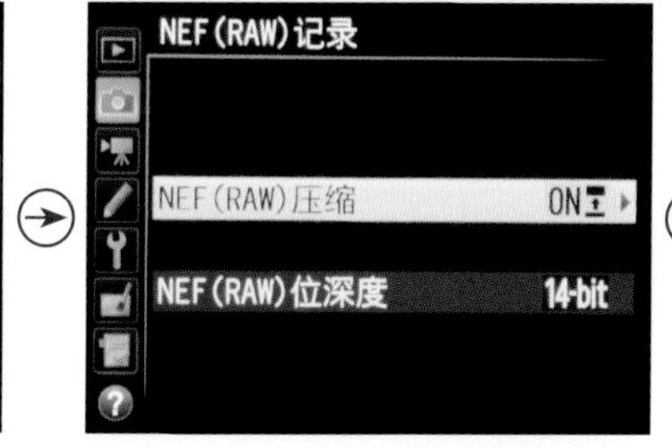

❷ 按下▲或▼方向键选择**类型**选项，然后按下▶方向键

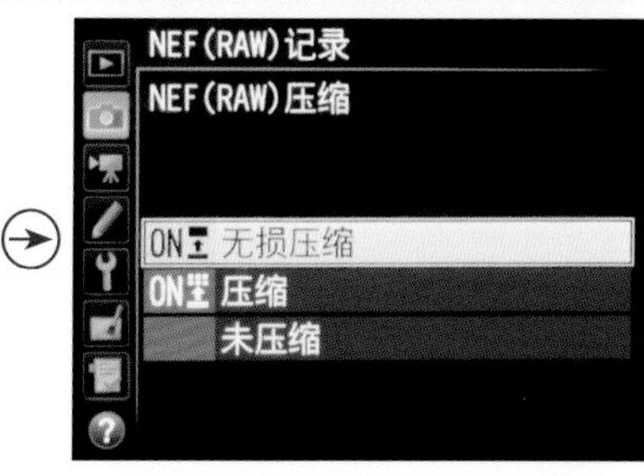

❸ 按下▲或▼方向键可选择**无损压缩**或**压缩**选项

- 无损压缩：选择此选项，则使用可逆算法压缩 NEF 图像，可在不影响图像品质的情况下将文件压缩约 20%~40%。
- 压缩：选择此选项，则使用不可逆算法压缩 NEF 图像，可在几乎不影响图像品质的情况下将文件压缩约 35%~55%。
- 未压缩：选择此选项，NEF 图像不会被压缩。

NEF（RAW）位深度

该选项用于选择 RAW 图像的位深度。

设定步骤

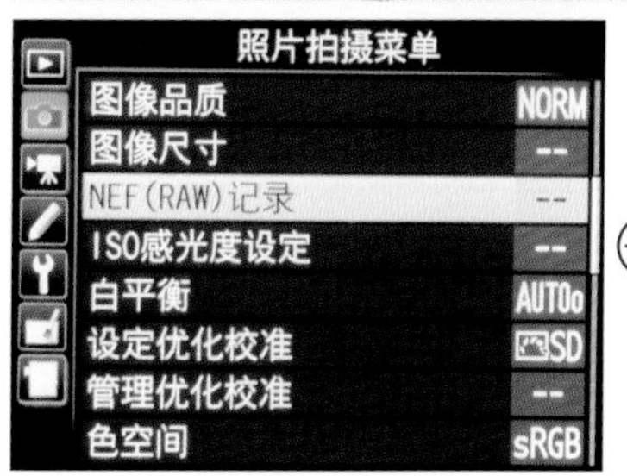

❶ 选择**照片拍摄**菜单中的 NEF（RAW）**记录**选项

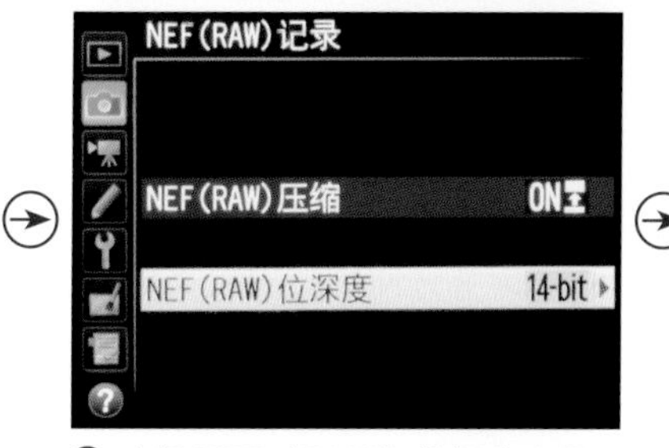

❷ 选择 NEF（RAW）**位深度**选项，然后按下▶方向键

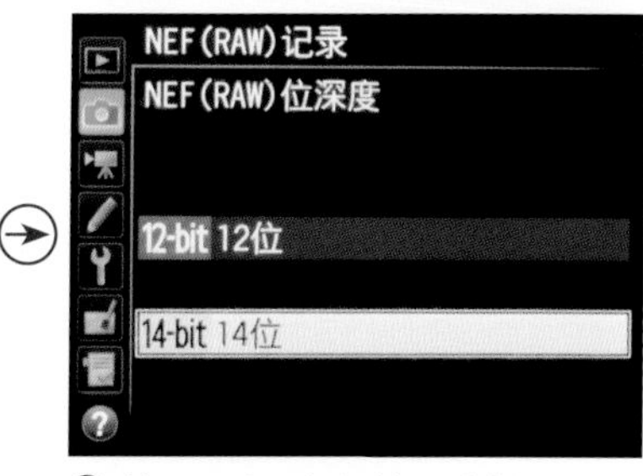

❸ 按下▲或▼方向键可选择以 NEF 格式拍摄时的字节长度

- 12-bit 12 位：选择此选项，则以 12 位深度记录 NEF（RAW）图像。
- 14-bit 14 位：选择此选项，则以 14 位深度记录 NEF（RAW）图像，将产生更大容量文件且记录的色彩数据也将增加。

格式化存储卡

“格式化存储卡”功能用于删除存储卡中的全部数据。一般在新购买存储卡后，都要对其进行格式化。在格式化之前，务必根据需要进行备份，或确认卡中已不存在有用的数据，以免由于误删而造成难以挽回的损失。

设定步骤

❶ 选择**设定**菜单中的**格式化存储卡**选项

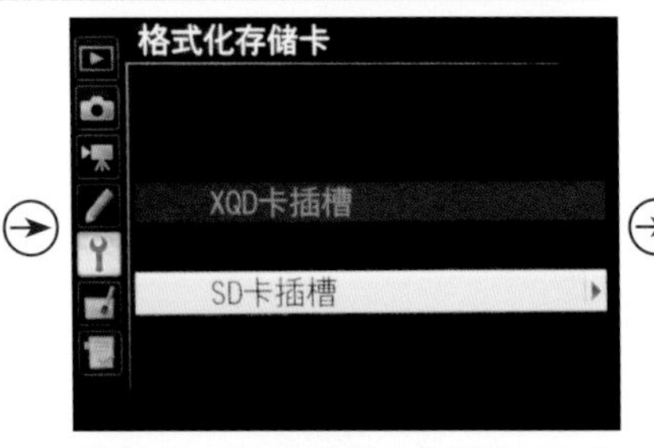

❷ 按下▲或▼方向键选择要格式化的插槽选项，然后按下▶方向键

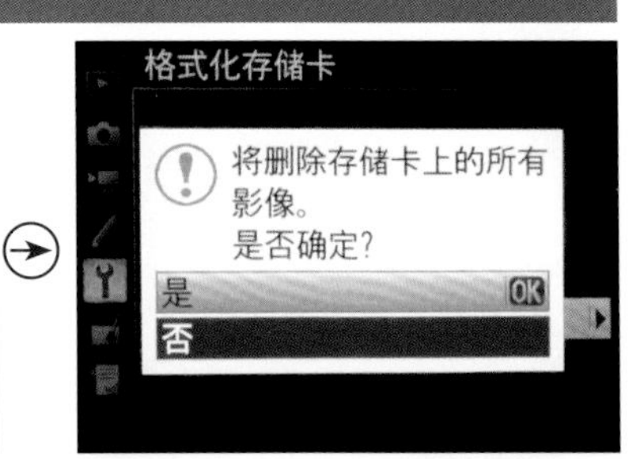

❸ 按下▲或▼方向键选择**是**选项，按下 OK 按钮即可对选定的存储卡进行格式化

设置插槽 2 中存储卡的作用

当 Nikon D500 相机中插有两张存储卡时，使用该菜单可以指定插槽 2 的功能，包含“额外空间”“备份” “RAW 主插槽 -JPEG 第二插槽” 3 个选项。

设定步骤

❶ 选择**照片拍摄**菜单中的**第二插槽的功能**选项

❷ 按下▲或▼方向键选择一个选项

高手点拨：设置时需要注意的是，选择“备份”和“RAW 主插槽-JPEG 第二插槽”选项时，相机将显示存储容量较小的存储卡中剩余的可拍摄张数，任一张存储卡已满时，都无法再按下快门进行拍摄。

- 额外空间：选择此选项，则仅当主插槽的存储卡已满时才使用副插槽中的存储卡。
- 备份：选择此选项，则每张图片都将记录至主插槽和副插槽中的存储卡中。
- RAW 主插槽 -JPEG 第二插槽：选择此选项，则除了在 NEF/RAW+JPG 设定下所拍照片的 NEF/RAW 仅记录至主插槽的存储卡，而 JPEG 记录至副插槽中的存储卡以外，其他与选择“备份”选项时相同。

设置优化校准参数拍摄个性照片

简单来说，优化校准就是相机依据不同拍摄题材的特点而进行的一些色彩、锐度及对比度等方面的校正。例如，在拍摄风光题材时，可以选择色彩较为艳丽、锐度和对比度都较高的“风景”优化校准，也可以根据需要手动设置自定义的优化校准，以满足个性化的需求。

设定优化校准

“设定优化校准”菜单用于选择适合拍摄对象或拍摄场景的照片风格，包含“标准”“自然”“鲜艳”“单色”“人像”“风景”和“平面”7 个选项。

设定步骤

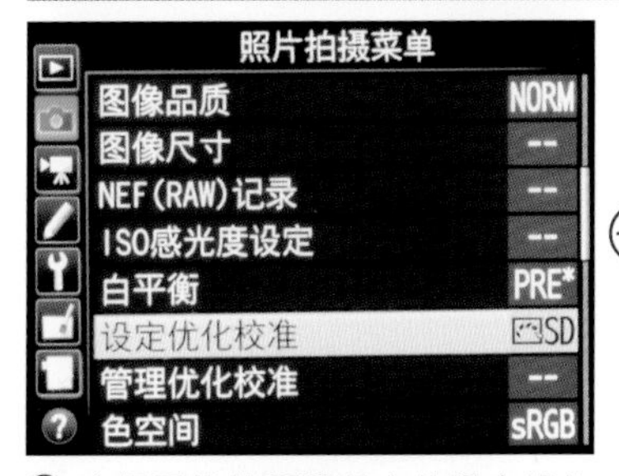

❶ 选择**照片拍摄菜单**中的**设定优化校准**选项

❷ 按下▲或▼方向键选择预设的优化校准选项，然后按下 OK 按钮即可。若要编辑优化校准，可按下▶方向键

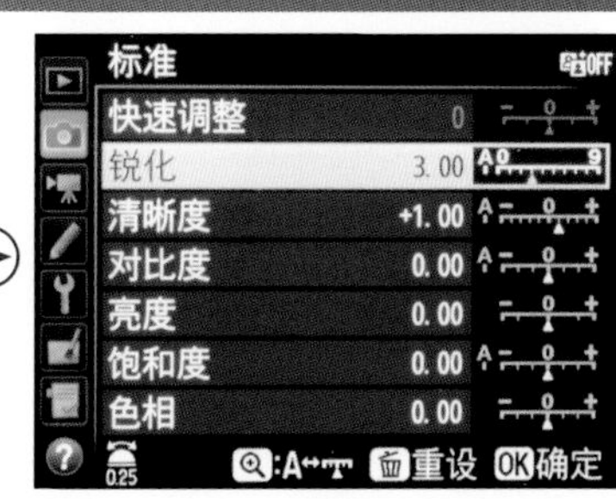

❸ 选择不同的参数并根据需要修改后，按下 OK 按钮确定

- SD 标准：此风格是最常用的照片风格，拍出的照片画面清晰，色彩鲜艳、明快。
- NL 自然：进行最低程度的处理以获得自然效果。需要在后期进行照片处理或润饰时选用。
- VI 鲜艳：进行增强处理以获得鲜艳的图像效果。在强调照片主要色彩时选用。
- MC 单色：使用该风格可拍摄黑白或单色的照片。
- PT 人像：使用该风格拍摄人像时，人像的皮肤会显得更加柔和、细腻。
- LS 风景：使用该风格拍摄风光时，画面中的蓝色和绿色有非常好的表现。
- FL 平面：此风格将获得更宽广的色调范围，如果在拍摄后需要对照片进行润饰处理，可以选择此选项。

高手点拨：从实际运用来看，虽然可以在拍摄人像时选择“人像”风格，在拍摄风光时使用“风景”风格，但其实用性并不高，建议还是以“标准”风格作为常用设置。在拍摄时，如果对某一方面不太满意，如锐化、对比度等，再单独进行调整也为时不晚，甚至连这些调整也可以省掉。因为在数码时代，后期处理技术可以帮助我们实现太多的效果，而且可编辑性非常高，没必要为了一些细微的变化，冒着可能出现问题的风险在相机中进行这些设置。

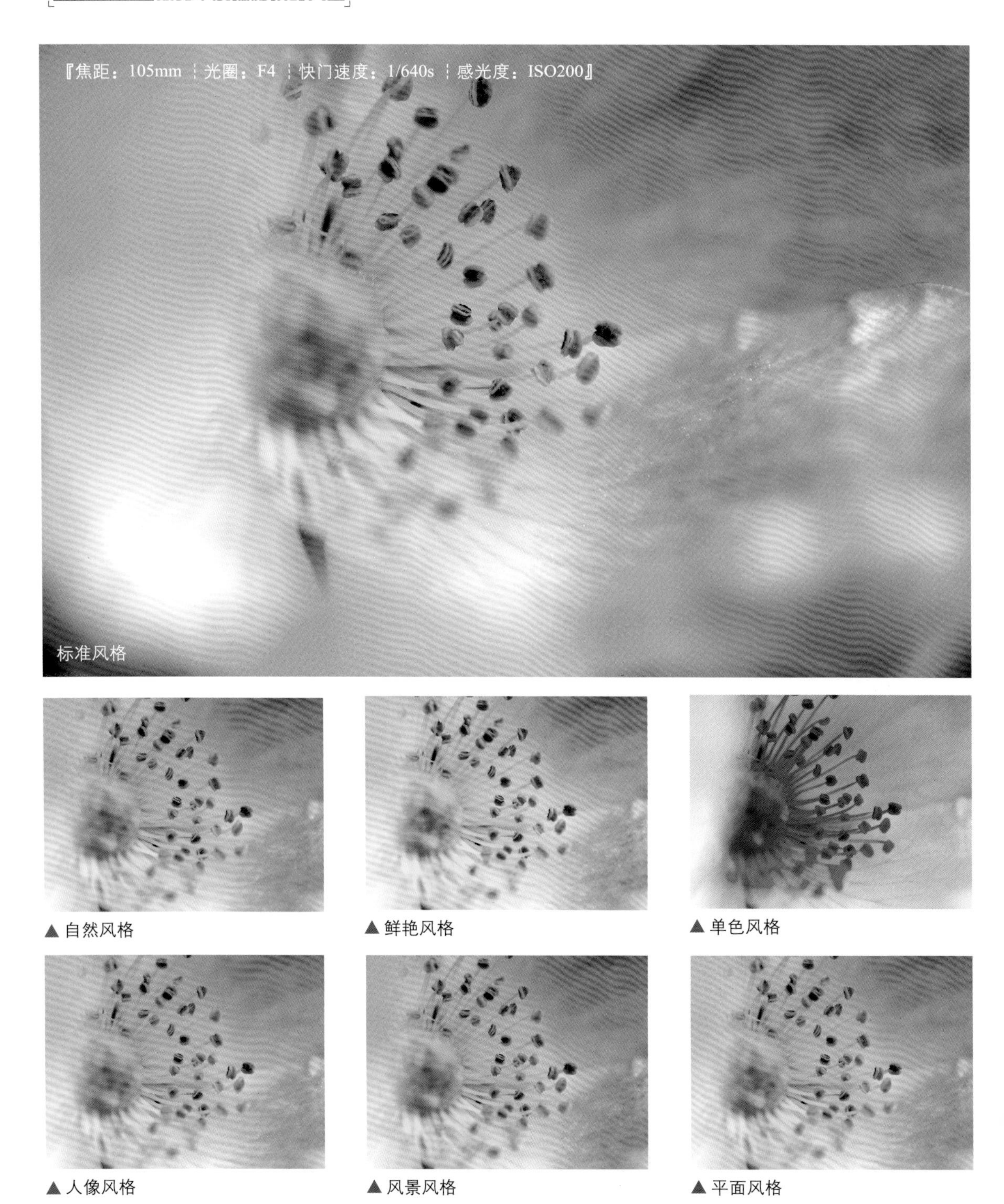

▲ 自然风格

▲ 鲜艳风格

▲ 单色风格

▲ 人像风格

▲ 风景风格

▲ 平面风格

需要注意的是，受到纸张、印刷效果的限制，书中展示的选择不同优化校准时拍摄的画面效果，可能看不出太大的区别。建议各位读者在相机中查看设置不同优化校准参数时拍出照片的区别，以加深对不同优化校准选项作用的直观理解。

● 快速调整：按下◀或▶方向键可以批量调整下面的6个参数。不过该选项不适用于自然、单色、平面或自定义优化校准。

● 锐化：控制图像轮廓的锐度。选择A选项，则根据场景类型自动调整锐化；按下◀方向键向0端靠近则降低锐度，图像变得越来越模糊；按下▶方向键向9端靠近则提高锐度，图像变得越来越清晰。

▲ 设置锐化前（+0）后（+2）的效果对比

● 清晰度：控制图像的清晰度。选择A选项，则根据场景类型自动调整清晰度；按下◀方向键向－端靠近则降低清晰度，图像变得越来越柔和；按下▶方向键向＋端靠近则提高清晰度，图像变得越来越清晰，其调整范围为−5~+5。

● 对比度：控制图像的反差及色彩的鲜艳程度。选择A选项，则根据场景类型自动调整对比度；按下◀方向键向－端靠近则降低反差，图像变得越来越柔和；按下▶方向键向＋端靠近则提高反差，图像变得越来越明快，其调整范围为−3~+3。

▲ 设置对比度前（+0）后（+2）的效果对比

● 亮度：此参数可以在不影响照片曝光的前提下，改变画面的亮度。按下◀方向键向－端靠近则降低亮度，画面变得越来越暗；按下▶方向键向＋端靠近则提高亮度，画面变得越来越亮。

▲ 设置亮度前（+0）后（+1）的效果对比

● 饱和度：控制色彩的鲜艳程度。选择A选项，则根据场景类型自动调整饱和度；按下◀方向键向－端靠近则降低饱和度，色彩变得越来越淡；按下▶方向键向＋端靠近则提高饱和度，色彩变得越来越艳。

▲ 设置饱和度前（+0）后（+3）的效果对比

● 色相：控制画面色调的偏向。按下◀方向键向－端靠近则红色偏紫、蓝色偏绿、绿色偏黄；按下▶方向键向＋端靠近则红色偏橙、绿色偏蓝、蓝色偏紫。

▲ 调整色相前（+0）后（-2）的效果对比，可以看出天空晚霞的红色色彩更加好看

利用优化校准直接拍出单色照片

如果选用“单色”优化校准选项，还可以选择不同的滤镜及调色效果，从而拍摄出更有特色的黑白或单色照片。在“滤镜效果”选项下，可选择OFF（无）、Y（黄）、O（橙）、R（红）或G（绿）等色彩，从而在拍摄过程中，针对这些色彩进行过滤，得到更亮的灰色甚至白色。

⬇ 设定步骤

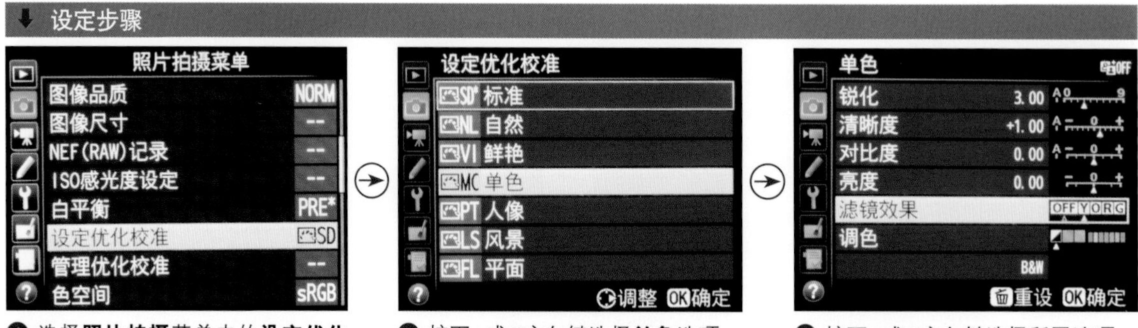

❶ 选择**照片拍摄**菜单中的**设定优化校准**选项

❷ 按下▲或▼方向键选择**单色**选项，按下▶方向键

❸ 按下▲或▼方向键选择所需选项，按下◀或▶方向键调节参数数值

●OFF（无）：没有滤镜效果的原始黑白画面。

●Y（黄）：可使蓝天更自然，白云更清晰。

●O（橙）：可稍压暗蓝天，使夕阳的效果更强烈。

●R（红）：使蓝天更加暗，落叶的颜色更鲜亮。

●G（绿）：可将肤色和嘴唇的颜色表现得更好，使树叶的颜色更加鲜亮。

▲ 选择“标准”优化校准时拍摄的照片

▲ 选择“单色”优化校准时拍摄的照片

▲ 设置“滤镜效果”为“红”时拍摄的照片

在“调色”选项下，可以选择无、褐、蓝、紫及绿等多种单色调效果。

▲ 原图及选择褐色、蓝色时得到的单色照片效果

管理优化校准

“管理优化校准”菜单用于修改并保存相机提供的优化校准，也可以为新的优化校准命名，包含“保存 / 编辑”“重新命名”“删除”“载入 / 保存”4 个选项。

保存 / 编辑优化校准

当需要经常使用一些自定义的优化校准时，可以将其参数编辑好，然后保存为一个新的优化校准文件，以便于以后调用。

设定步骤

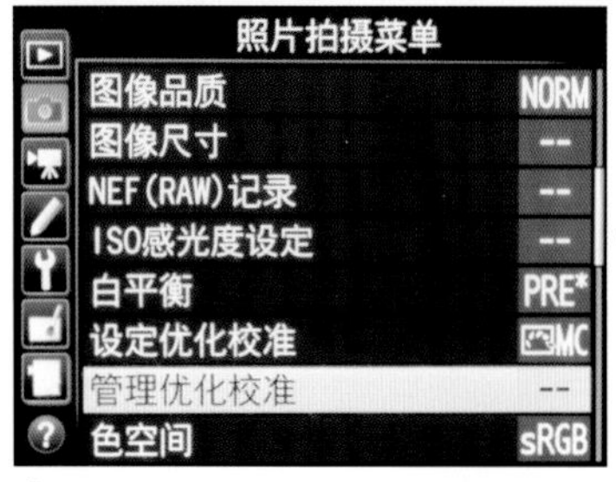

❶ 选择**照片拍摄**菜单中的**管理优化校准**选项

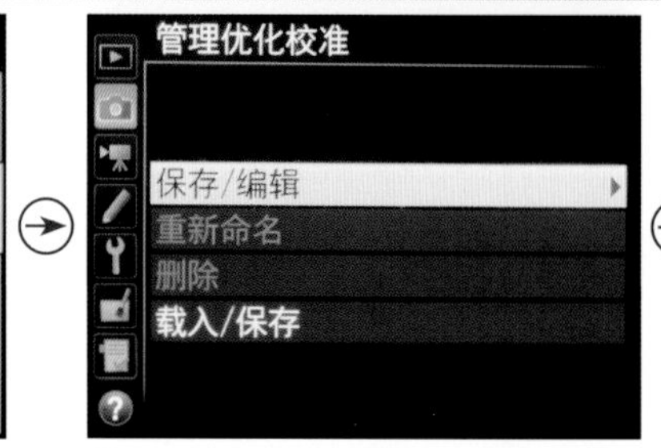

❷ 在子菜单中选择**保存 / 编辑**选项，按下▶方向键

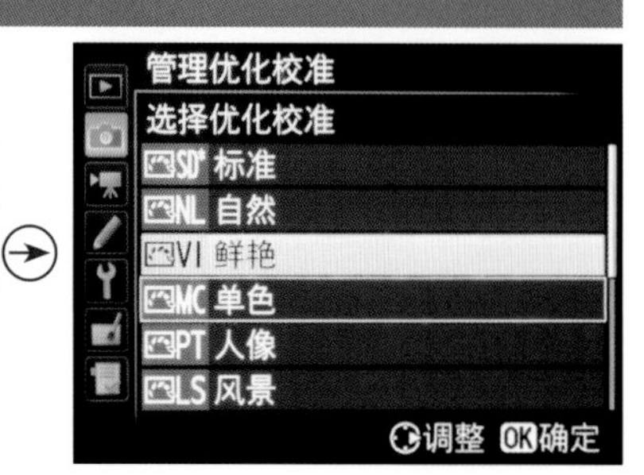

❸ 选择一个已有的优化校准作为保存 / 编辑的基础，按下▶方向键

❹ 选择不同的参数并根据需要修改设置后，按下 OK 按钮

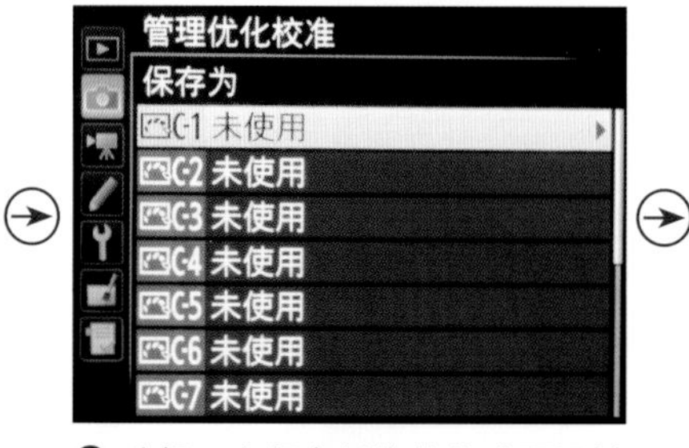

❺ 选择一个保存新优化校准预设的位置，按下▶方向键

❻ 点击选择所需字符进行命名，命名完成后点击屏幕上 OK 图标完成保存操作

重新命名优化校准

重新命名优化校准操作只对自定义的优化校准预设有效，而对相机内置的“标准”“自然”等优化校准预设无法进行重新命名。

设定步骤

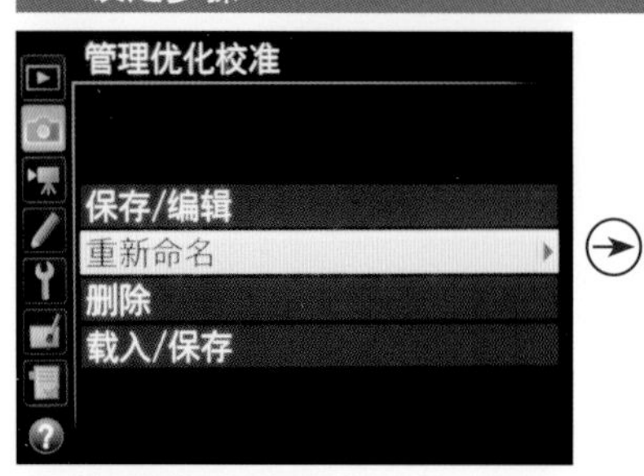

❶ 在**管理优化校准**菜单中选择**重新命名**选项

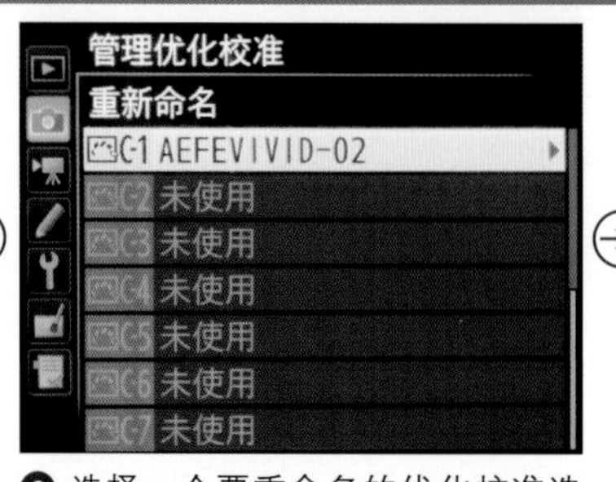

❷ 选择一个要重命名的优化校准选项，按下▶方向键

❸ 点击选择所需字符进行命名，命名完成后点击屏幕上 OK 图标完成保存操作

删除优化校准

删除后的优化校准预设无法再恢复回来，因此在删除前一定要确认。

设定步骤

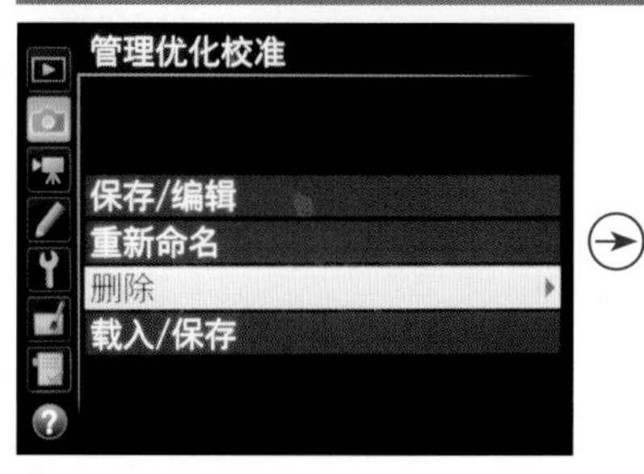

❶ 在**管理优化校准**菜单中选择**删除**选项，然后按下▶方向键

❷ 选择要删除的自定义优化校准选项

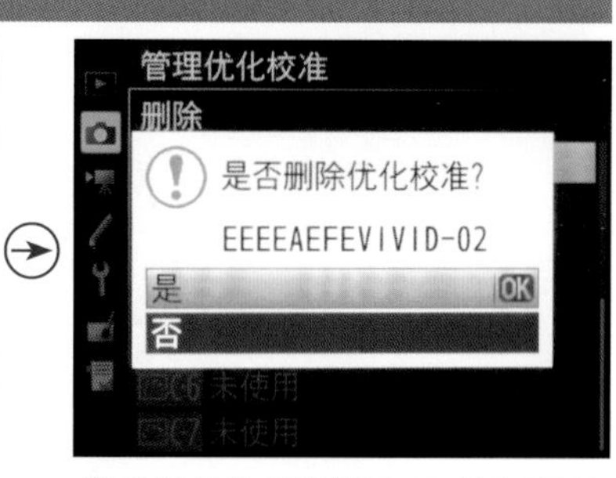

❸ 选择**是**选项并按下 OK 按钮即可

载入 / 保存优化校准

通过载入 / 保存优化校准，可以向相机中输入或将已有的优化校准预设输出到存储卡中。

- 复制到照相机：选择此选项，可将存储卡中的优化校准载入到相机中。
- 从存储卡中删除：选择此选项，可删除存储卡中保存的优化校准预设。
- 复制到存储卡：选择此选项，可以将相机中自定义的优化校准预设保存到存储卡中。

设定步骤

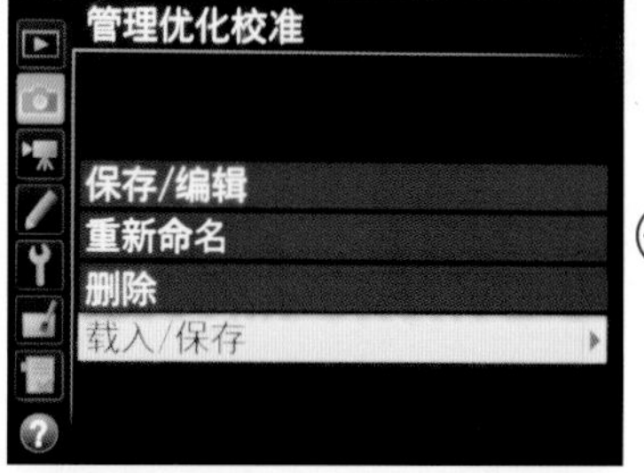

❶ 在管理优化校准菜单中选择**载入 / 保存**选项，然后按下▶方向键

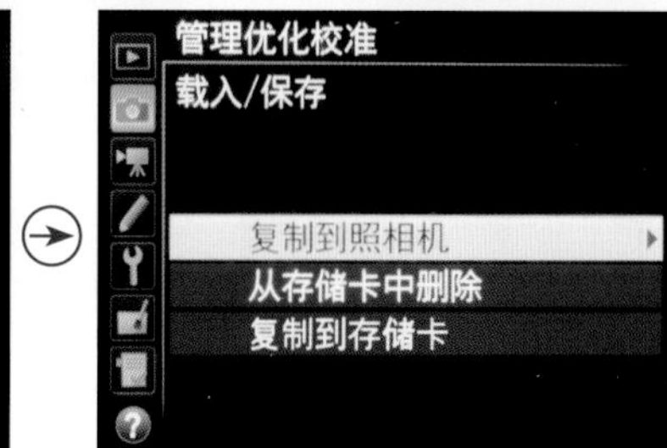

❷ 根据需要选择不同的选项。此处以选择**复制到存储卡**选项为例

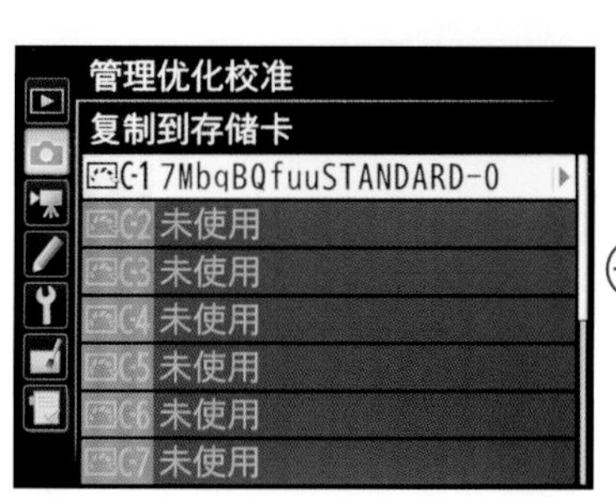

❸ 选择要复制到存储卡的优化校准

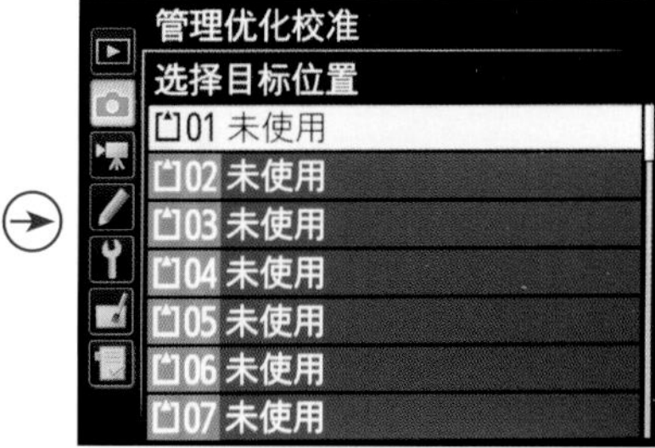

❹ 选择要保存优化校准的位置，并按下 OK 按钮

随拍随赏——拍摄后查看照片

回放照片基本操作

在回放照片时，我们可以进行放大、缩小、显示信息、前翻、后翻以及删除照片等多种操作，下面就通过一个图示来说明回放照片的基本操作方法。

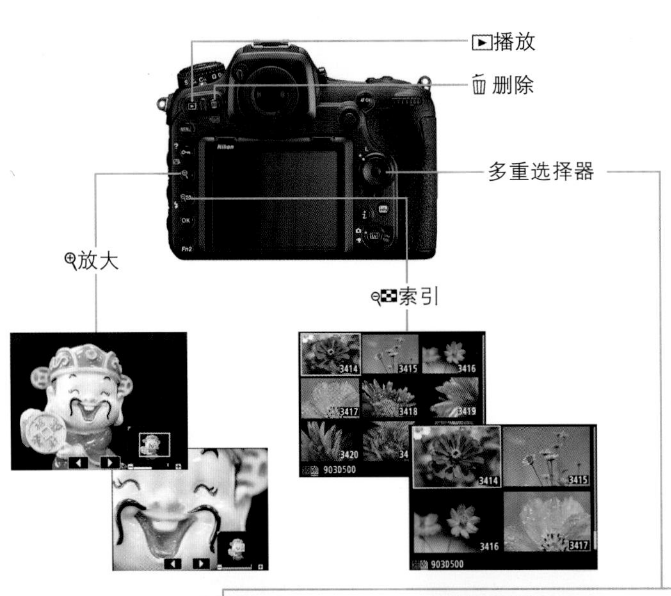

Q：出现“无法回放图像”提示怎么办？

A：在相机中回放图像时，如果出现“无法回放图像”提示，可能有以下几个原因。

- 正在尝试回放的不是使用尼康相机拍摄的图像。
- 存储卡中的图像已导入计算机，并进行了旋转或编辑后再存回存储卡。
- 存储卡出现故障。

❶ 文件信息

❷ 无（仅影像）

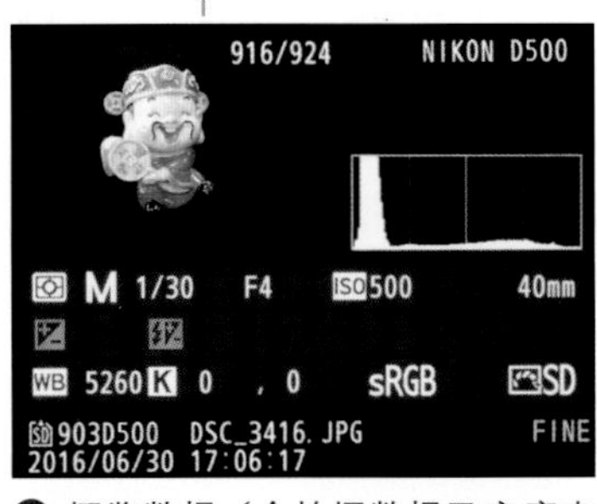

❸ 概览数据（含拍摄数据及亮度直方图）

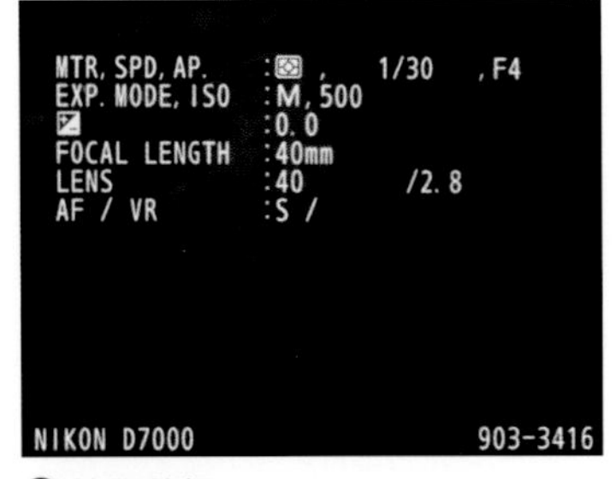

❹ 拍摄数据

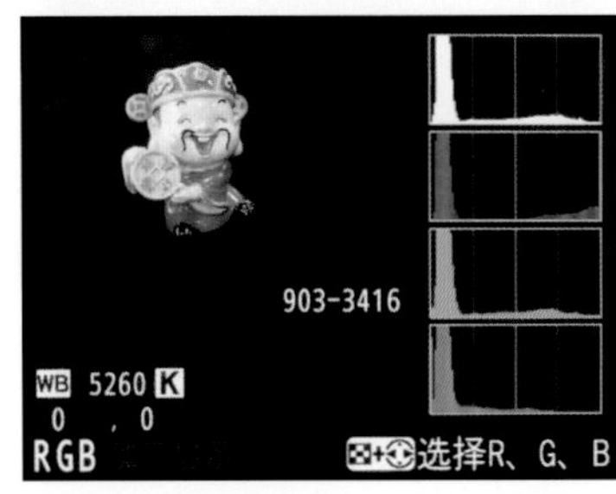

❺ RGB 直方图

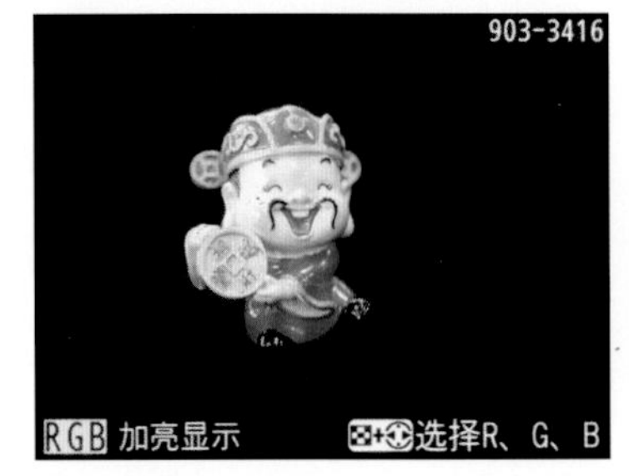

❻ 加亮显示

在播放照片时，按下▲方向键可以依次按上面的顺序显示照片信息，按下▼方向键则按相反的顺序显示。

图像查看

在拍摄环境变化不大的情况下，我们只是在刚开始做一些简单的参数调试并拍摄样片时，需要反复地查看拍摄得到的照片是否满意，而一旦确认了曝光、对焦方式等参数后，则不必每次拍摄后都显示并查看照片，此时，就可以通过“图像查看”菜单来控制是否在每次拍摄后都查看照片。

设定步骤

❶ 选择**播放**菜单中的**图像查看**选项

❷ 按下▲或▼方向键可选择**开启**或**关闭**选项

- 开启：选择此选项，可在拍摄后查看照片，直至显示屏自动关闭或执行半按快门按钮等操作为止。
- 关闭：选择此选项，则照片只在按下播放按钮▶时才显示。

播放显示选项

在回放照片时，会显示一些相关的参数，以方便我们了解照片的具体信息，例如在默认情况下会显示亮度直方图以辅助判断照片的曝光是否准确。此外，还可以根据需要设置回放照片时是否显示对焦点、高光警告以及RGB直方图等，这些信息对于判断照片是否在预定位置合焦、是否过曝至关重要。

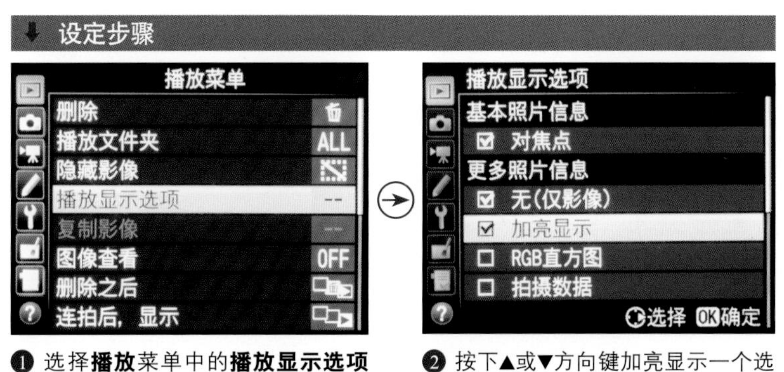

❶ 选择**播放**菜单中的**播放显示选项**选项

❷ 按下▲或▼方向键加亮显示一个选项，然后按下▶方向键勾选用于照片信息显示的选项，选择完成后按下OK按钮确定

- 对焦点：选择此选项，则图像对焦点将以红色显示，这时如果发现对焦点不准确可以重新拍摄。
- 无（仅影像）：选择此选项，则在播放照片时将隐藏其他内容，而仅显示当前的图像。
- 加亮显示：选择此选项，可以帮助摄影师发现所拍摄图像中曝光过度的区域，如果想要表现曝光过度区域的细节，就需要适当减少曝光量。
- RGB 直方图：选择此选项，在播放照片时可查看亮度与 RGB 直方图，从而更好地把握画面的曝光及色彩。
- 拍摄数据：选择此选项，则在播放照片时可显示主要拍摄数据。
- 概览：选择此选项，在播放照片时将能查看到这幅照片的详细拍摄数据。

播放文件夹

在播放照片时，可以根据需要选择一个要播放的文件夹。

- ND500：选择此选项，将播放使用 Nikon D500 创建的所有文件夹中的照片。
- 全部：选择此选项，将播放所有文件夹中的照片。
- 当前：选择此选项，将播放当前文件夹中的照片。

设定步骤

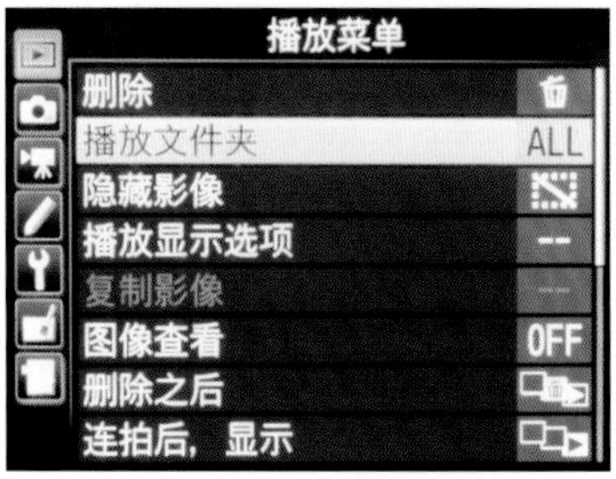

❶ 选择**播放**菜单中的**播放文件夹**选项

❷ 按下▲或▼方向键可选择要播放照片的文件夹

旋转画面至竖直方向

“旋转至竖直方向”菜单用于选择是否旋转“竖直”（人像方向）照片，以便在播放时更加方便查看。该菜单包含“开启”和“关闭”两个选项。选择“开启”选项后，在显示屏中显示照片时，竖拍照片将被自动旋转为竖直方向；选择“关闭”选项后，竖拍照片将以横向方向显示。

设定步骤

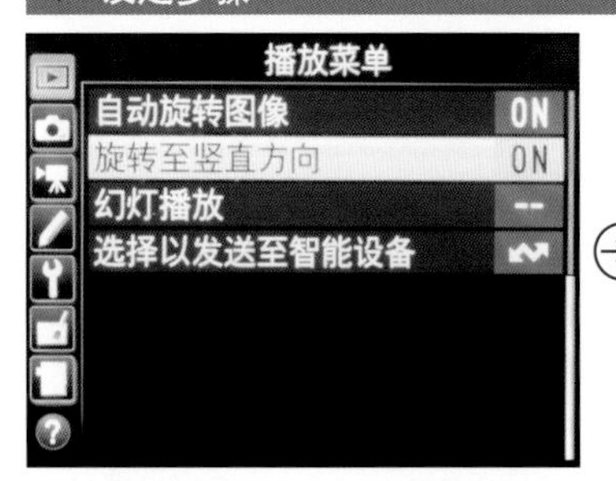

❶ 选择**播放**菜单中的**旋转至竖直方向**选项

❷ 按下▲或▼方向键可选择**开启**或**关闭**选项

▲ 关闭“旋转至竖直方向”功能时，竖拍照片的显示状态

高手点拨：在开启“旋转至竖直方向”功能时，需要在“设定”菜单中将“自动旋转图像”也设置为“开启”，否则在浏览时竖拍照片也不会被自动旋转为竖直方向显示。

▲ 开启“旋转至竖直方向”功能时，竖拍照片的显示状态

设置自动旋转图像方便浏览

当使用相机竖拍时，为了方便查看，可以使用“自动旋转图像”功能将所拍摄的竖画幅照片旋转为竖直方向显示。

- 开启：选择此选项，则拍摄的照片中包含相机方向信息，这些照片在播放过程中会自动旋转。可记录以下方向：风景（横向）方向、相机顺时针转动90°、相机逆时针转动90°。
- 关闭：选择此选项，则不记录相机的方向信息。

设定步骤

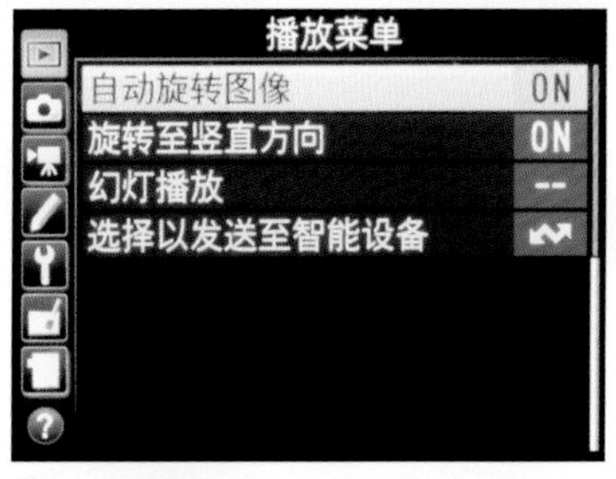

❶ 选择**播放**菜单中的**自动旋转图像**选项

❷ 按下▲或▼方向键选择**开启**或**关闭**选项

▲ 相机逆时针旋转 90º

▲ 相机顺时针旋转 90º

▲ 风景（横向）方向

删除照片

当希望释放存储卡空间，或希望删除多余的照片时，可以利用“删除”菜单删除一张、多张和整个存储卡中的照片。

- 所选图像：选择此选项，可以选中单张或多张照片进行删除。
- 全部：选择此选项，可以删除所选存储卡中的所有照片。

设定步骤

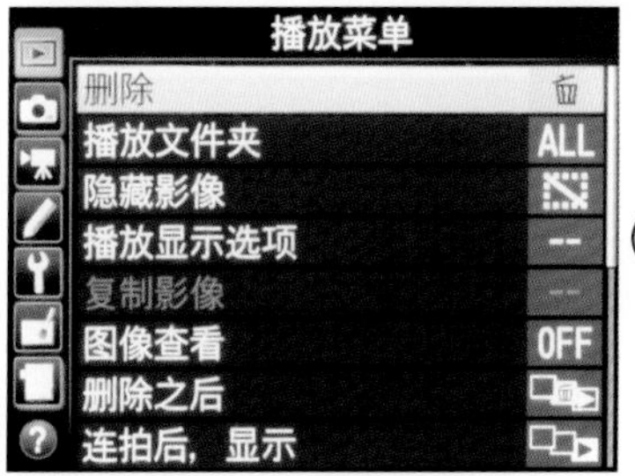

❶ 在**播放**菜单中选择**删除**选项

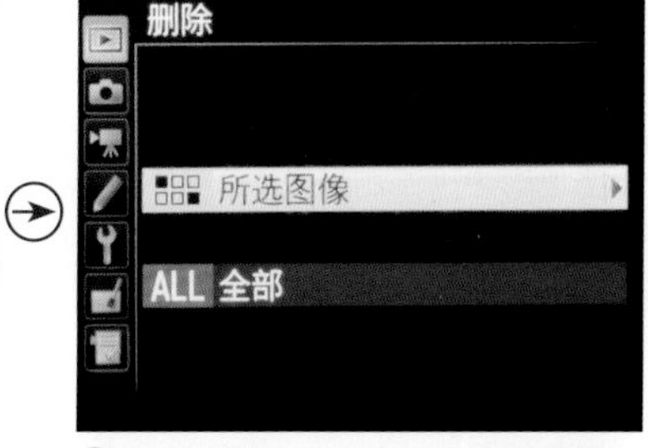

❷ 按下▲或▼方向键选择**所选图像**选项，然后按下▶方向键

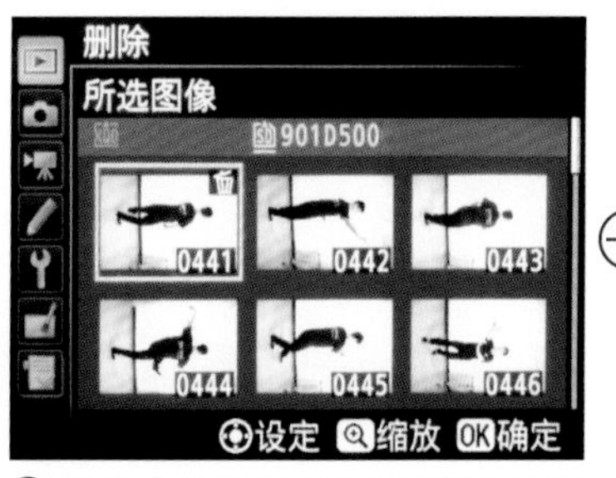

❸ 使用多重选择器选择要删除的照片，按下多重选择器中央按钮确定当前所选图像，此时在其右上角会出现删除图标，然后按下 OK 按钮

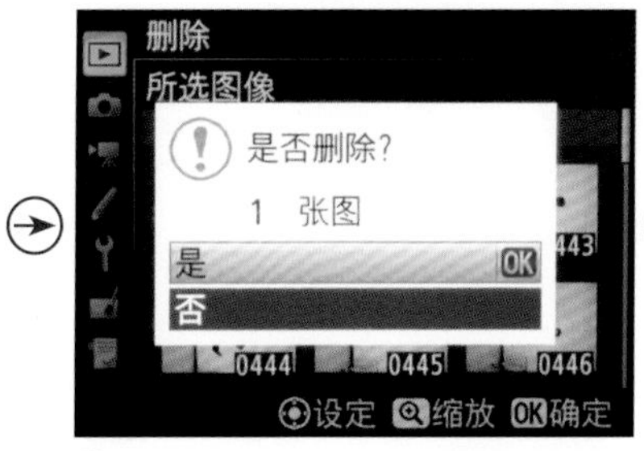

❹ 按下▲或▼方向键选择**是**选项，然后按下 OK 按钮，即可删除选中的图像

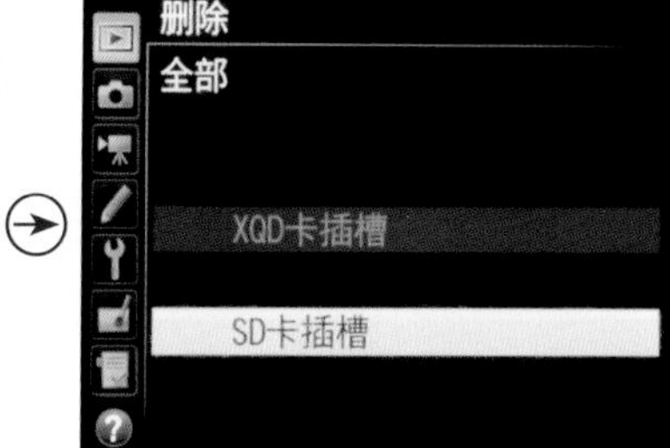

❺ 如果在步骤❷中选择**全部**选项，按下▲或▼方向键选择一个插槽选项，然后按下多重选择器中央按钮

Chapter 03

必须掌握的基本曝光与对焦设置

设置光圈控制曝光与景深

光圈的结构

光圈是相机镜头内部的一个组件，它由许多片金属薄片组成，金属薄片可以活动，通过改变它的开启程度可以控制进入镜头光线的多少。

光圈开启越大，通过镜头到达相机感光元件的光线就越多；光圈开启越小，通过镜头到达相机感光元件的光线就越少。

▲ 从镜头的底部可以看到镜头内部的光圈金属薄片

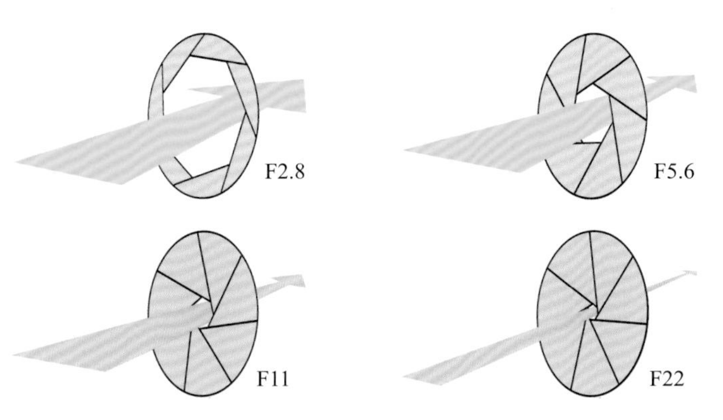

▲ 光圈是控制通光量的装置，光圈越大（F2.8）通光越多，光圈越小（F22），通光越少

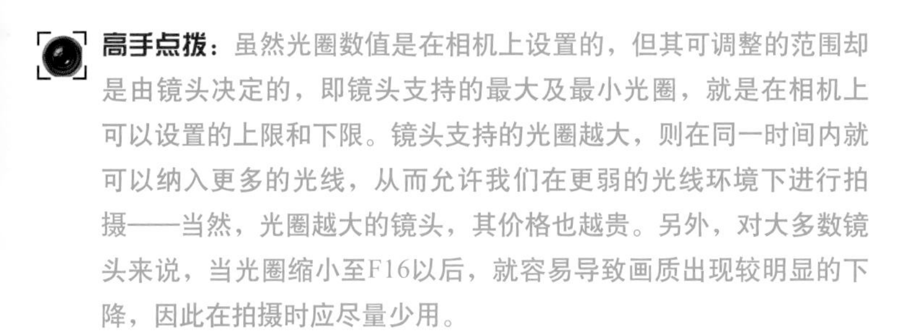

高手点拨：虽然光圈数值是在相机上设置的，但其可调整的范围却是由镜头决定的，即镜头支持的最大及最小光圈，就是在相机上可以设置的上限和下限。镜头支持的光圈越大，则在同一时间内就可以纳入更多的光线，从而允许我们在更弱的光线环境下进行拍摄——当然，光圈越大的镜头，其价格也越贵。另外，对大多数镜头来说，当光圈缩小至F16以后，就容易导致画质出现较明显的下降，因此在拍摄时应尽量少用。

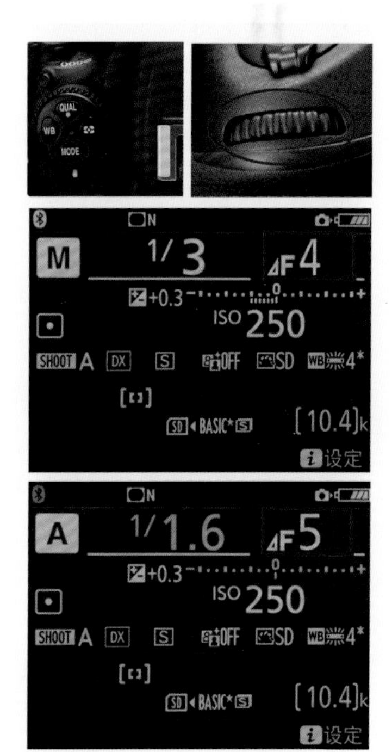

操作方法

按下MODE按钮并转动主指令拨盘选择光圈优先模式或全手动模式。在光圈优先模式或全手动模式下，转动副指令拨盘可选择不同的光圈值

▲ 尼康 AF-S 85mm F1.4 G IF N

▲ 尼康 AF-S 24-70mm F2.8 G ED N

▲ 尼康 24-120mm F4 G

▲ 尼康 AF-S 28-300mm F3.5-5.6 G ED VR

光圈值的表现形式

光圈值用字母F或f表示，如F8、f8（或F/8、f/8）。常见的光圈值有F1.4、F2、F2.8、F4、F5.6、F8、F11、F16、F22、F32、F36等，光圈每递进一挡，光圈口径就不断缩小，通光量也逐挡减半。例如，F5.6光圈的进光量是F8的两倍。

当前我们所见到的光圈数值还包括F1.2、F2.2、F2.5、F6.3等，这些数值不包含在光圈正级数之内，这是因为各镜头厂商都在每级光圈之间插入了1/2倍（F1.2、F1.8、F2.5、F3.5等）和1/3倍（F1.1、F1.2、F1.6、F1.8、F2.2、F2.5、F3.2、F3.5、F4.5、F5.0、F6.3、F7.1等）变化的副级数光圈，以更加精确地控制曝光程度，使画面的曝光更加准确。

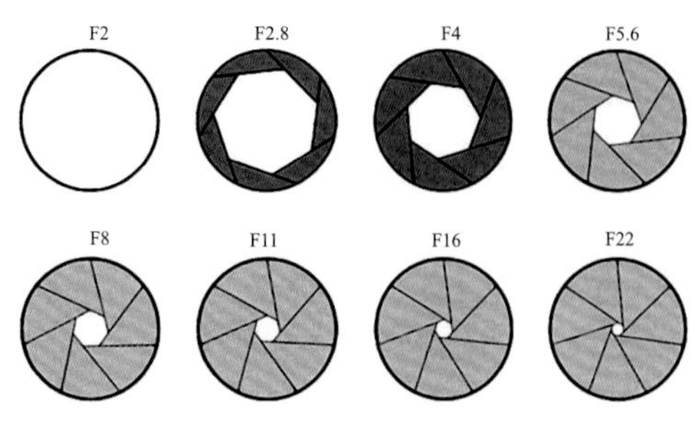

▲ 不同光圈值下镜头通光口径的变化

光圈级数刻度图

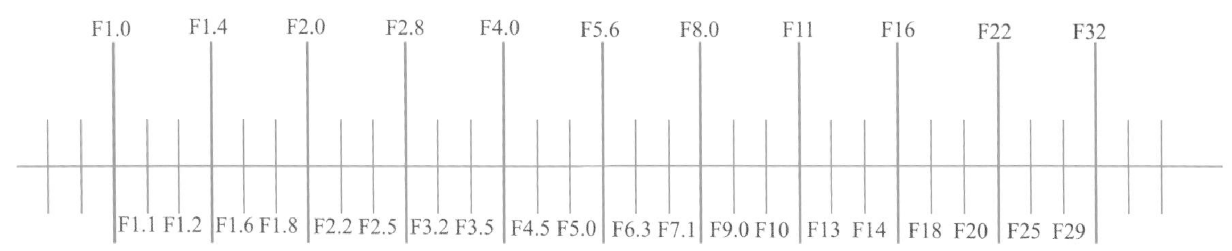

常见的光圈数值大多在上图所示的光圈正、副级数范围内。

光圈对成像质量的影响

通常情况下，摄影师都会选择比镜头最大光圈稍小一至两挡的中等光圈，因为大多数镜头在中等光圈下的成像质量是最优秀的，照片的色彩和层次都有更好的表现。例如，一只最大光圈为F2.8的镜头，其最佳成像质量光圈是F5.6至F8之间。另外，不能使用过小的光圈，因为过小的光圈会使光线在镜头中产生衍射效应，导致画面质量下降。

Q：什么是衍射效应？

A：衍射是指当光线穿过镜头光圈时，光在传播的过程中发生方向弯曲的现象，光线通过的孔隙越小，光的波长越长，这种现象就越明显。因此，拍摄时如果光圈收得越小，在被记录的光线中衍射光所占的比例就越大，画面的细节损失就越多，画面就越不清楚。衍射效应对DX画幅数码相机和全画幅数码相机的影响程度稍有不同，通常DX画幅数码相机在光圈收小到F11时，就会发现衍射对画质产生了影响；而全画幅数码相机在光圈收小到F16时，才能够看到衍射对画质的影响。

Nikon D500

▲ 使用镜头最佳光圈拍摄时，所得到的照片画质最理想

光圈对曝光的影响

如前所述，在其他参数不变的情况下，光圈增大一挡，则曝光量提高一倍，例如光圈从 F4 增大至 F2.8，即可增加一倍的曝光量；反之，光圈减小一挡，则曝光量也随之降低一半。换言之，光圈开启越大，通光量就越多，所拍摄出来的照片也越明亮；光圈开启越小，通光量就越少，所拍摄出来的照片也越暗淡。

下面是一组在焦距为 35mm、快门速度为 1/10s、感光度为 ISO6400 的特定参数下，只改变光圈值拍摄的照片。

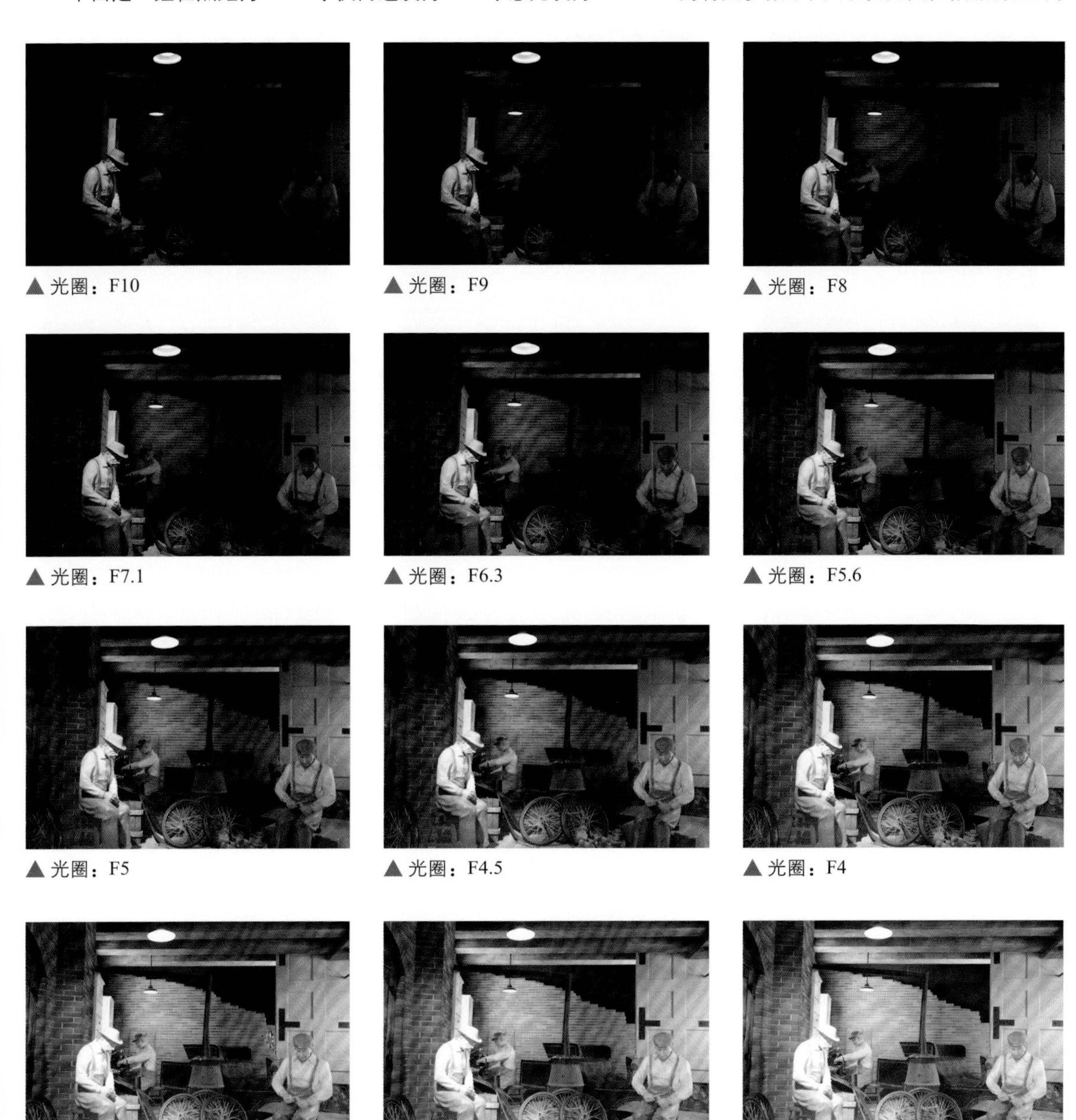

▲ 光圈：F10　▲ 光圈：F9　▲ 光圈：F8

▲ 光圈：F7.1　▲ 光圈：F6.3　▲ 光圈：F5.6

▲ 光圈：F5　▲ 光圈：F4.5　▲ 光圈：F4

▲ 光圈：F3.5　▲ 光圈：F3.2　▲ 光圈：F2.8

通过这一组照片可以看出，在其他曝光参数不变的情况下，随着光圈逐渐变大，由于进入镜头的光线不断增多，因此所拍摄出来的画面也逐渐变亮。

理解景深

简单来说，景深即指对焦位置前后的清晰范围。清晰范围越大，即表示景深越大；反之，清晰范围越小，即表示景深越小，画面中的虚化效果就越好。

景深的大小与光圈、焦距及拍摄距离这 3 个要素密切相关。当拍摄者与被摄对象之间的距离非常近，或者使用长焦距或大光圈拍摄时，都能得到很强烈的背景虚化效果；反之，当拍摄者与被摄对象之间的距离较远，或者使用小光圈或较短焦距拍摄时，画面的虚化效果就会较差。

另外，被摄对象与背景之间的距离也是影响背景虚化的重要因素。例如，当被摄对象距离背景较近时，使用 F1.4 的大光圈也不能得到很好的背景虚化效果；但被摄对象距离背景较远时，即使使用 F8 的光圈，也能获得较强烈的虚化效果。

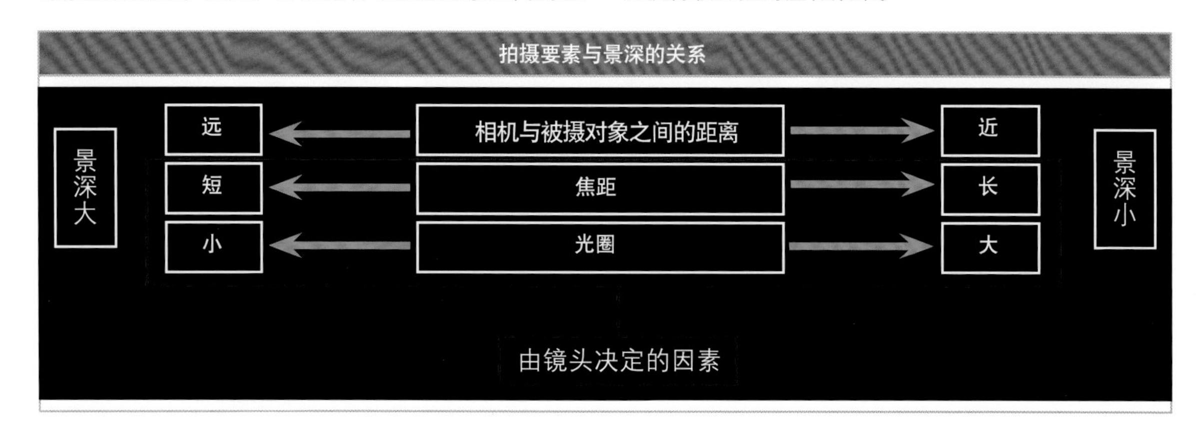

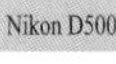

Q：景深与对焦点的位置有什么关系？

A：景深是指照片中某个景物清晰的范围。即当摄影师将镜头对焦于景物中的某个点并拍摄后，在照片中与该点处于同一平面的景物都是清晰的，而位于该点前方和后方的景物则由于都没有对焦，因此都是模糊的。但由于人眼不能精确地辨别焦点前方和后方出现的轻微模糊，因此这部分图像看上去仍然是清晰的，这种清晰的景物会一直在照片中向前、向后延伸，直至景物看上去变得模糊而不可接受，而这个可接受的清晰范围，就是景深。

Q：什么是焦平面？

A：如前所述，当摄影师将镜头对焦于某个点拍摄时，在照片中与该点处于同一平面的景物都是清晰的，而位于该点前方和后方的景物则都是模糊的，这个平面就是成像焦平面。如果摄影师的相机位置不变，当被摄对象在可视区域内向焦平面水平运动时，成像始终是清晰的；但如果其向前或向后移动，则由于脱离了成像焦平面，因此会出现一定程度的模糊，模糊的程度与距焦平面的距离成正比。

Nikon D500

▲ 对焦点在中间的财神爷玩偶上，但由于另外两个玩偶与其在同一个焦平面上，因此三个玩偶均是清晰的

▲ 对焦点仍然在中间的财神爷玩偶上，但由于另外两个玩偶与其不在同一个焦平面上，因此另外两个玩偶均是模糊的

光圈对景深的影响

光圈是控制景深（背景虚化程度）的重要因素。即在其他条件不变的情况下，光圈越大，景深就越小；反之，光圈越小，景深就越大。在拍摄时想通过控制景深来使自己的作品更有艺术效果，就要合理使用大光圈和小光圈。

通过调整光圈数值的大小，即可拍摄不同的对象或表现不同的主题。例如，大光圈主要用于人像摄影、微距摄影，通过模糊背景来有效地突出主体；小光圈主要用于风景摄影、建筑摄影、纪实摄影等，大景深让画面中的所有景物都能清晰再现。

右侧是一组在焦距为 105mm、快门速度为 1/200s、感光度为 ISO100 的特定参数下，只改变光圈值拍摄的照片。

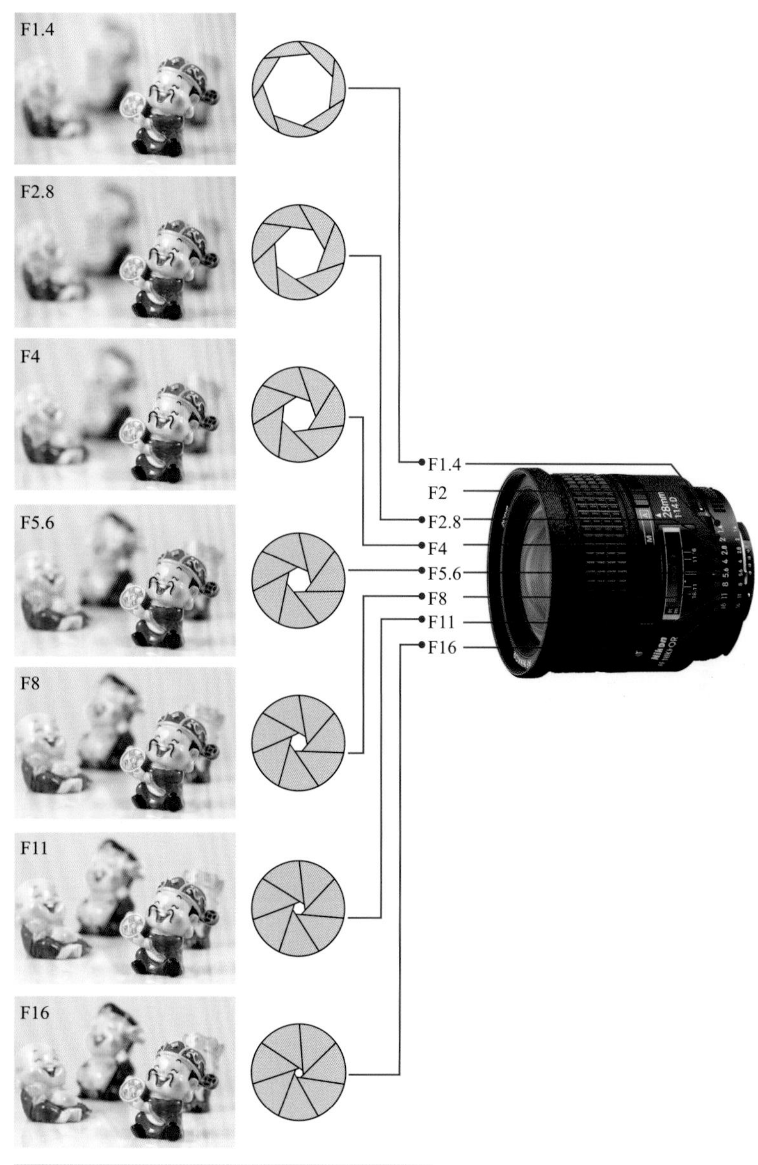

▶ 从示例图可以看出，当光圈从 F1.4 逐渐缩小到 F22 时，画面的景深逐渐变大，使用的光圈越小，画面背景处的玩偶就越清晰

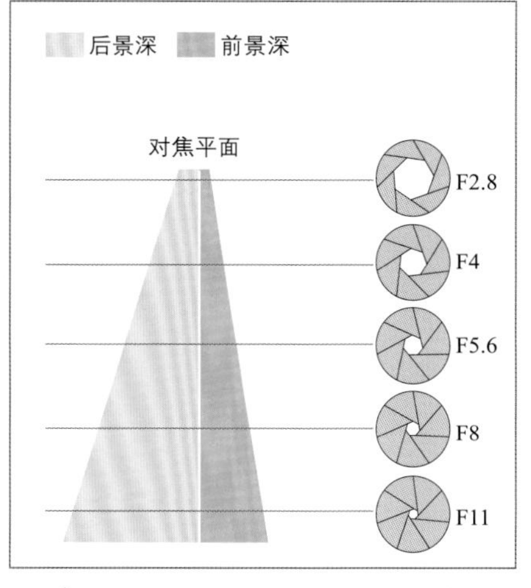

▶ 从示例图可以看出，光圈越大，前、后景深越小；光圈越小，前、后景深越大，其中，后景深又是前景深的 2 倍

焦距对景深的影响

当其他条件相同时，拍摄时所使用的焦距越长，则画面的景深越浅（小），即可以得到更明显的虚化效果；反之，所使用的焦距越短，则画面的景深越深（大），容易获得前后都清晰的画面效果。

▲ 通过使用不同焦距拍摄的花卉照片对比可以看出，焦距越长，则主体越清晰，画面的景深就越小

高手点拨：焦距越短，则视角越广，其透视变形也越严重，而且越靠近画面边缘，变形就越严重，因此，在构图时要特别注意这一点。尤其在拍摄人像时，要尽可能将肢体置于画面的中间位置，特别是人物的面部，以免发生变形而影响画面的美观。另外，在使用定焦镜头拍摄时，我们只能通过前后移动来改变相对的“焦距”，即画面的取景范围，拍摄者越靠近被摄对象，就相当于使用了更长的焦距，此时同样可以得到更小的景深。

拍摄距离对景深的影响

在其他条件不变的情况下，拍摄者与被摄对象之间的距离越近，则越容易得到浅景深的虚化效果；反之，如果拍摄者与被摄对象之间的距离较远，则不容易得到虚化效果。

这点在使用微距镜头拍摄时体现得更为明显，当离被摄体很近的时候，画面中的清晰范围就变得非常浅。因此，在人像摄影中，为了获得较小的景深，经常采取靠近被摄者拍摄的方法。

下面为一组在所有拍摄参数都不变的情况下，只改变镜头与被摄对象之间距离时拍摄得到的照片。

通过左侧展示的一组照片可以看出，当镜头距离前景位置的玩偶越远时，其背景的模糊效果也越差。

背景与被摄对象的距离对景深的影响

在其他条件不变的情况下，画面中的背景与被摄对象的距离越远，则越容易得到浅景深的虚化效果；反之，如果画面中的背景与被摄对象位于同一个焦平面上，或者非常靠近，则不容易得到虚化效果。

左图所示为在所有拍摄参数都不变的情况下，只改变被摄对象距离背景的远近拍出的照片。

通过左侧展示的一组照片可以看出，在镜头位置不变的情况下，随着前面的木偶距离后面的两个木偶越来越近，则后面的木偶虚化程度也越来越低。

设置快门速度控制曝光时间

快门与快门速度的含义

简单来说，快门的作用就是控制曝光时间的长短。在按下快门按钮时，从快门前帘开始移动到后帘结束所用的时间就是快门速度，这段时间实际上也就是相机感光元件的曝光时间。

所以快门速度决定曝光时间的长短，快门速度越快，曝光时间就越短，曝光量也越小；快门速度越慢，曝光时间就越长，曝光量也越大。

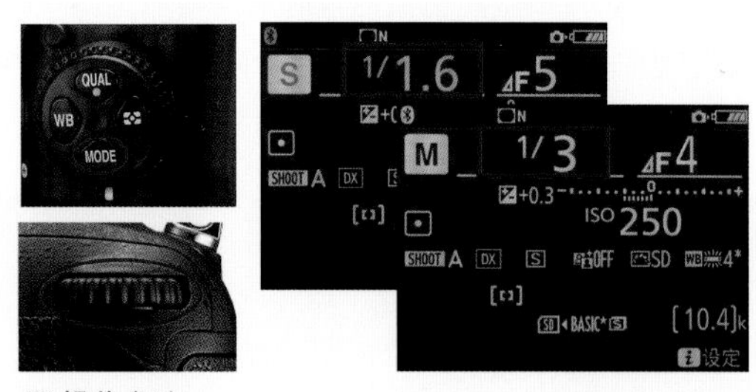

操作方法

按下 MODE 按钮并转动主指令拨盘选择光圈优先模式或全手动模式。在快门优先和全手动模式下，转动主指令拨盘即可选择不同的快门速度值

快门速度的表示方法

快门速度以秒为单位，入门级及中端数码单反相机的快门速度通常在 1/4000s 至 30s 之间，而专业或准专业相机的最高快门速度则达到了 1/8000s，可以满足更多题材和场景的拍摄要求。Nikon D500 作为中端级 DX 画幅相机，最高的快门速度达到了 1/8000s。

常用的快门速度有 30s、15s、8s、4s、2s、1s、1/2s、1/4s、1/8s、1/15s、1/30s、1/60s、1/125s、1/250s、1/500s、1/1000s、1/2000s、1/4000s 等。

▲ 使用 1/3200s 的快门速度抓拍到了鸟儿飞翔在空中的画面『焦距：500mm ┆ 光圈：F6.3 ┆ 快门速度：1/3200s ┆ 感光度：ISO640』

快门速度对曝光的影响

如前面所述，快门速度的快慢决定了曝光量的多少，在其他条件不变的情况下，每一倍的快门速度变化，即代表了一倍曝光量的变化。例如，当快门速度由 1/125s 变为 1/60s 时，由于快门速度慢了一倍，曝光时间增加了一倍，因此总的曝光量也随之增加了一倍。从下面展示的一组照片中可以发现，在光圈与 ISO 感光度数值不变的情况下，快门速度越慢，则曝光时间越长，画面感光就越充分，所以画面也越亮。

下面是一组在焦距为 105mm、光圈为 F5、感光度为 ISO100 的特定参数下，只改变快门速度拍摄的照片。

▲ 快门速度：1/125s

▲ 快门速度：1/100s

▲ 快门速度：1/80s

▲ 快门速度：1/60s

▲ 快门速度：1/40s

▲ 快门速度：1/30s

▲ 快门速度：1/25s

▲ 快门速度：1/20s

通过这一组照片可以看出，在其他曝光参数不变的情况下，随着快门速度逐渐变低，进入镜头的光线也不断增多，因此所拍摄出来的画面也逐渐变亮。

影响快门速度的三大要素

影响快门速度的要素包括光圈、感光度及曝光补偿，它们对快门速度的影响如下。

- 感光度：感光度每增加一倍（例如从 ISO100 增加到 ISO200），感光元件对光线的敏锐度会随之增加一倍，同时，快门速度会随之提高一倍。
- 光圈：光圈每提高一挡（如从 F4 增加到 F2.8），快门速度可以提高一倍。
- 曝光补偿：曝光补偿数值每增加 1 挡，由于需要更长时间的曝光来提亮照片，因此快门速度将降低一半；反之，曝光补偿数值每降低 1 挡，由于照片不需要更多的曝光，因此快门速度可以提高一倍。

快门速度对画面效果的影响

快门速度不仅影响进光量，还会影响画面的动感效果。表现静止的景物时，快门的快慢对画面不会有什么影响，除非摄影师在拍摄时有意摆动镜头，但在表现动态的景物时，不同的快门速度就能够营造出不一样的画面效果。

右侧照片是在焦距、感光度都不变的情况下，分别将快门速度依次调慢所拍摄的。

对比这一组照片，可以看到当快门速度较快时，水流被定格成相对清晰的影像，但当快门速度逐渐降低时，流动的水流在画面中渐渐变为模糊的效果。

由上述可见，如果希望在画面中凝固运动对象的精彩瞬间，应该使用高速快门。拍摄对象的运动速度越高，采用的快门速度也要越快，以在画面中凝固运动对象的动作，形成一种时间停滞不前的静止效果。

如果希望在画面中表现运动对象的动态模糊效果，可以使用低速快门，以使其在画面中形成动态模糊效果，较好地表现出动态效果，按此方法拍摄流水、夜间的车灯轨迹、风中摇摆的植物、流动的人群，均能够得到画面效果流畅、生动的照片。

▲ 光圈：F22 快门速度：1/80s 感光度：ISO50

▲ 光圈：F22 快门速度：1/8s 感光度：ISO50

▲ 光圈：F22 快门速度：1/3s 感光度：ISO50

▲ 光圈：F22 快门速度：0.8s 感光度：ISO50

▲ 光圈：F22 快门速度：1s 感光度：ISO50

▲ 光圈：F22 快门速度：1.3s 感光度：ISO50

▲ 设置高速快门定格跳跃在空中的少女『焦距：80mm ┆ 光圈：F4 ┆ 快门速度：1/500s ┆ 感光度：ISO200』

▲ 设置低速快门记录夜间的车灯轨迹『焦距：18mm ┆ 光圈：F13 ┆ 快门速度：15s ┆ 感光度：ISO100』

依据对象的运动情况设置快门速度

在设置快门速度时，应综合考虑被摄对象的运动速度、运动方向以及摄影师与被摄对象之间的距离这 3 个基本要素。

被摄对象的运动速度

不同的照片表现形式，拍摄时所需要的快门速度也不尽相同。例如抓拍物体运动的瞬间，需要较高的快门速度；而如果是跟踪拍摄，对快门速度的要求就比较低了。

▲ 在睡觉的猫咪基本处于静止状态，因此无需太高的快门速度『焦距：50mm ┆ 光圈：F5.6 ┆ 快门速度：1/80s ┆ 感光度：ISO100』

▲ 嬉戏玩耍中猫咪的速度很快，因此需要较高的快门速度才能将其清晰地定格在画面中『焦距：35mm ┆ 光圈：F4 ┆ 快门速度：1/320s ┆ 感光度：ISO400』

被摄对象的运动方向

如果从运动对象的正面拍摄（通常是角度较小的斜侧面），主要记录的是对象从小变大或相反的运动过程，其速度通常要低于从侧面拍摄；只有从侧面拍摄才会感受到被摄对象真正的速度，拍摄时需要的快门速度也就更高。

▲ 从侧面拍摄运动对象以表现其速度时，除了使用“陷阱对焦”方法外，通常都需要采用跟踪拍摄法进行拍摄『焦距：45mm ┆ 光圈：F5.6 ┆ 快门速度：1/500s ┆ 感光度：ISO100』

▲ 从正面或斜侧面拍摄运动对象时，速度感不强『焦距：45mm ┆ 光圈：F5.6 ┆ 快门速度：1/500s ┆ 感光度：ISO100』

与被摄对象之间的距离

无论是亲身靠近运动对象或是使用长焦镜头，离运动对象越慢，其运动速度就相对越慢，此时需要不停地移动相机。略有不同的是，如果是靠近运动对象，则需要较大幅度地移动相机；而使用长焦镜头的话，只要小幅度地移动相机，就能够保证被摄对象一直处于画面之中。

从另一个角度来说，如果将视角变得更广阔一些，就不用为了将运动对象融入画面中而费力地紧跟被摄对象，比如使用广角镜头拍摄时，就更容易抓拍到被摄对象运动的瞬间。

▲广角镜头抓拍到的现场整体气氛『焦距：28mm ┆ 光圈：F9 ┆ 快门速度：1/640s ┆ 感光度：ISO200』

▲ 长焦镜头注重表现单个主体，对瞬间的表现更加明显『焦距：280mm ┆ 光圈：F7.1 ┆ 快门速度：1/640s ┆ 感光度：ISO200』

常见拍摄对象的快门速度参考值

以下是一些常见拍摄对象所需快门速度参考值，虽然在使用时并非一定要用快门优先曝光模式，但对各类拍摄对象常用的快门速度会有一个比较全面的了解。

快门速度（秒）	适用范围
B门	适合拍摄夜景、闪电、车流等。其优点是用户可以自行控制曝光时间，缺点是如果不知道当前场景需要多长时间才能正常曝光时，容易出现曝光过度或不足的情况，此时需要用户多做尝试，直至得到满意的效果
1~30	在拍摄夕阳、日落后以及天空仅有少量微光的日出前后时，都可以使用光圈优先曝光模式或手动曝光模式进行拍摄，很多优秀的夕阳作品都诞生于这个曝光区间。使用1~5s之间的快门速度，也能够将瀑布或溪流拍摄出如同棉絮一般的梦幻效果
1 和 1/2	适合在昏暗的光线下，使用较小的光圈获得足够的景深，通常用于拍摄稳定的对象，如建筑、城市夜景等
1/15~1/4	1/4s的快门速度可以作为拍摄成人夜景人像时的最低快门速度。该快门速度区间也适合拍摄一些光线较强的夜景，如明亮的步行街和光线较好的室内
1/30	在使用标准镜头或广角镜头拍摄时，该快门速度可以视为最慢的快门速度，但在使用标准镜头时，对手持相机的平稳性有较高的要求
1/60	对于标准镜头而言，该快门速度可以保证进行各种场合的拍摄
1/125	这一挡快门速度非常适合在户外阳光明媚时使用，同时也能够拍摄运动幅度较小的物体，如走动中的人
1/250	适合拍摄中等运动速度的拍摄对象，如游泳运动员、跑步中的人或棒球活动等
1/500	该快门速度已经可以抓拍一些运动速度较快的对象，如行驶的汽车、跑动中的运动员、奔跑中的马等
1/1000~1/8000	该快门速度区间已经可以用于拍摄一些极速运动的对象，如赛车、飞机、足球比赛、飞鸟以及瀑布飞溅出的水花等

安全快门速度

简单来说，安全快门是人在手持拍摄时能保证画面清晰的最低快门速度。这个快门速度与镜头的焦距有很大关系，即手持相机拍摄时，快门速度应不低于焦距的倒数。

比如当前焦距为 200mm，拍摄时的快门速度应不低于 1/200s。这是因为人在手持相机拍摄时，即使被摄对象待在原处纹丝未动，也会因为拍摄者本身的抖动而导致画面模糊。

▼ 虽然是拍摄静态的玩偶，但由于光线较弱，致使快门速度低于了焦距的倒数，所以拍摄出来的玩偶是比较模糊的

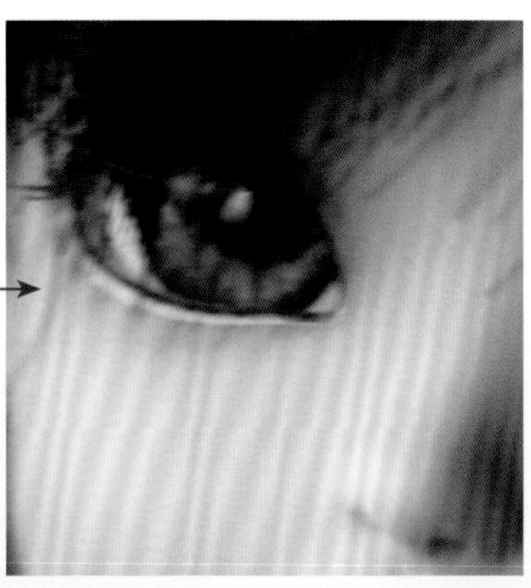

▲ 拍摄时提高了感光度数值，因此能够使用更高的快门速度，从而确保拍摄出来的照片很清晰『焦距：100mm ┆ 光圈：F2.8 ┆ 快门速度：1/250s ┆ 感光度：ISO500』

如果只是查看缩略图，几乎没有什么区别，但放大后查看可以发现，当快门速度到达安全快门时，即可将玩偶拍得非常清晰。

防抖技术对快门速度的影响

尼康的防抖系统简写为 VR，目前最新的防抖技术可保证快门速度最高低于安全快门 4 倍的情况下也能获得清晰的照片。但要注意的是，防抖系统只是一种校正功能，在使用时还要注意以下几点。

- 防抖系统成功校正抖动是有一定概率的，这与个人的手持能力有很大关系，通常情况下，使用低于安全快门 2 倍以内的快门速度拍摄时，成功校正的概率会比较高。
- 当快门速度高于安全快门 1 倍以上时，建议关闭防抖系统，否则防抖系统的校正功能可能会影响原本清晰的画面，导致画质下降。
- 在使用三脚架保持相机稳定时，建议关闭防抖系统。因为在使用三脚架时，不存在手抖的问题，而开启了防抖功能后，其微小的震动反而会造成图像质量下降。值得一提的是，很多防抖镜头同时还带有三脚架检测功能，即它可以检测到三脚架细微的震动造成的拉动并进行补偿，因此，在使用这种镜头拍摄时，则不需要关闭防抖功能。

Q：VR 功能是否能够代替较高的快门速度？

A：虽然在弱光条件下拍摄时，具有 VR 功能的镜头允许摄影师使用更低的快门速度，但实际上 VR 功能并不能代替较高的快门速度。要想获得高清晰度的照片，仍然需要用较高的快门速度来捕捉瞬间的动作。不管 VR 的功能多么强大，使用较高的快门速度才能够清晰地捕捉到快速移动的被摄对象，这一条是不会改变的。

▲ 有 VR 防抖功能标志的尼康镜头

防抖技术的应用

虽然防抖技术会对图片的画质产生一定的负面影响，但是在光线较弱时，为了得到清晰的画面，它又是必不可少的。例如，在拍摄动物时常常会使用 400mm 的长焦镜头，这就要求相机的快门速度必须保持在 1/400s 的安全快门速度以上，光线略有不足就很容易把照片拍虚，这时使用防抖功能几乎就成了唯一的选择。

▶ 使用长焦镜头拍摄动物，为了曝光准确，此时的快门速度已经低于安全快门了，但是使用防抖功能依然能够拍摄出清晰的斑马图像『焦距：400mm ┆ 光圈：F6.4 ┆ 快门速度：1/320s ┆ 感光度：ISO100』

▼ 没有使用防抖功能拍摄的照片，因为手的抖动而使画面中的斑马变得有些模糊

长时间曝光降噪

曝光时间越长，则产生的噪点就越多，此时，可以启用“长时间曝光降噪”功能来消减画面中产生的噪点。

“长时间曝光降噪”菜单用于对快门速度低于 1 秒（或者说总曝光时间长于 1 秒）时所拍摄的照片进行减少噪点处理。处理所需时间长度约等于当前曝光的时长。

需要注意的是，在处理过程中，取景器中的Job nr字样将会闪烁且无法拍摄照片若处理完毕前关闭相机，则照片会被保存，但相机不会对其进行降噪处理。

设定步骤

❶ 选择**照片拍摄**菜单中的**长时间曝光降噪**选项

❷ 按下▲或▼方向键可选择**开启**或**关闭**选项

高手点拨： 一般情况下，建议将其设置为“开启”，但是在某些特殊条件下，比如在恶劣的天气拍摄时，电池的电量会消耗得很快，为了保持电池的电量，建议关闭该功能，因为相机的降噪过程和拍摄过程需要大致相同的时间。

▲ 通过较长时间曝光拍摄的夜景照片『焦距：24mm ¦ 光圈：F16 ¦ 快门速度：32s ¦ 感光度：ISO100』

▶ 左图是未开启“长时间曝光降噪”功能时拍摄的画面局部，右图是开启了“长时间曝光降噪”功能后拍摄的画面局部，画面中的杂色及噪点都明显减少，但同时也损失了一些细节

设置白平衡控制画面色彩

理解白平衡存在的重要性

无论是在室外的阳光下，还是在室内的白炽灯光下，人眼都将白色视为白色，将红色视为红色。我们产生这种感觉是因为人的肉眼能够修正光源变化造成的着色差异。实际上，当光源改变时，作为这些光源的反射而被捕获的颜色也会发生变化，相机会精确地将这些变化记录在照片中，这样的照片在纠正之前看上去是偏色的。

数码相机具有的“白平衡”功能，可以纠正不同光源下色彩的变化，就像人眼的功能一样，使偏色的照片得到纠正。

值得一提的是，在实际应用时，我们也可以尝试使用“错误”的白平衡设置，从而获得特殊的画面色彩。例如，在拍摄夕阳时，如果使用荧光灯或阴影白平衡，则可以得到冷暖对比或带有强烈暖调色彩的画面，这也是白平衡的一种特殊应用方式。

Nikon D500 相机共提供了 3 类白平衡设置，即预设白平衡、手调色温及自定义白平衡，下面分别讲解它们的功能。

预设白平衡

除了自动白平衡外，Nikon D500 相机还提供了白炽灯、荧光灯、晴天、闪光灯、阴天及背阴 6 种预设白平衡，它们分别针对一些常见的典型环境，通过选择这些预设的白平衡可快速获得需要的设置。

预设白平衡除了能够在特殊光线条件下获得准确的色彩还原外，还可以制造出特殊的画面效果。例如，使用白炽灯白平衡模式拍摄阳光下的雪景会给人一种冷冷的神秘感；使用阴影白平衡模式拍摄的人像会有一种油画般的效果。

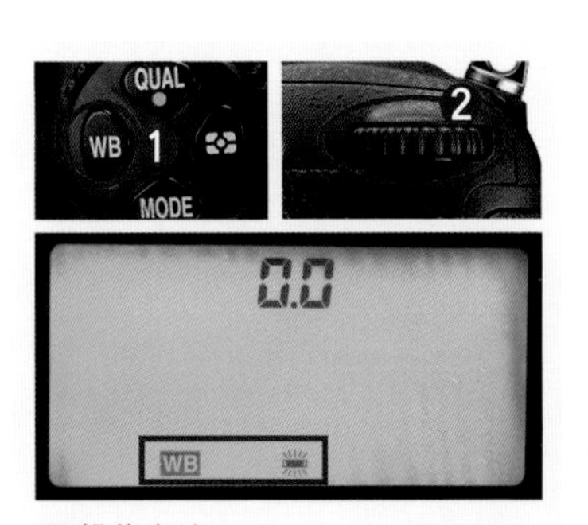

操作方法

按下 WB 按钮并同时转动主指令拨盘，即可选择不同的白平衡模式

▲ 日光白平衡

▲ 背阴白平衡

▲ 阴天白平衡

▲ 荧光灯白平衡

▲ 白炽灯白平衡

▲ 闪光灯白平衡

什么是色温

在摄影领域色温用于说明光源的成分，单位用“K”表示。例如，日出日落时光的颜色为橙红色，这时色温较低，大约3200K；太阳升高后，光的颜色为白色，这时色温高，大约5400K；阴天的色温还要高一些，大约6000K。色温值越大，则光源中所含的蓝色光越多；反之，当色温值越小，则光源中所含的红色光越多。

低色温的光趋于红、黄色调，其能量分布中红色调较多，因此又通常被称为“暖光”；高色温的光趋于蓝色调，其能量分布较集中，也被称为“冷光”。通常在日落之时，光线的色温较低，因此拍摄出来的画面偏暖，适合表现夕阳静谧、温馨的感觉。为了加强这样的画面效果，可以使用暖色滤镜，或是将白平衡设置成阴天模式。晴天、中午时分的光线色温较高，拍摄出来的画面偏冷，通常这时空气的能见度也较高，可以很好地表现大景深的场景，另外还因为冷色调的画面可以很好地表现出冷清的感觉，在视觉上有开阔的感受。

选择色温

为了满足复杂光线环境下的拍摄需求，Nikon D500 相机为色温调整白平衡模式提供了 2500~10000K 的调整范围，并提供了一个色温调整列表，用户可以根据实际色温和拍摄要求进行精确调整。

可以通过两种操作方法来设置色温，第一种是通过菜单进行设置，第二种是通过机身按钮来操作。

在通常情况下，使用自动白平衡模式就可以获得不错的色彩效果。但在特殊光线条件下，使用自动白平衡模式有时可能无法得到准确的色彩还原，此时，应根据光线条件选择合适的白平衡模式。实际上每一种预设白平衡也对应着一个色温值，以下是不同预设白平衡模式所对应的色温值。了解不同预设白平衡所对应的色温值，有助于摄影师精确设置不同光线下所需的色温值。

选　项		色　温	说　明
AUTO 自动	标准	3500 ~ 8000K	相机自动调整白平衡。为了获得最佳效果，请使用G型或D型镜头。若使用内置或另购的闪光灯，相机将根据闪光灯闪光的强弱调整画面
	保留暖色调颜色		
白炽灯		3000K	在白炽灯照明环境中使用
荧光灯	钠汽灯	2700K	在钠汽灯照明环境（如运动场所）中使用
	暖白色荧光灯	3000K	在暖白色荧光灯照明环境中使用
	白色荧光灯	3700K	在白色荧光灯照明环境中使用
	冷白色荧光灯	4200K	在冷白色荧光灯照明环境中使用
	昼白色荧光灯	5000K	在昼白色荧光灯照明环境中使用
	白昼荧光灯	6500K	在白昼荧光灯照明环境中使用
	高色温汞气灯	7200K	在高色温光源（如水银灯）照明环境中使用
晴天		5200K	在拍摄对象处于直射阳光下时使用
闪光灯		5400K	在使用内置或另购的闪光灯时使用
阴天		6000K	在白天多云时使用
背阴		8000K	在拍摄对象处于白天阴影中时使用

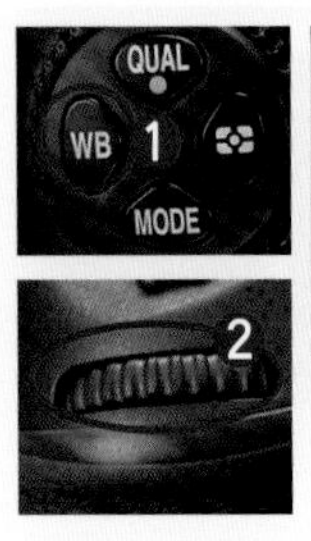

操作方法

按下 WB 按钮并同时旋转主指令拨盘选择 K（选择色温）白平衡模式，再旋转副指令拨盘即可调整色温值

设定步骤

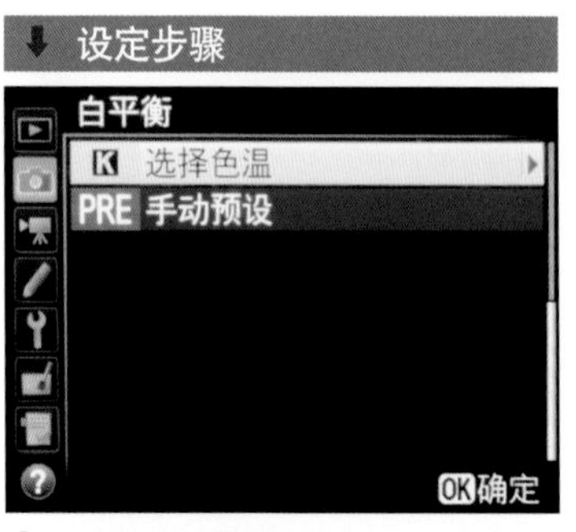

❶ 在**照片拍摄**菜单中选择**白平衡**选项，然后选择**选择色温**选项并按下▶方向键

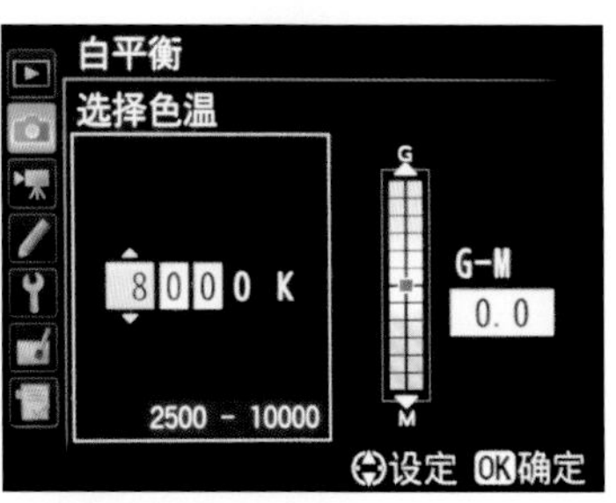

❷ 按下◀或▶方向键选择数字框，按下▲或▼方向键更改色温数值

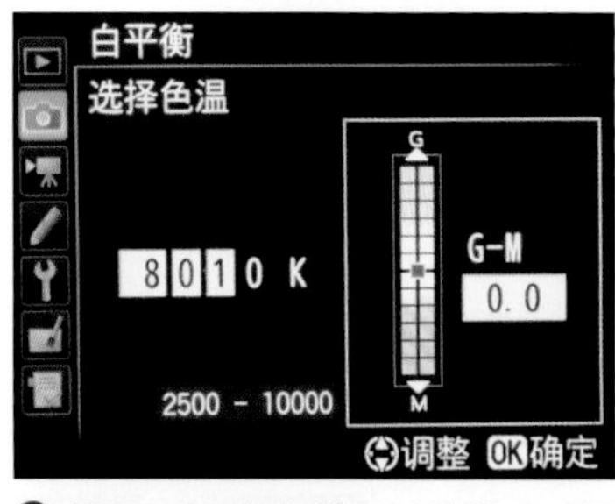

❸ 按下◀或▶方向键可以选择 G（绿色）或 M（洋红），然后按下▲或▼方向键选择一个值

自定义白平衡

通过拍摄的方式自定义白平衡

Nikon D500还提供了一个非常方便的、通过拍摄的方式来自定义白平衡的方法，其操作流程如下。

❶ 在机身上将对焦模式开关切换至M（手动对焦）方式，然后将一个中灰色或白色物体放置在用于拍摄最终照片的光线下。

❷ 按下WB按钮，然后转动主指令拨盘选择自定义白平衡模式PRE。旋转副指令拨盘直至显示屏中显示所需白平衡预设（d-1至d-6），如此处选择的是d-1。

❸ 短暂释放WB按钮，然后再次按下该按钮直至控制面板和取景器中的PRE图标开始闪烁，此时即表示可以进行自定义白平衡操作了。

❹ 对准白色参照物并使其充满取景器，然后按下快门拍摄一张照片。

❺ 拍摄完成后，取景器中将显示闪烁的Gd，控制面板中则显示闪烁的Good，表示自定义白平衡已经完成，且已经被应用于相机。

❶ 切换至手动对焦模式

❷ 切换至自定义白平衡模式

❸ 按住 WB 按钮

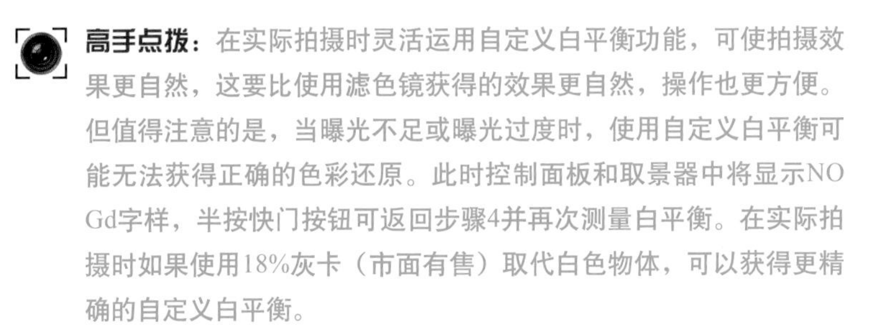

高手点拨：在实际拍摄时灵活运用自定义白平衡功能，可使拍摄效果更自然，这要比使用滤色镜获得的效果更自然，操作也更方便。但值得注意的是，当曝光不足或曝光过度时，使用自定义白平衡可能无法获得正确的色彩还原。此时控制面板和取景器中将显示NO Gd字样，半按快门按钮可返回步骤4并再次测量白平衡。在实际拍摄时如果使用18%灰卡（市面有售）取代白色物体，可以获得更精确的自定义白平衡。

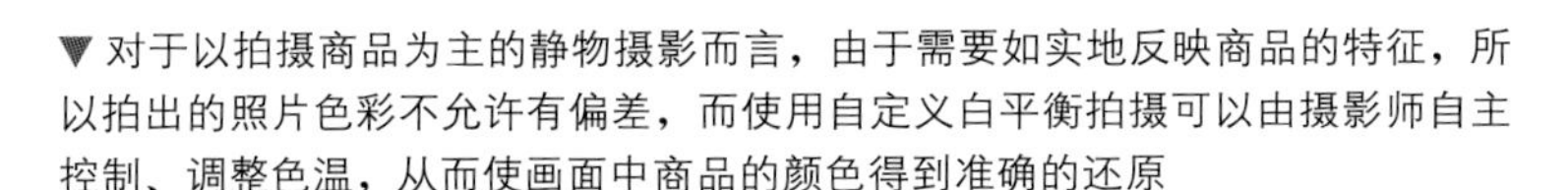

▼ 对于以拍摄商品为主的静物摄影而言，由于需要如实地反映商品的特征，所以拍出的照片色彩不允许有偏差，而使用自定义白平衡拍摄可以由摄影师自主控制、调整色温，从而使画面中商品的颜色得到准确的还原

从照片中复制白平衡

在 Nikon D500 中，可以将拍摄某一张照片时定义的白平衡复制到当前指定的白平衡预设中，这种功能被称为从照片中复制白平衡，是高端数码相机才提供的功能。

设定步骤

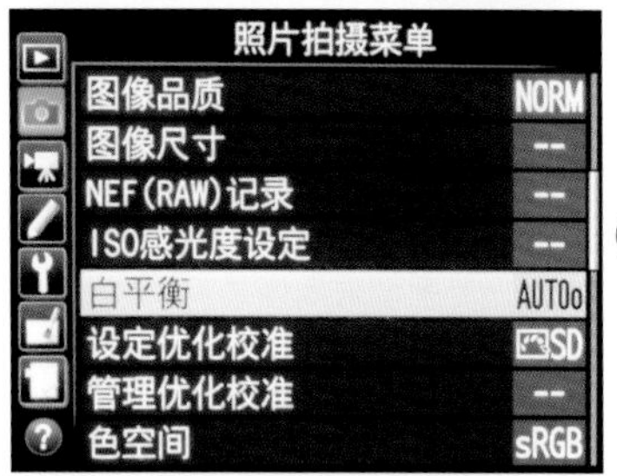

❶ 在**照片拍摄**菜单中选择**白平衡**选项

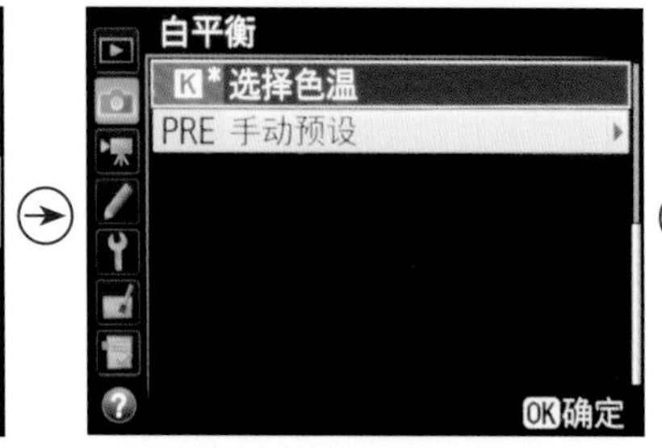

❷ 按下▲或▼方向键选择**手动预设**选项，然后按下▶方向键

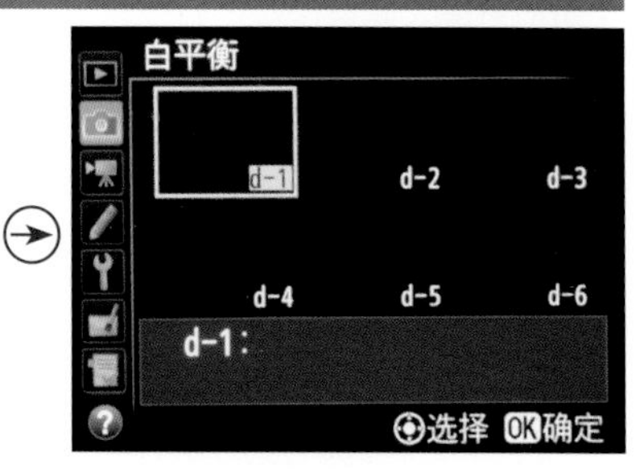

❸ 使用多重选择器选择要应用或编辑的白平衡预设（此处选择的是 d-1），然后按下多重选择器中央按钮

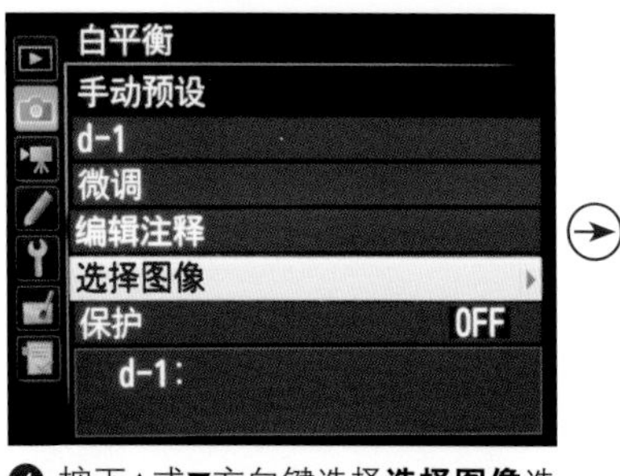

❹ 按下▲或▼方向键选择**选择图像**选项，按下▶方向键

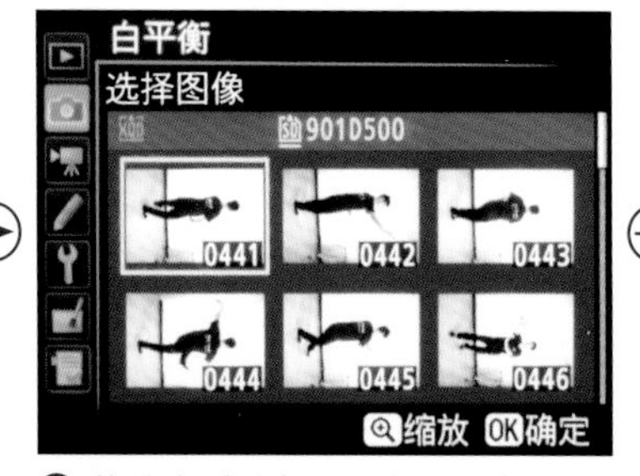

❺ 使用多重选择器选择用于复制白平衡的源图像，然后按下 OK 按钮确定

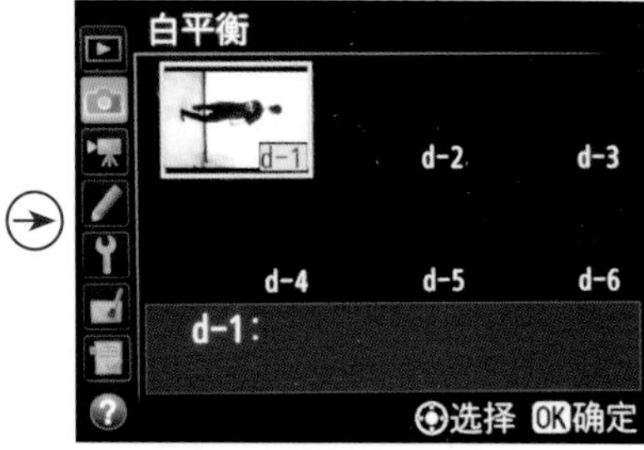

❻ 此时 d-1 白平衡预设的缩微图也变为了上一步所选择的图像，然后按下 OK 按钮保存

通过白平衡复制功能将之前拍摄夕阳景象时的白平衡运用到选中的图像上，得到了偏暖的画面效果『焦距：200mm ┆ 光圈：F8 ┆ 快门速度：1/640s ┆ 感光度：ISO200』

设置感光度控制照片品质

理解感光度

数码相机的感光度概念是从传统胶片感光度引入的，用于表示感光元件对光线的感光敏锐程度，即在相同条件下，感光度越高，获得光线的数量也就越多。但要注意的是，感光度越高，产生的噪点就越多，而低感光度画面则清晰、细腻，细节表现较好。

Nikon D500 作为中端 DX 画幅相机， 在感光度的控制方面非常优秀。其常用感光度范围为 ISO100~ISO51200， 并可以向下扩展至 Lo1（ 相当于ISO50），向上扩展至 Hi 5（相当于 ISO1640000）。在光线充足的情况下，一般使用 ISO100 拍摄即可。

操作方法

按下ISO按钮并转动主指令拨盘，即可调节 ISO 感光度的数值

ISO 感光度设定

Nikon D500 提供了很多感光度控制选项，可以在“拍摄”菜单的“ISO 感光度设定”中设置 ISO 感光度的数值以及自动 ISO 感光度控制参数。

设置 ISO 感光度的数值

当需要改变 ISO 感光度的数值时，可以在“照片拍摄”菜单的“ISO 感光度设定”中进行设置。当然，通常都在控制面板上完成 ISO 感光度的设置，这样操作起来更方便，同时也更省电。

❶ 在**照片拍摄**菜单中选择 ISO **感光度设定**选项

❷ 选择 ISO **感光度**选项，然后按下▶方向键

❸ 按下▲或▼方向键可选择不同的感光度数值

自动 ISO 感光度控制

当对感光度的设置要求不高时，可以将 ISO 感光度指定为由相机自动控制，即当相机检测到依据当前的光圈与快门速度组合无法满足曝光需求或可能会曝光过度时，就会自动选择一个合适的 ISO 感光度数值，以满足正确曝光的需求。

高手点拨：自动感光度适合在环境光线变化幅度较大的场合使用，例如演唱会、婚礼现场，在这种拍摄场合拍摄时，相机可以快速通过提高或降低感光度，从而拍出曝光合适的照片。

设定步骤

❶ 在**照片拍摄**菜单中选择 **ISO 感光度设定**选项

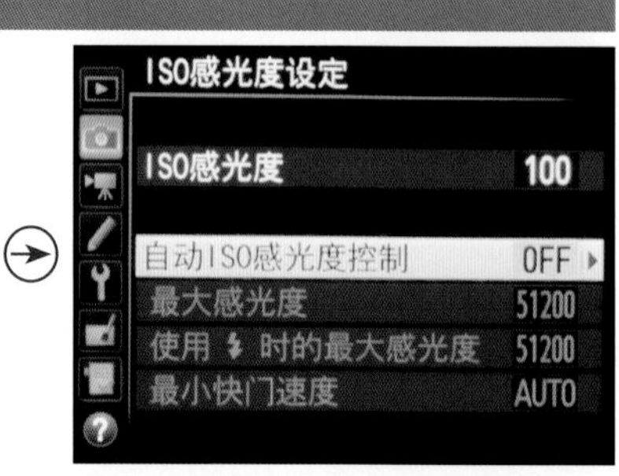

❷ 选择**自动 ISO 感光度控制**选项并按下▶方向键

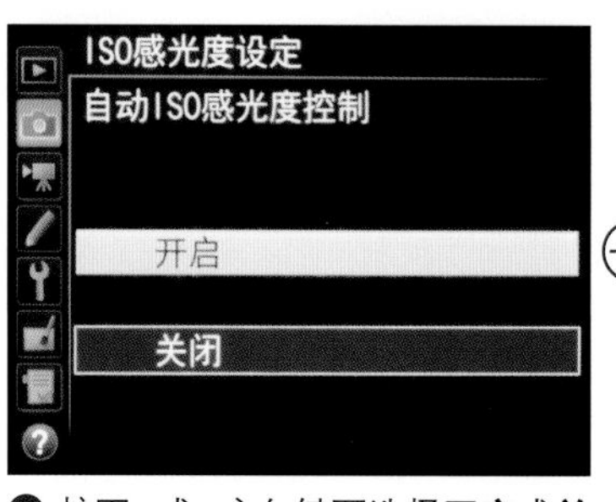

❸ 按下▲或▼方向键可选择**开启**或**关闭**选项

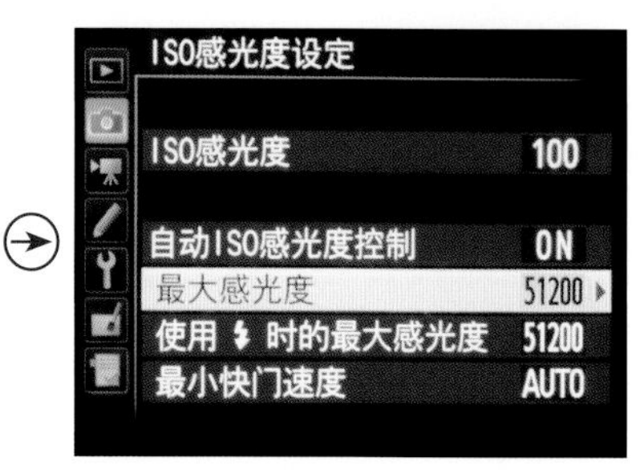

❹ 开启此功能后，可以对**最大感光度**、**使用ϟ时的最大感光度**及**最小快门速度**进行设定

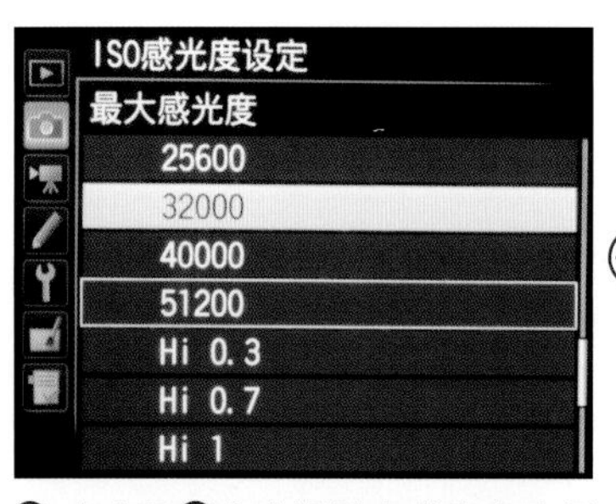

❺ 在步骤❹中选择**最大感光度**选项时，按下▲或▼方向键可选择最大感光度数值

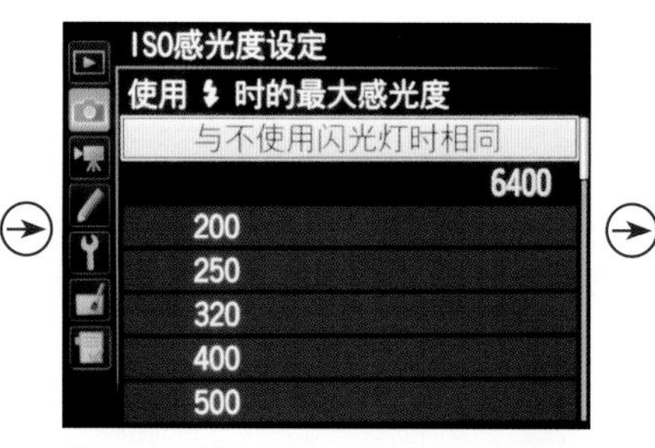

❻ 在步骤❹中选择**使用ϟ时的最大感光度**选项时，按下▲或▼方向键可选择**与不使用闪光灯时相同**或一个感光度数值

❼ 在步骤❹中选择**最小快门速度**选项时，按下▲或▼方向键选择**自动**或一个快门速度数值。当选择**自动**选项并按下▶方向键，可以进入微调

在“自动 ISO 感光度控制”中选择“开启”时，可以对“最大感光度”“使用ϟ时的最大感光度”和“最小快门速度”三个选项进行设定。

- 最大感光度：选择此选项，可设置自动感光度的最大值。
- 使用ϟ时的最大感光度：选择此选项，可以设置在开启闪光灯拍摄时自动感光度的最大值。如果选择“与不使用闪光灯时相同”，则与“最大感光度”所设置的数值相同。
- 最小快门速度：选择此选项，当开启“自动 ISO 感光度控制”功能时，可以指定一个快门速度的最低数值，即当快门速度低于此数值时，才由相机自动提高感光度数值。如果选择“自动”选项，则相机自动根据镜头焦距而设定安全快门速度。用户可以微调自动快门速度，使其偏向低速或高速。

高手点拨：如果是日常拍摄，那么“自动ISO感光度控制”功能还是很实用的；反之，如果希望拍出高质量的照片，则建议关闭此功能，而改为手工控制感光度。

ISO 数值与画质的关系

对于 Nikon D500 而言，使用 ISO1600 以下的感光度拍摄时，均能获得优秀的画质；使用 ISO1600~ISO3200 之间的感光度拍摄时，其画质比低感光度时有相对明显的降低，但是依旧可以用良好来形容。

如果从实用角度来看，使用 ISO1600 和 ISO3200 拍摄的照片细节完整、色彩生动，如果不是 100% 查看，和使用较低感光度拍摄的照片并无明显差异。但是对于一些对画质要求较为苛求的用户来说，ISO1600 是 Nikon D500 能保证较好画质的最高感光度。使用高于 ISO1600 的感光度拍摄时，虽然整个照片依旧没有过多杂色，但是照片细节上的缺失通过大屏幕显示器观看时就能感觉到，所以除非处于极端环境中，否则不推荐使用。

下面是一组在焦距为 105mm、光圈为 F1.4 的特定参数下，改变感光度拍摄的照片。

▲ 感光度：ISO200 快门速度：1/80s

▲ 感光度：ISO1600 快门速度：1/250s

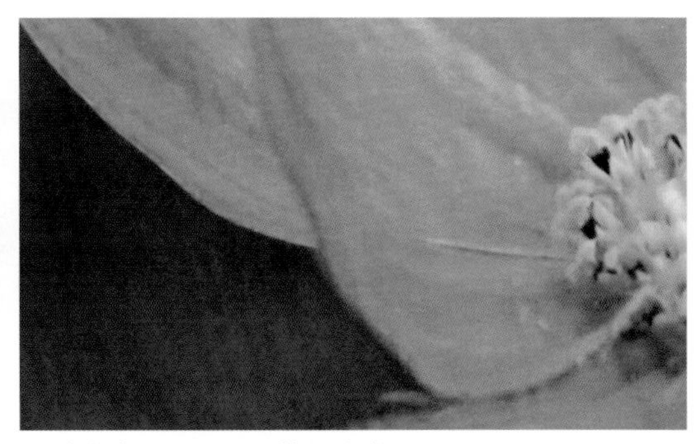

▲ 感光度：ISO6400 快门速度：1/800s

通过对比上面展示的照片及参数可以看出，在光圈优先模式下，随着感光度的升高，快门速度越来越快，虽然照片的曝光量没有变化，但画面中的噪点却逐渐增多。

感光度对曝光结果的影响

作为控制曝光的三大要素之一，在其他条件不变的情况下，感光度每增加一挡，感光元件对光线的敏锐度会随之增加一倍，即曝光量增加一倍；反之，感光度每减少一挡，曝光量则减少一半。

更直观地说，感光度的变化直接影响光圈或快门速度的设置，以 F2.8、1/200s、ISO400 的曝光组合为例，在保证被摄体正确曝光的前提下，如果要改变快门速度并使光圈数值保持不变，可以通过提高或降低感光度来实现，快门速度提高一倍（变为 1/400s），则可以将感光度提高一倍（变为 ISO800）；如果要改变光圈值而保证快门速度不变，同样可以通过设置感光度数值来实现，例如要增加 2 挡光圈（变为 F1.4），则可以将 ISO 感光度数值降低 2 倍（变为 ISO100）。

下面是一组在焦距为 18mm、光圈为 F5、快门速度为 30s 的特定参数下，只改变感光度拍摄的照片。

这一组照片是在 M 挡手动曝光模式下拍摄的，在光圈、快门速度不变的情况下，随着 ISO 数值的增大，由于感光元件的感光敏感度越来越高，使画面变得越来越亮。

▲ 焦距：50mm　光圈：F3.2　快门速度：1/20s　感光度：ISO100

▲ 焦距：50mm　光圈：F3.2　快门速度：1/20s　感光度：ISO125

▲ 焦距：50mm　光圈：F3.2　快门速度：1/20s　感光度：ISO160

▲ 焦距：50mm　光圈：F3.2　快门速度：1/20s　感光度：ISO200

▲ 焦距：50mm　光圈：F3.2　快门速度：1/20s　感光度：ISO250

▲ 焦距：50mm　光圈：F3.2　快门速度：1/20s　感光度：ISO300

感光度的设置原则

感光度除了对曝光会产生影响外，对画质也有着极大的影响，即感光度越低，画面就越细腻；反之，感光度越高，就越容易产生噪点、杂色，画质就越差。

在条件允许的情况下，建议采用 Nikon D500 基础感光度中的最低值，即 ISO100，这样可以在最大程度上保证得到较高的画质。

需要特别指出的是，使用相同的 ISO 感光度分别在光线充足与不足的环境中拍摄时，在光线不足环境中拍摄的照片会产生较多的噪点，如果此时再使用较长的曝光时间，那么就更容易产生噪点。因此，在弱光环境中拍摄时，更需要设置低感光度，并配合“高 ISO 降噪”和“长时间曝光降噪”功能来获得较高的画质。

当然，低感光度的设置可能会导致快门速度很低，在手持拍摄时很容易由于手的抖动而导致画面模糊。此时，应该果断地提高感光度，即优先保证能够成功完成拍摄，然后再考虑高感光度给画质带来的损失。因为画质损失可通过后期处理来弥补，而画面模糊则意味着拍摄失败，是无法补救的。

Q&A Nikon D500

Q：为什么全画幅相机能更好地控制噪点？

A：数码单反相机产生噪点的原因非常复杂，但感光元件是其中最重要也是最直接的影响因素，即感光元件中的感光单元之间的距离越近，则电流之间的相互干扰就越严重，进而导致噪点的产生。

感光单元之间的距离可以理解为像素密度，即单位感光元件上的像素量。全画幅数码单反相机与 DX 画幅相机相比，由于感光元件更大，因此在像素量相同的情况下，像素密度更低，产生的噪点也就更少。

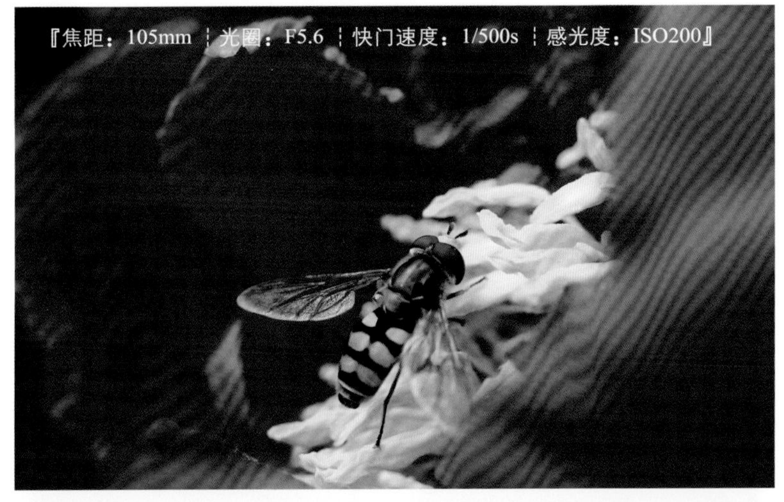

『焦距：105mm ¦ 光圈：F5.6 ¦ 快门速度：1/500s ¦ 感光度：ISO200』

◀ 左侧大图是在弱光环境下拍摄的，由于光线较弱，虽然仍使用 ISO200 的感光度，但与前面光线充足时拍摄的微距照片相比，仍然产生了大量的噪点『焦距：20mm ¦ 光圈：F16 ¦ 快门速度：20s ¦ 感光度：ISO200』

扩展感光度

扩展感光度即指在基础感光度的基础上进行延伸，从而可以设置更高或更低的感光度。

所谓基础感光度，简单地说，就是直接写有感光度数值的感光度；而带有 Hi、Lo 等字样的感光度即为扩展感光度。

Hi 是指在基础感光度最高值的基础上向上扩展，Hi0.3~Hi5 表示 ISO 感光度比 ISO 51200 高 0.3 ～ 5 挡，相当于 ISO64000 ～ ISO1640000。对于高感光度的扩展而言，其象征意义远大于使用意义，因为此时产生的噪点及杂色已经是无法忍受的，从摄影的角度来说，仅具有记录的意义。

Lo 指在最低基础感光度的基础上向下扩展。Lo0.3、Lo1 分别相当于 ISO80、ISO50，这时感光元件对光线将更加不敏感，适用于光线很强而又需使用大光圈的情况。使用这些扩展感光度拍摄的照片，对比度略高，而且画面有一定程度的失真。

设定步骤

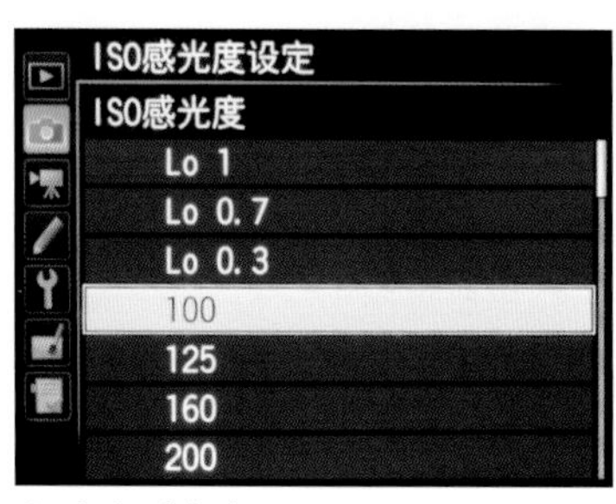

❶ 在**照片拍摄**菜单中选择 ISO **感光度设定**选项

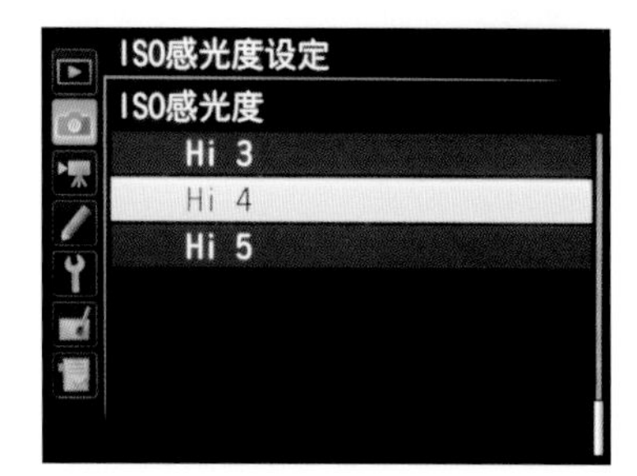

❷ 选择 ISO **感光度**选项，然后按下▶方向键

▲ 在此列表中，Lo0.3、Lo0.7、Lo 1 为扩展感光度

▲ 在此列表中，Hi0.3、Hi0.7、Hi1、Hi5 为扩展感光度

消除高 ISO 产生的噪点

感光度越高，则照片产生的噪点也就越多，此时可以启用“高 ISO 降噪”功能来减弱画面中的噪点，但要注意的是，这样会失去一些画面的细节。

在“高 ISO 降噪”菜单中包含“高”“标准”“低”和“关闭”4 个选项。选择“高”“标准”“低”时，可以在任何时候执行降噪（不规则间距明亮像素、条纹或雾像），尤其针对使用高 ISO 感光度拍摄的照片更有效；选择“关闭”时，则仅在需要时执行降噪，所执行的降噪量要少于将该选项设为“低”时所执行的量。

设定步骤

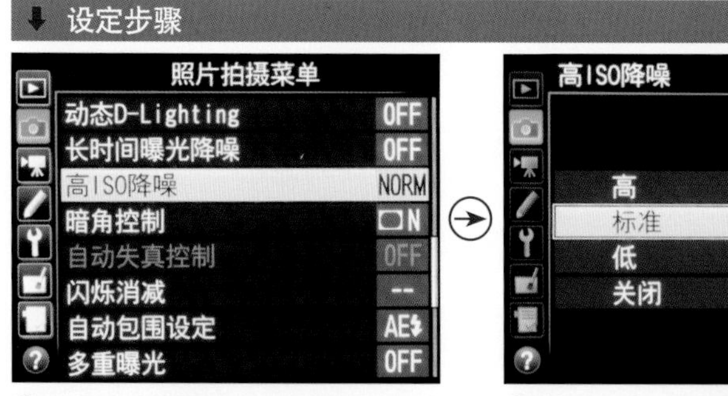

❶ 选择**照片拍摄**菜单中的**高** ISO **降噪**选项

❷ 按下▲或▼方向键可选择不同的降噪标准

高手点拨：对于喜欢采用RAW格式存储照片或者连拍的用户，建议关闭该功能，尤其是将降噪标准设为“高”时，将大大影响相机的连拍速度；对于喜欢直接使用相机打印照片或者采用JPEG格式存储照片的用户，建议选择“标准”或“低”；如果使用了很高的感光度，且画面噪点明显，可以选择“高”。

设置 ISO 调整步长值

该菜单用于设置调整 ISO 感光度时的增量，包括“1/3 步长”和“1/2 步长”两个选项。为了更精确地调整 ISO 数值，通常应该选择“1/3 步长”选项。

- 1/3 步长：选择此选项，则感光度数值的变化规律是 100、125、160、200、250、320、400 等。
- 1/2 步长：选择此选项，则感光度数值的变化规律是 100、140、200、280、400、560、800 等。
- 1 步长：选择此选项，则感光度数值的变化规律是 100、200、400、800 等。

设定步骤

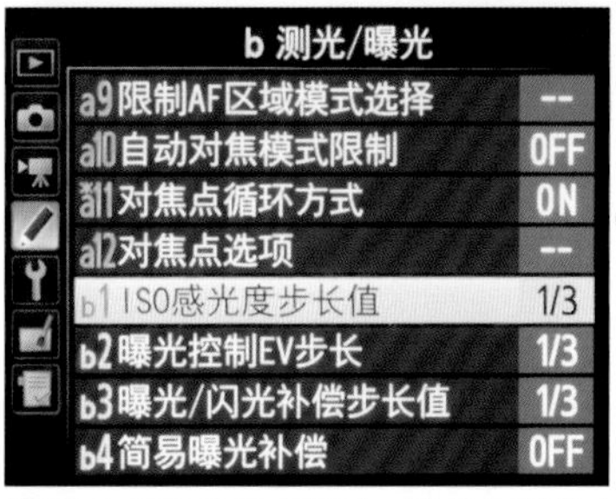

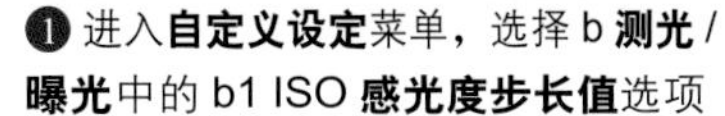
❶ 进入**自定义设定**菜单，选择 b **测光/曝光**中的 b1 ISO **感光度步长值**选项

❷ 按下▲或▼方向键可选择 1/3 **步长**或 1/2 **步长**选项

▼ 在拍摄光比较大的画面时，使用的 ISO 感光度步长值越小，则调整 ISO 时的自由度就越大，也越能够在保证画面曝光充分的前提下，使用尽可能低的 ISO 数值『焦距：30mm ┆ 光圈：F10 ┆ 快门速度：1/15s ┆ 感光度：ISO1000』

影响曝光的 4 个因素之间的关系

影像曝光的因素有 4 个：①照明的亮度（Light Walue），简称 LV，由于大部分照片以阳光为光源拍摄，因而我们无法控制阳光的亮度；②感光度，即 ISO 值，ISO 值越高，所需的曝光量越少；③光圈，较大的光圈能让更多光线通过；④曝光时间，也就是所谓的快门速度。

影响曝光的这 4 个因素是一个互相牵引的四角关系，改变任何一个因素，均会对另外三个造成影响。例如最直接的对应关系是“亮度 VS 感光度”，当在较暗的环境中（亮度较低）拍摄时，就要使用较高的感光度值，以增加相机感光元件对光线的敏感度，来得到曝光正常的画面。另一个直接的相互影响是“光圈 VS 快门”，当用大光圈拍摄时，进入相机镜头的光量变多，因而快门速度便要提高，以避免照片过曝；反之，当缩小光圈时，进入相机镜头的光量变少，快门速度就要相应地变低，以避免照片欠曝。

下面进一步解释这四者的关系。

当光线较为明亮时，相机感光充分，因而可以使用较低的感光度、较高的快门速度或小光圈拍摄；

当使用高感光度拍摄时，相机对光线的敏感度增加，因此也可以使用较高的快门速度、较小光圈拍摄；

当降低快门速度作长时间曝光时，则可以通过缩小光圈、较低的感光度，或者加中灰镜来得到正确的曝光。

当然，在现场光环境中拍摄时，画面的明暗亮度很难做出改变，虽然可以用中灰镜降低亮度，或提高感光度来增加亮度，但是会带来一定的画质影响。因此，摄影师通常会先考虑调整光圈和快门速度，当调整光圈和快门速度都无法得到满意的效果时，才会调整感光度数值，最后才会考虑安装中灰镜或增加灯光给画面补光。

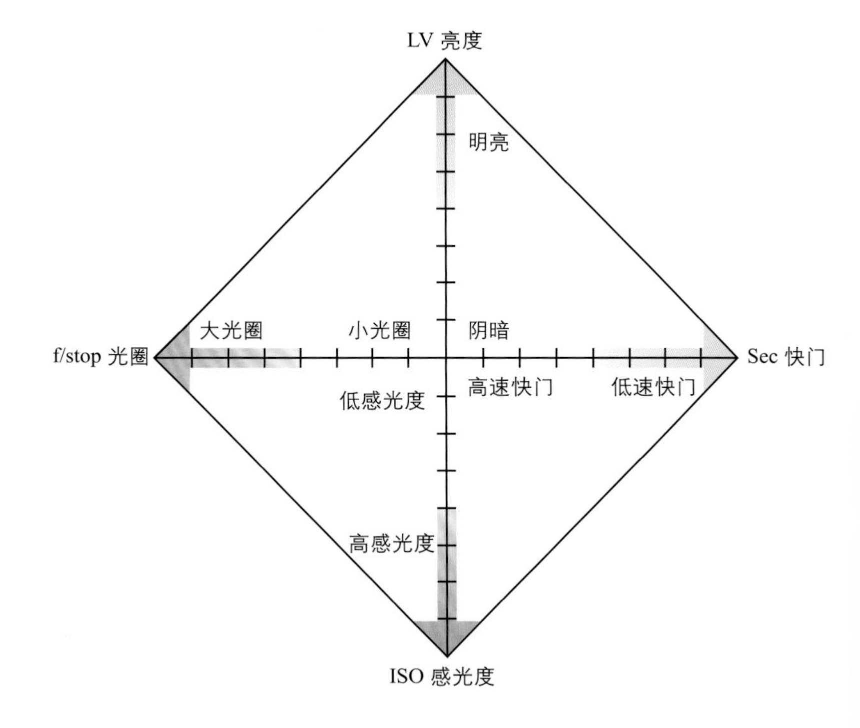

设置自动对焦模式以准确对焦

对焦是成功拍摄的重要前提之一，准确对焦可以让主体在画面中清晰呈现，反之则容易出现画面模糊的问题，也就是所谓的“失焦”。

Nikon D500 提供了 AF 自动对焦与 M 手动对焦两种模式，而 AF 自动对焦又可以分为 AF-S 单次伺服自动对焦和 AF-C 连续伺服自动对焦两种，选择合适的对焦方式可以帮助我们顺利地完成对焦工作，下面分别讲解它们的使用方法。

操作方法

按下AF按钮，然后转动主指令拨盘，可以在两种自动对焦模式间切换

单次伺服自动对焦模式（AF-S）

单次伺服自动对焦在合焦（半按快门时对焦成功）之后即停止自动对焦，此时可以保持半按快门的状态重新调整构图，此自动对焦模式常用于拍摄静止的对象。

▲ 在拍摄静态对象时，使用单次伺服自动对焦模式完全可以满足拍摄需求

Q+A Nikon D500

Q：AF（自动对焦）不工作怎么办？

A：首先要检查相机上的对焦模式开关，如果机身上的对焦模式开关处于 M 挡，将不能自动对焦，此时将相机上的对焦模式开关置为 AF 即可。另外，还要确保稳妥地安装了镜头，如果没有稳妥地安装镜头，则有可能无法正确对焦。

连续伺服自动对焦模式（AF-C）

选择此对焦模式后，当摄影师半按快门合焦后，保持快门的半按状态，相机会在对焦点中自动切换以保持对运动对象的准确合焦状态，如果在这个过程中主体位置或状态发生了较大的变化，相机会自动作出调整。这是因为在此对焦模式下，如果摄影师半按快门释放按钮时，被摄对象靠近或离开了相机，则相机将自动启用预测对焦跟踪系统。这种对焦模式较适合拍摄运动中的鸟、昆虫、人等对象。

▲ 在拍摄运动的鸟时，使用连续伺服自动对焦模式可以随着拍摄对象的运动而迅速改变对焦，以保证获得焦点清晰的画面『焦距：500mm ┆ 光圈：F4.5 ┆ 快门速度：1/800s ┆ 感光度：ISO320』

Q&A Nikon D500

Q：如何拍摄自动对焦困难的主体？

A：在某些情况下，直接使用自动对焦功能拍摄时对焦会比较困难，此时除了使用手动对焦方法外，还可以按下面的步骤使用对焦锁定功能进行拍摄。

1. 设置对焦模式为单次伺服自动对焦，将自动对焦点对焦在另一个与希望对焦的主体距离相等的物体上，然后半按快门按钮或副选择器中央按钮。

2. 因为半按快门按钮或副选择器中央按钮时对焦已被锁定，因此可以将镜头转至希望对焦的主体上，重新构图后完全按下快门完成拍摄。

灵活设置自动对焦辅助功能

AF-C 模式下优先释放快门或对焦

“AF-C 优先选择”菜单用于控制采用 AF-C 连续伺服自动对焦模式时，每次按下快门释放按钮时都可拍摄照片，还是仅当相机清晰对焦时才可拍摄照片。

设定步骤

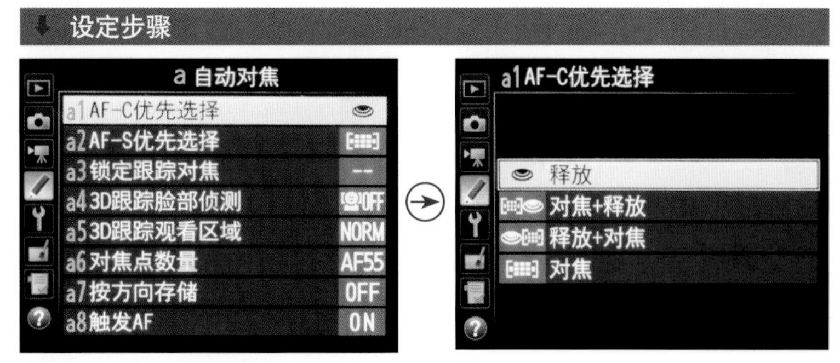

❶ 进入**自定义设定**菜单，选择 a **自动对焦**中的 a1 AF-C **优先选择**选项

❷ 按下▲或▼方向键选择一个选项即可

- 释放：选择此选项，则无论何时按下快门释放按钮均可拍摄照片。如果确认“拍到”比“拍好”更重要，例如，在突发事件的现场，或记录不会再出现的重大时刻，可以选择此选项，以确保至少能够拍到值得纪录的画面，至于是否清晰就靠运气了。
- 对焦 + 释放：选择此选项，不管对焦是否成功，也能拍摄照片。在连拍模式下，若拍摄对象较暗或对比度较低，相机将优先对连拍中的首张照片的对焦，其余照片则着重于连拍速度，在与拍摄对象之间的距离不产生改变的情况下，这样可以获得不错失精彩瞬间的系列照片。
- 释放 + 对焦：选择此选项，同样可以在相机未成功对焦拍摄照片。但是在连拍模式下，若拍摄对象较暗或对比度较低，将会降低每秒的连拍张数，以改善对焦情况。
- 对焦：选择此选项，则仅当显示对焦指示（●）时方可拍摄照片，而且拍出的照片是最清晰的，但有可能出现在相机对焦的过程中，被摄对象已经消失，或拍摄时机已经丧失的情况。

AF-S 模式下优先释放快门或对焦

与“AF-C 优先选择”菜单类似，“AF-S 优先选择”菜单也是用于控制采用 AF-S 单次伺服自动对焦模式时，每次按下快门释放按钮时都可拍摄照片，还是仅当相机清晰对焦时才可拍摄照片。

不同的是，无论选择哪个选项，当显示对焦指示（●）时，对焦将在半按快门释放按钮期间被锁定，且对焦将持续锁定直至快门被释放。

设定步骤

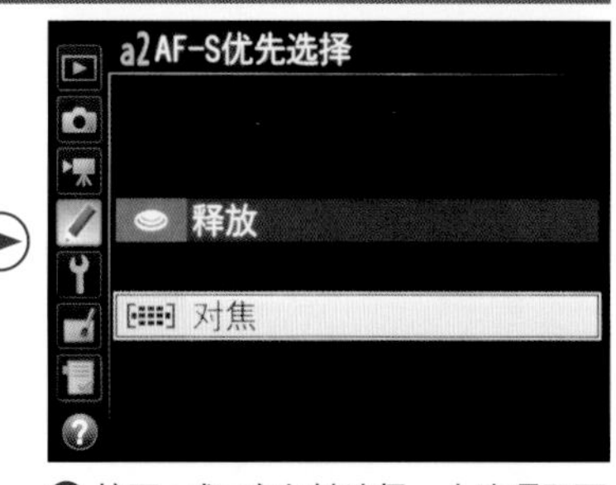

❶ 进入**自定义设定**菜单，选择 a **自动对焦**中的 a2 AF-S **优先选择**选项

❷ 按下▲或▼方向键选择一个选项即可

- 释放：选择此选项，则无论何时按下快门释放按钮均可拍摄照片。由于在使用 AF-S 对焦模式时，相机仅对焦一次，因此，如果半按快门对焦后过一段时间再释放快门，则有可能由于被摄对象的位置发生了大幅度变化，导致拍摄出来的照片处于完全脱焦、虚化的状态。
- 对焦：选择此选项，则仅当显示对焦指示（●）时方可拍摄照片。

利用蜂鸣音提示对焦成功

蜂鸣音最常见的作用就是在对焦成功时发出清脆的声音，以便于确认是否对焦成功。

除此之外，蜂鸣音在自拍时会用于自拍倒计时提示。

高手点拨：建议选择开启该功能，这样不仅可以很好地帮助摄影师确认合焦，同时在自拍时也能够起到较好的提示作用。要注意的是，无论选择哪个选项，在即时取景和安静快门释放模式下，相机都不会发出蜂鸣音。

- 音量：选择此选项，可以设置蜂鸣音的音量大小，包含“3”“2”“1”和“关闭”4个选项。数值越小，则发出的蜂鸣音也越小。当选择了“关闭”以外的选项时，♪图标将出现在显示屏信息显示中。
- 音调：选择此选项，可以设置蜂鸣音的“高”或“低”声调。

设定步骤

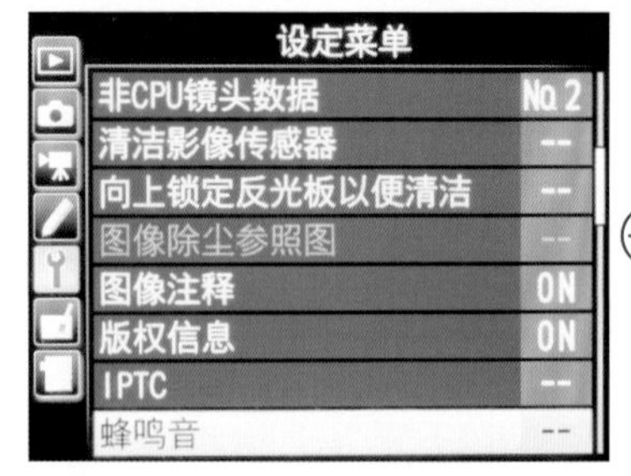

❶ 在**设定**菜单中选择**蜂鸣音**选项

❷ 按下▲或▼方向键选择**音量**或**音调**选项，然后按下▶方向键

❸ 若在步骤❷中选择**音量**选项，按下▲或▼方向键可选择音量的大小

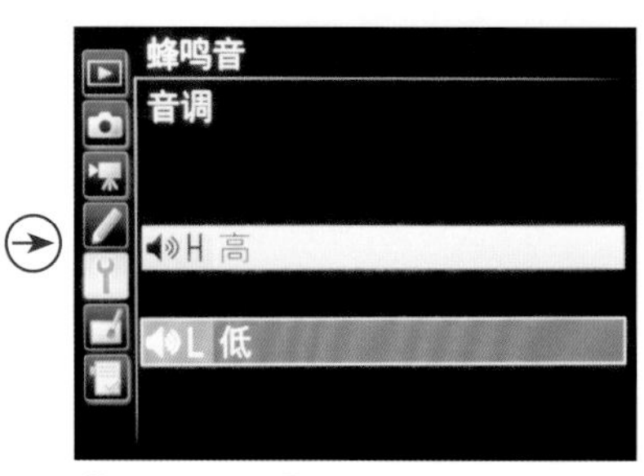

❹ 若在步骤❷中选择**音调**选项，按下▲或▼方向键可选择音调的高低

锁定跟踪对焦

“锁定跟踪对焦”功能早在十几年前的尼康胶片相机中就已经开始使用，主要用于在AF-C对焦模式下，若和拍摄对象之间的距离发生变化时，相机如何调整自动对焦。

- 遮挡拍摄AF响应：用于设定当拍摄对象前有其他物体短暂遮挡时，相机对焦的反应速度。用户可以在1（快速）~5（延迟）之间选择数值。数值越高，反应越慢，而原始拍摄对象失焦的可能性就越小。数值越低，则反应越快，照相机更容易对焦到镜头视野中经过的物体。
- 拍摄对象移动：如果指示标志向“稳定”端偏移，在拍摄均匀运动的拍摄对象时，可以平稳的对焦速度进行对焦，如果指示标志向“不稳定”端偏移，则在拍摄突然开始或结束运动的拍摄对象时，可以提高对焦的反应速度。

设定步骤

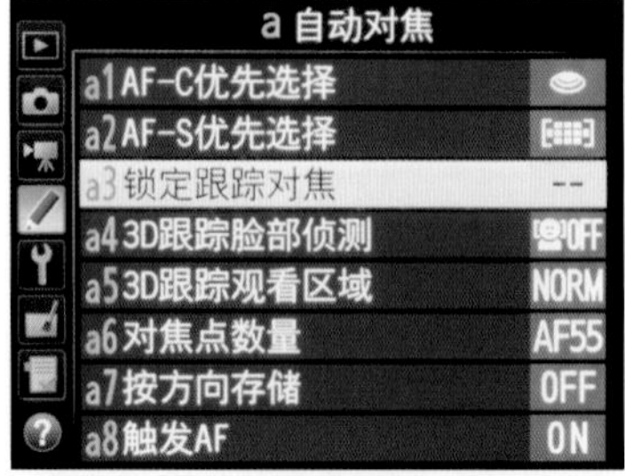

❶ 进入**自定义设定**菜单，选择**a自动对焦**中的a3**锁定跟踪对焦**选项

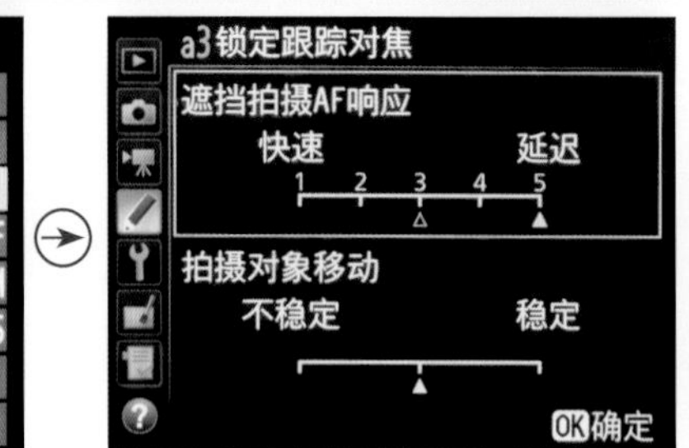

❷ 按下▲或▼方向键选择要修改的选项，按下◀或▶方向键选择设置，设置完成后按下OK按钮确定

自动对焦区域模式

Nikon D500 拥有 153 个自动对焦点，其中有 55 个自动对焦点摄影爱好者可以选择，并且提供了 5 种自动对焦区域选择模式，为更好地进行准确对焦提供了强有力的保障。

自动对焦区域模式		控制面板	取景器显示	取景器对焦点显示
单点区域自动对焦		S	S	
动态区域自动对焦	25个对焦点	d 25	d 25	
	72个对焦点	d 72	d 72	
	153个对焦点	d 153	d 153	
3D 跟踪		3d	3d	
群组区域自动对焦		GrP	GrP	
自动区域 AF		Auto	Auto	

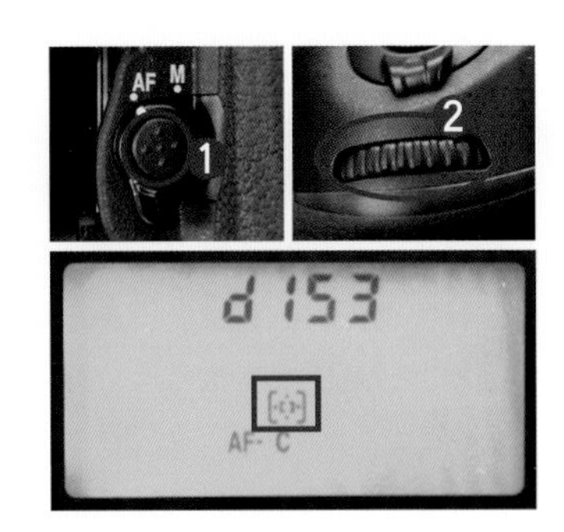

操作方法

按下AF按钮，然后转动副指令拨盘即可切换不同自动对焦区域模式

虽然 Nikon D500 提供了 5 种自动对焦区域选择模式，但是每个人的拍摄习惯和拍摄题材不同，这些模式并非都是常用的，因此可以在“a9：限制 AF 区域模式选择”菜单中自定义可选择的自动对焦区域选择模式，以简化选择自动对焦区域模式时的操作。

单点 AF

摄影师可以使用多重选择器选择对焦点，拍摄时相机仅对焦于所选对焦点上的拍摄对象，适用于拍摄静止的对象。

群组区域 AF

在此对焦模式下，由摄影师选择 1 个对焦点，然后在所选对焦点的上、下、左、右方向各分布 1 个对焦点，通过这组 5 个对焦点捕捉拍摄对象。适用于使用单个对焦点难以对焦的拍摄题材

设定步骤

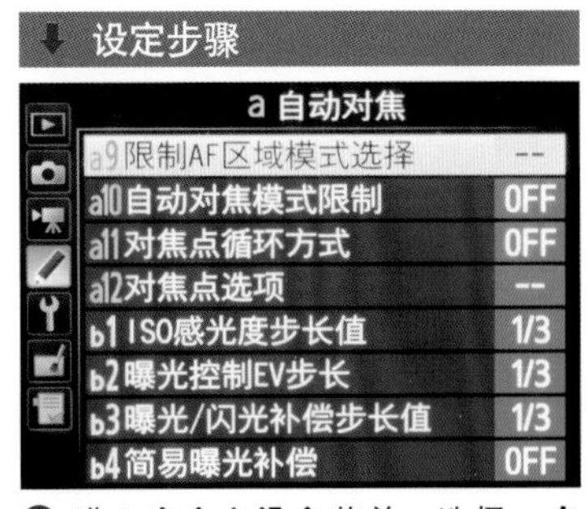

❶ 进入**自定义设定**菜单，选择 **a 自动对焦**中的 a9 **限制 AF 区域模式选择**选项

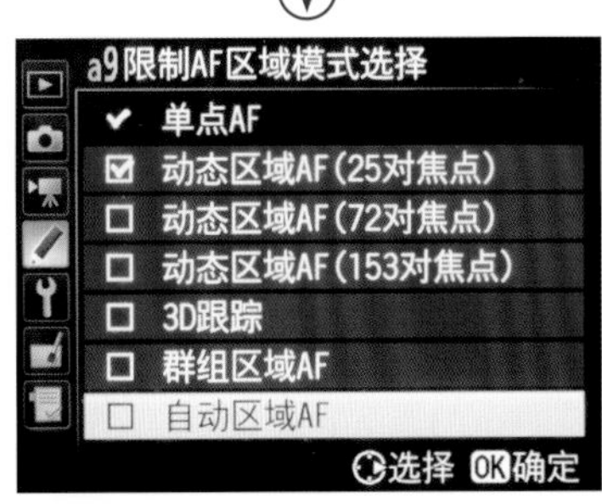

❷ 按下▲或▼方向键选择要保留的对焦区域模式选项，然后按下▶方向键勾选，选择完成后按下 OK 按钮确定

动态区域 AF

在 AF-C 连续伺服自动对焦模式下，若拍摄对象暂时偏离所选对焦点，则相机会自动使用周围的对焦点进行对焦。对焦点数量可选择 25、72 或 153。

- 25 个对焦点：若拍摄对象偏离所选对焦点，相机将根据来自周围 24 个对焦点的信息进行对焦。当有时间进行构图或拍摄正在进行可预测运动趋势的对象（如跑道上赛跑的运动员或赛车）时，可以选择该选项。
- 72 个对焦点：若拍摄对象偏离所选对焦点，相机将根据来自周围 71 个对焦点的信息进行对焦。当拍摄正在进行不可预测运动趋势的对象（如足球场上的运动员）时，可以选择该选项。
- 153 个对焦点：若拍摄对象偏离所选对焦点，相机将根据来自周围 152 个对焦点的信息进行对焦。当拍摄对象运动迅速，不易在取景器中构图时（如小鸟），可以选择该选项。

高手点拨：根据实际使用经验，在深色背景下，跟踪对焦最佳的是红色、绿色主体，蓝色次之，相对较弱的是黑色或灰色主体。

高手点拨：有些摄影爱好者对Nikon D500在动态区域AF模式下，提供三个不同数量对焦点选项感到迷惑。认为只需要提供对焦点数量最多的一个选项即可，实际上这是个错误的认识。不同数量的对焦点，将影响相机的对焦时间与精度，因为在此模式下，使用的对焦点越多，相机就越需要花费时间利用对焦点对拍摄对象进行跟踪，因此对焦效率就越低，同时，由于对焦点数量上升，覆盖的拍摄区域就大，则对焦时就有可能受到其他障碍对象的影响，导致对焦精度下降。因此，根据拍摄对象选择点数不同的自动对焦区域模式是非常有必要的。

Q：使用动态区域 AF 模式进行拍摄时，取景器中的对焦点状态与使用单点区域 AF 模式相同，两者的区别是什么？

A：使用动态区域 AF 模式对焦时，虽然在取景器中观察时，看到的对焦点状态与单点区域 AF 模式下的状态相同，但实际上根据选择的 AF 选项不同，在当前对焦点的周围会隐藏着用于辅助对焦的多个对焦点。

3D 跟踪 AF

在 AF-C 连续伺服自动对焦模式下，相机将跟踪偏离所选对焦点的拍摄对象，并根据需要选择新的对焦点。此自动对焦区域模式用于对从一端到另一端进行不规则运动的拍摄对象（例如，网球选手）进行迅速构图。若拍摄对象偏离取景器，可松开快门释放按钮，并将拍摄对象置于所选对焦点重新构图。

Q：为什么有时使用 3D 跟踪自动对焦区域模式在改变构图时，无法保持拍摄对象的清晰对焦？

A：使用 3D 跟踪 AF 区域模式时，在半按下快门释放按钮后，对焦点周围区域中的色彩会被保存到相机中。因此，当拍摄对象的颜色与背景颜色相同时，使用 3D 跟踪 AF 可能无法取得预期的效果。例如，在秋季拍摄羽毛颜色为棕色的飞鸟时，由于飞鸟身体的颜色与背景的枯黄色颜色相近，就可能出现改变构图后无法保持飞鸟清晰对焦的情况。

自动区域 AF

照相机自动侦测拍摄对象并选择对焦点。如果选择的是 G 型或 D 型镜头，相机可以从背景中区分出人物，从而提高侦测拍摄对象的精确度。当前对焦点在相机对焦后会短暂加亮显示；在 AF-C 连续伺服自动对焦模式下，其他对焦点关闭后主要对焦点将保持加亮显示。

手选对焦点 / 对焦区域的方法

默认情况下，自动对焦点是优先针对较近的对象进行对焦，因此当拍摄对象不是位于前方，或对焦的位置较为复杂时，自动对焦点通常无法满足我们的拍摄需求，此时就可以手动选择一个对焦点，从而进行更为精确的对焦。

在单点自动对焦、动态区域自动对焦、3D 跟踪自动对焦区域模式下，都可以按下机身上的多重选择器，以调整对焦点的位置。在群组区域自动对焦模式下，按此方法则可以选择一组对焦点。

操作方法

旋转对焦选择器锁定开关至 ● 位置，使用多重选择器即可调整对焦点的位置。选择对焦点后，可以将对焦选择器锁定开关旋转至 L 位置，则可以锁定对焦点，以避免由于手指碰到多重选择器而误改变对焦点的位置

▲ 采用单点自动对焦区域模式手动选择对焦点拍摄，保证了对人物的灵魂——眼睛进行准确的对焦『焦距：50mm ┆ 光圈：F2.8 ┆ 快门速度：1/320s ┆ 感光度：ISO100』

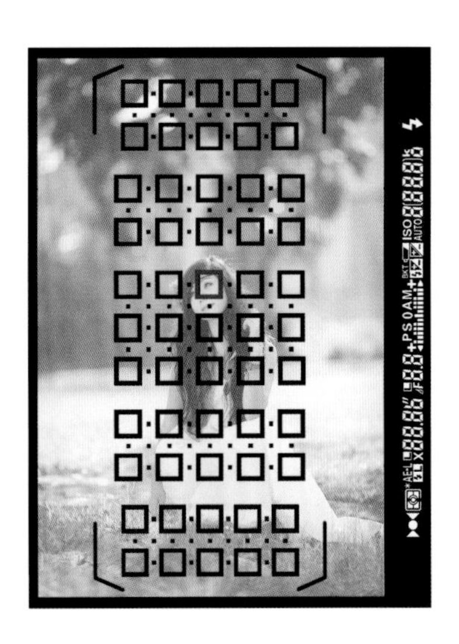

▲ 手选对焦点示意图

灵活设置自动对焦点辅助功能

对焦点数量

虽然 Nikon D500 相机可供选择的自动对焦点有 55 个，但并非拍摄所有题材时都需要使用这么多的对焦点，我们可以根据实际拍摄需要选择可用的自动对焦点数量。

例如在拍摄人像时，使用 15 个对焦点就已经完全可以满足拍摄要求了，同时也可以避免由于对焦点过多而导致手选对焦点时过于复杂的问题。

- 55 个对焦点：选择此选项，则从 55 个对焦点中进行选择，适用于需要精确捕捉拍摄对象的情况。
- 15 个对焦点：选择此选项，则从 15 个对焦点中进行选择，常用于快速选择对焦点的情况。

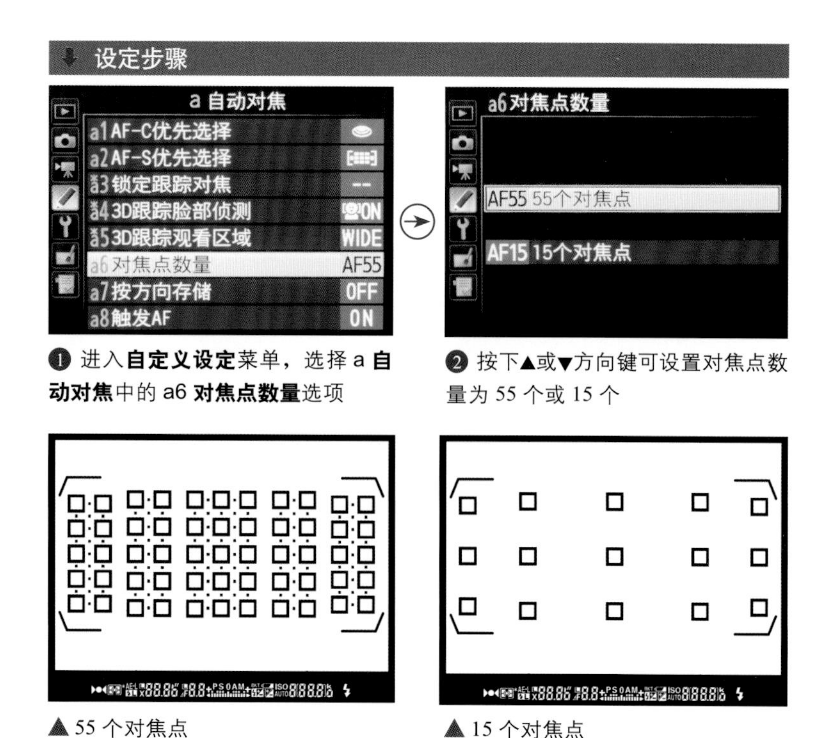

❶ 进入**自定义设定**菜单，选择 a **自动对焦**中的 a6 **对焦点数量**选项

❷ 按下▲或▼方向键可设置对焦点数量为 55 个或 15 个

▲ 55 个对焦点

▲ 15 个对焦点

使用 55 个对焦点拍摄天空中成群的鸟儿，可以通过切换对焦点，随意对焦拍摄其中任何一只鸟儿『焦距：240mm ¦ 光圈：F9 ¦ 快门速度：1/1000s ¦ 感光度：ISO200』

拍摄静态风景时，使用 15 个对焦点就可以拍摄出成功作品『焦距：18mm ¦ 光圈：F16 ¦ 快门速度：12s ¦ 感光度：ISO100』

对焦点循环方式

当使用多重选择器手选对焦点时，可以通过“对焦点循环方式”菜单控制对焦点循环的方式，即可控制当选择最边缘的一个对焦点时，再次按下多重选择器的方向键，对焦点将如何变化。

设定步骤

❶ 进入**自定义设定**菜单，选择 a **自动对焦**中的 a11 **对焦点循环方式**选项

❷ 按下▲或▼方向键可选择是否允许对焦点循环

● 循环：选择此选项，则选择对焦点时可以从上到下、从下到上、从右到左以及从左到右进行循环。例如取景器右边缘处的对焦点被加亮显示时（①），按下▶方向键可选择取景器左边缘处相应的对焦点（②）。

● 不循环：选择此选项，当对焦点位于取景器中最外部的对焦点上时，再次按下▶方向键，对焦点也不再循环。例如，在选定最右侧的一个对焦点（①）时，即使按下▶方向键，对焦点也不会再移动。

3D 跟踪脸部侦测

当将自动对焦区域模式设为“3D 跟踪”模式时，可以在“3D 跟踪脸部侦测”菜单中设置在追踪对焦时是否以人物脸部为对焦标准。

● 启用：选择此选项，在实际拍摄时，相机将在追焦过程中，会自动对焦至人物脸部，以得人脸清晰的画面。

● 关闭：选择此选项，则相机将在追焦过程中，可能会对人物脸部对焦，也有可能对拍摄对象的身体对焦，拍摄出来的画面人物脸部的清晰率不能完全保证。

设定步骤

❶ 进入**自定义设定**菜单，选择 a **自动对焦**中的 a4 3D **跟踪脸部侦测**选项

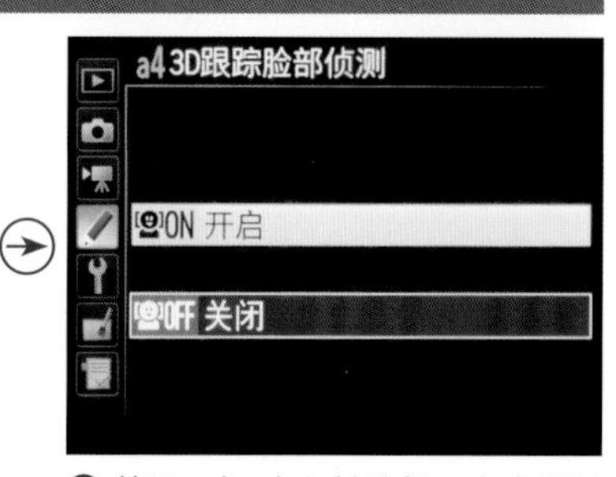

❷ 按下▲或▼方向键选择**开启**或**关闭**选项

设置对焦点显示选项

在使用 Nikon D500 相机的取景器拍摄时，可以通过“a12 对焦点选项”菜单设置自动对焦点的显示形式。

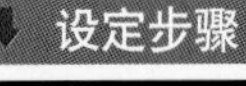

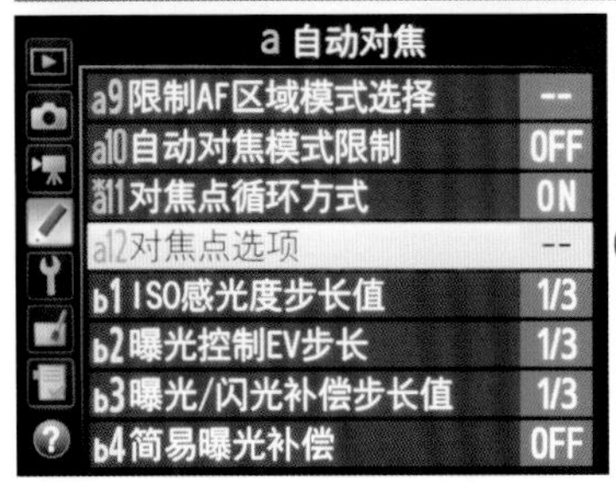

❶ 进入**自定义设定**菜单，选择a**自动对焦**中的a12 **对焦点选项**选项

❷ 按下▲或▼方向键选择所需的选项，然后按下▶方向键

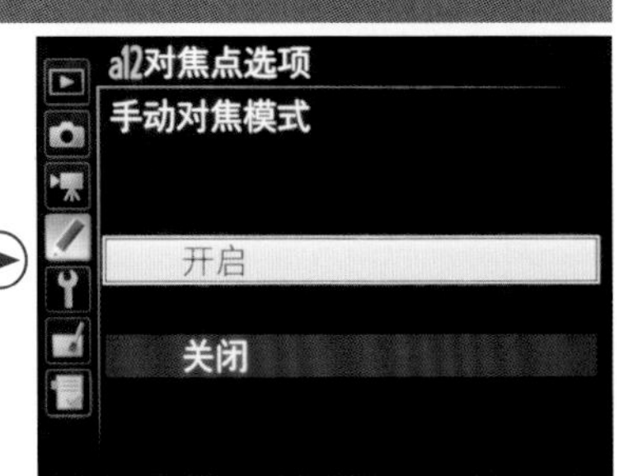

❸ 若在步骤❷中选择了**手动对焦模式**选项，按下▲或▼方向键选择**开启**或**关闭**选项

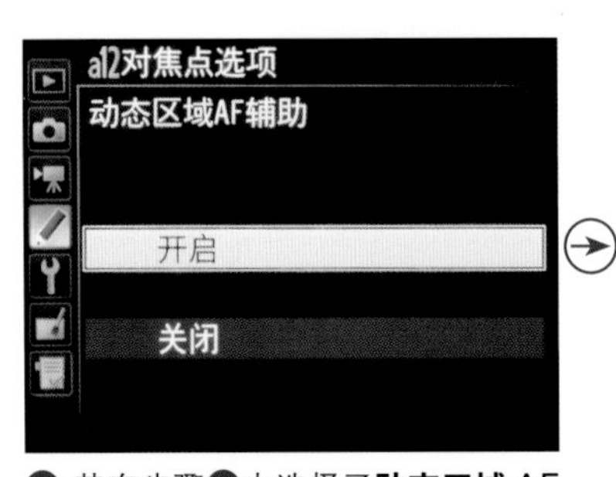

❹ 若在步骤❷中选择了**动态区域 AF 辅助**选项，按下▲或▼方向键选择**开启**或**关闭**选项

❺ 若在步骤❷中选择了**群组区域 AF 显示**选项，按下▲或▼方向键选择一个选项

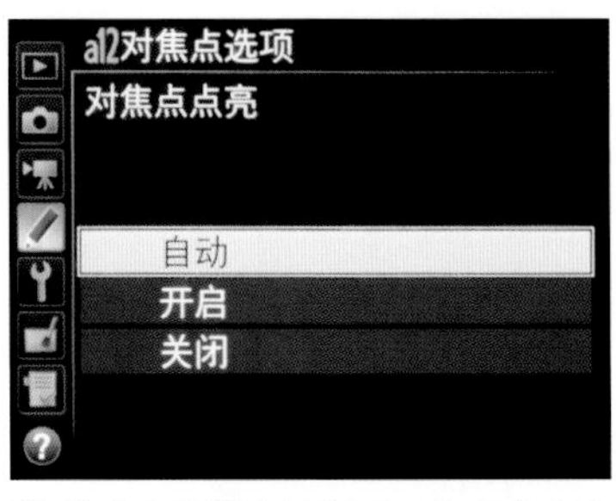

❻ 若在步骤❷中选择了**对焦点点亮**选项，按下▲或▼方向键选择一个选项

- 手动对焦模式：选择“开启”选项，可以在手动对焦模式下显示当前对焦点，选择“关闭”选项，则仅在对焦点选择期间显示对焦点。
- 动态区域 AF 辅助：当选择“开启”选项时，若选择了 25 点、72 点、153 点动态自动对焦区域模式时，取景器中将同时显示所选对焦点和周围的辅助对焦点。
- 群组区域 AF 显示：用于设置在群组自动对焦区域模式下，当前所选择一组对焦点的显示形式。
- 对焦点点亮：在一些弱光或拍摄对象的色彩与对焦点的黑色色彩相近时，摄影师会难以分辨对焦点的位置，若选择“开启”或“自动”选项，则在选择对焦点位置时，自动对焦点的颜色会显示成为红色。

高手点拨：虽然“对焦点点亮”功能在一般都能够更轻松地分辨出对焦点，但当拍摄对象与对焦点点亮时的红色相似时，反而会让对焦点更难于辨识。

◀ 在使用动态自动对焦区域模式拍摄鸟儿时，启用“动态区域 AF 辅助”功能，可以帮助摄影爱好者直观地查看对焦区域位置『焦距：400mm ┊ 光圈：F5.6 ┊ 快门速度：1/2000s ┊ 感光度：ISO1000』

利用手动对焦模式精确对焦

当画面主体处于杂乱的环境中或在夜晚拍摄时，自动对焦往往无法满足需要，这时可以使用手动对焦功能。但由于摄影师的拍摄经验不同，拍摄的成功率也有极大的差别。

操作方法

转动对焦模式选择器至 M 位置即可选择手动对焦模式

Q&A

Nikon D500

Q：哪些情况下需要使用手动对焦？

A：在以下情况下 Nikon D500 可能无法进行自动对焦，需要使用手动对焦方式进行准确的对焦：主体与背景的反差较小、主体在弱光环境中、主体处于强烈逆光环境、主体本身有强烈的反光、主体的大部分被一个自动对焦点覆盖的景物覆盖、主体是网格等重复的图案。

▼ 在微距摄影中，为保证对焦准确，通常采用手动对焦方式『焦距：70mm ┆ 光圈：F8 ┆ 快门速度：1/250s ┆ 感光度：ISO400』

根据拍摄任务设置快门释放模式

选择快门释放模式

针对不同的拍摄任务，需要将快门设置为不同的释放模式。例如，要抓拍高速移动的物体，为了保证成功率，可以通过设置使相机能够在按下一次快门后，连续拍摄多张照片。

Nikon D500 提供了 7 种快门释放模式，分别是单张拍摄S、低速连拍CL、高速连拍CH、安静快门释放Q、安静连拍快门释放Qc、自拍以及反光板弹起MUP，下面分别讲解它们的使用方法。

操作方法

按下释放模式拨盘锁定解除按钮，并同时转动释放模式拨盘，使相应的释放模式图标对齐白色标记

- 单张拍摄S：每次按下快门即拍摄一张照片。适合拍摄静止的对象，如建筑、山水或动作幅度不大的对象（摆拍的人像、昆虫等）。
- 低速连拍CL：若按住快门释放按钮不放，相机每秒可拍摄 1 ～ 9 张照片。此连拍数量可以通过修改“自定义设定”菜单中的“dl：CL 模式拍摄速度”数值进行改变。
- 高速连拍 CH ：若按住快门释放按钮不放，相机每秒最多可拍摄 10 张照片。
- 安静快门释放Q：在此模式下，按下快门释放按钮时反光板不会发出“咔嗒”声并退回通常位置，直至松开快门释放按钮后，反光板才会退回原位，从而可控制反光板发出“咔嗒”声的时机，使其比使用单张拍摄模式时更安静。除此之外，其他都与使用单张拍摄模式时相同。
- 安静连拍快门释放Qc：选择该模式以约 3 幅 / 秒连拍速度进行连拍，相机噪音会降低。
- 自拍：在“自定义设定”菜单中可以修改“c3：自拍”参数，从而获得 2 秒、5 秒、10 秒和 20 秒的自拍延迟时间，特别适合自拍或合影时使用。在最后 2 秒时，相机的指示灯不再闪烁，且蜂鸣音变快。
- 反光板弹起MUP：选择该模式可在进行远摄或近摄时，或者可能因相机震动而导致照片模糊的其他情形下，将这些因素对拍摄结果的影响降至最小。

▲ 在拍舞蹈动作时，一定要使用高速连拍快门释放模式

设置低速连拍

Nikon D500 提供了低速连拍模式，如果要设置此模式下每秒拍摄的照片张数，可以通过“低速连拍”菜单来实现，有 1~9fps 共 9 个选项供选择，即每秒分别拍摄 1~9 张照片。

设定步骤

❶ 进入**自定义设定**菜单，选择 d **拍摄 / 显示**中的 d1 CL **模式拍摄速度**选项

❷ 按下▲或▼方向键可选择不同的数值

设置最多连拍张数

虽然，可以使用高速或低速连拍快门释放模式，一次性拍出多张照片，但由于内存缓冲区是有限的，因此连续拍摄时所能拍摄的张数实际上也是有上限的。

要在相机内定的上限范围内设置一次最多连拍的张数，可以通过“最多连拍张数”菜单来实现。

在连拍模式下，可将一次最多能够连拍的照片张数设为 1 至 200 之间的任一数值。

设定步骤

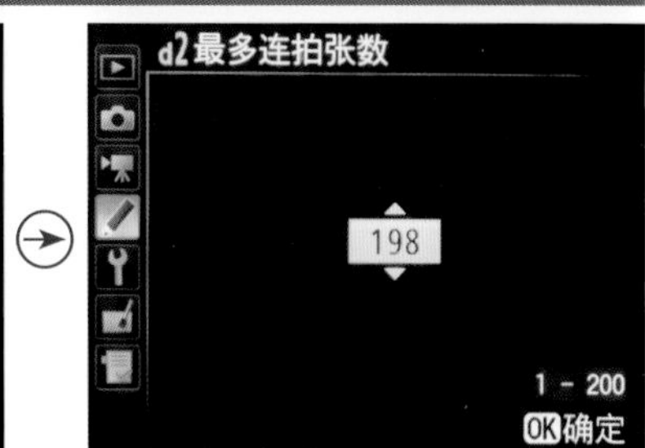

❶ 进入**自定义设定**菜单，选择 d **拍摄 / 显示**中的 d2 **最多连拍张数**选项

❷ 按下▲或▼方向键可选择不同的数值

Q&A

Q：如何知道连拍操作时内存缓冲区（缓存）最多能够存储多少张照片？

A：数据写入存储卡的速度与拍摄速度并不是一致的，而是先写入缓存，然后再转存至存储卡中，因此，当缓存被占满后，即使按下快门释放按钮，也无法继续拍摄。按下快门释放按钮时，取景器和控制面板的剩余曝光次数显示中将出现当前设定下内存缓冲区可存储的照片数量。

缓存可容纳的照片数量与所设置的影像品质及文件大小有关，品质越高、文件越大，则可容纳的照片数量就越少。如果开启了降噪处理或动态 D-Lighting 功能，由于相机需要在缓存中对照片进行处理后才会转存至存储卡中，因此也会降低缓存的容量。

当缓存正在存储数据时，下图中红圈所示的存取指示灯会亮起，直至数据完全保存至存储卡中为止。在此过程中，一定不要取出存储卡或电池，否则可能会造成数据丢失。此时，即使关闭相机电源，相机也会将缓存中的数据处理完后再关闭电源。

▲ 红色圆圈中就是存取指示灯

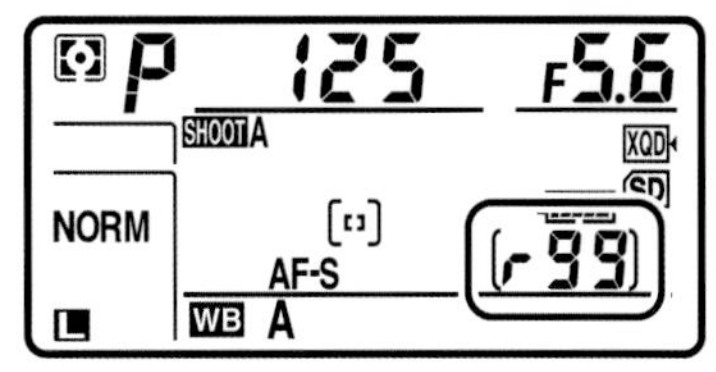

▲ 黑色线框标出了当前可保存的连续拍摄照片数量

设置自拍选项

Nikon D500 提供了较为丰富的自拍控制选项，可以设置拍摄时的延迟时间、自拍的张数、自拍的间隔。

在进行自拍时，可以指定一个从按下快门按钮起（准备拍摄）至开始曝光（开始拍摄）的延迟时间，其中包括了“2 秒”“5 秒”“10 秒”和“20 秒”4 个选项。利用自拍延时功能，可以为拍摄对象留出足够的时间，以便摆出想要拍摄的造型等。

例如，可以将“拍摄张数”设置为 5 张，“拍摄间隔”设置为 3 秒，这样可以一下自拍 5 张照片，由于每两张照片之间有 3 秒的间隔时间，足以摆出不同的姿势。

设定步骤

❶ 进入**自定义设定**菜单，选择 c **计时 /AE 锁定**中的 c3 **自拍**选项

❷ 按下▲或▼方向键选择**自拍延迟**选项，然后按下▶方向键

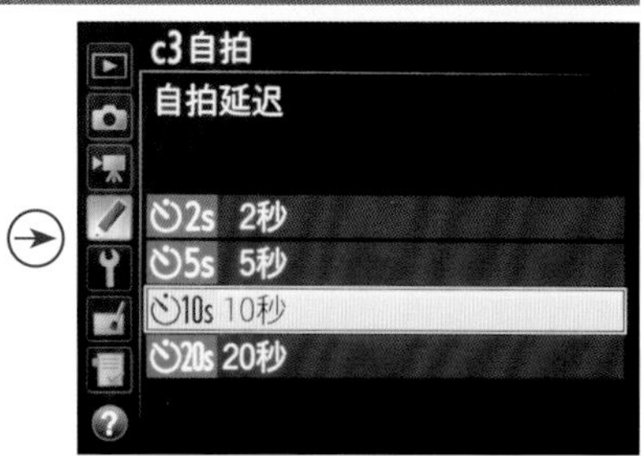

❸ 按下▲或▼方向键可选择不同的自拍延迟时间，然后按下 OK 按钮确认

❹ 如果在步骤❷中选择**拍摄张数**选项，按下▲和▼方向键可以选择要拍摄的照片数量

❺如果在步骤❷中选择**拍摄间隔**选项，按下▲和▼方向键可以选择拍摄张数超过 1 张时两次拍摄之间的间隔时间

高手点拨：要重视“拍摄张数”这个参数，因为在自拍团体照时，通常会出现某些人没有笑容、某些人闭眼的情况，将此数值设置得高一些，能够增加后期挑选照片的余地。

◀ 利用“自拍延时”功能，摄影师可以较从容地跑到合影位置并摆好姿势，等待相机完成拍摄，此功能非常适合拍摄合影『焦距：135mm ┆ 光圈：F3.5 ┆ 快门速度：1/500s ┆ 感光度：ISO100』

设置测光模式以获得准确曝光

要想准确曝光，前提是必须做到准确测光，根据数码单反相机内置测光表提供的曝光数值进行拍摄，一般都可以获得准确曝光。但有时候也不尽然，例如，在环境光线较为复杂的情况下，数码相机的测光系统不一定能够准确识别，此时仍采用数码相机提供的曝光组合拍摄的话，就会出现曝光失误。在这种情况下，我们应该根据要表达的主题、渲染的气氛进行适当的调整，即按照“拍摄→检查→设置→重新拍摄”的流程进行不断的尝试，直至拍出满意的照片为止。

在使用除手动及B门以外的所有曝光模式拍摄时，都需要依据相应的测光模式确定曝光组合。例如，在光圈优先模式下，在指定了光圈及ISO感光度数值后，可根据不同的测光模式确定快门速度值，以满足准确曝光的需求。因此，选择一个合适的测光模式，是获得准确曝光的重要前提。

操作方法

按下[测光]按钮并旋转主指令拨盘即可选择所需的测光模式

3D彩色矩阵测光Ⅲ

3D彩色矩阵测光Ⅲ是由早期的矩阵测光模式升级而来的，当摄影师在Nikon D500上安装了G型、E型或D型镜头时，相机默认使用此测光模式，而使用其他类型的CPU镜头时，相机默认使用不包括3D距离信息的彩色矩阵测光Ⅲ模式。

使用3D彩色矩阵测光Ⅲ模式测光时，Nikon D500搭载的180000像素RGB测光感应器在测量所拍摄的场景时，不仅仅只针对亮度、对比度进行测量，同时还把色彩以及与拍摄对象之间的距离等因素也考虑在内，然后调用内置数据库资料进行智能化的场景分析，以保证得到最佳的测光结果。

在主体和背景明暗反差不大时，使用3D彩色矩阵测光Ⅲ模式一般可以获得准确曝光，此模式最适合拍摄日常及风光题材的照片。

画面没有明显的主体或主体与背景的反差较小时应选择矩阵测光，这也是风光摄影中常用的测光模式『焦距：18mm ┆ 光圈：F9 ┆ 快门速度：1/250s ┆ 感光度：ISO200』

中央重点测光模式

在此测光模式下，虽然相机对整个画面进行测光，但将较大权重分配给位于画面中央且直径为 8mm 的圆形区域（此圆直径可以更改为 6mm、8mm、10mm 或 13mm）。例如，当 Nikon D500 在测光后认为，画面中央位置的对象合适的曝光组合是 F8、1/320s，而其他区域正确的曝光组合是 F4、1/200s，由于位于中央位置对象的测光权重较大，因此最终相机确定的曝光组合可能会是 F5.6、1/320s，以优先照顾位于画面中央位置对象的曝光。

由于测光时能够兼顾其他区域的亮度，因此该模式既能实现画面中央区域的精准曝光，又能保留部分背景的细节。这种测光模式适合拍摄主体位于画面中央主要位置的场景，如人像、建筑物等。

▶ 人像摄影中经常使用中央重点测光模式，以便能够很好地对主体进行测光『焦距：50mm ┆ 光圈：F4 ┆ 快门速度：1/200s ┆ 感光度：ISO400』

点测光模式

点测光是一种高级测光模式，相机只对所选对焦点周围的很小部分（也就是所选对焦点周围约 2.5% 的小区域，即直径大约为 3.5mm 的圆）进行测光，因此具有相当高的准确性。当主体和背景的亮度差异较大时，最适合使用点测光模式进行拍摄。

由于点测光的测光面积非常小，在实际使用时，一定要准确地将测光点（即对焦点）对准在要测光的对象上。这种测光模式是拍摄剪影照片的最佳测光模式。

此外，在拍摄人像时也常采用这种测光模式，将测光点对准在人物的面部或其他皮肤位置，即可使人物的皮肤获得准确曝光。

▶ 利用点测光模式，对着场景较亮的区域测光，将骑车的人拍摄成了半剪影效果，使画面有强烈的剪纸画意效果『焦距：50mm ┆ 光圈：F8 ┆ 快门速度：1/320s ┆ 感光度：ISO100』

亮部重点测光模式[•]*

在亮部重点测光模式下，相机将针对亮部重点测光，优先保证被摄对象的亮部曝光是正确的，在拍摄如舞台上聚光灯下的演员、直射光线下浅色的对象时，使用此模式能够获得很好的曝光效果。

▶在拍摄T台走秀的照片时，使用亮部重点测光模式可以保证明亮的部分有丰富的细节『焦距：28mm ┆ 光圈：F3.5 ┆ 快门速度：1/125s ┆ 感光度：ISO500』

使用矩阵测光时侦测脸部

在使用矩阵测光模式拍摄人像题材时，可以通过“b5矩阵测光”菜单，设置是否启用脸部侦测功能。

如果选择了“脸部侦测开启”选项，那么在拍摄时，相机会优先对画面中的人物面部进行测光，然后再根据所测得数据为依据，再平衡画面的整体测光情况。

设定步骤

b 测光/曝光
b5 矩阵测光 ON
b6 中央重点区域 (•)8
b7 微调优化曝光 --
c1 快门释放按钮AE-L OFF
c2 待机定时器 6s
c3 自拍 --
c4 显示屏关闭延迟 --
d1 CL模式拍摄速度 5

❶ 进入**自定义设定**菜单，选择 b **测光 / 曝光**中的 b5 **矩阵测光**选项

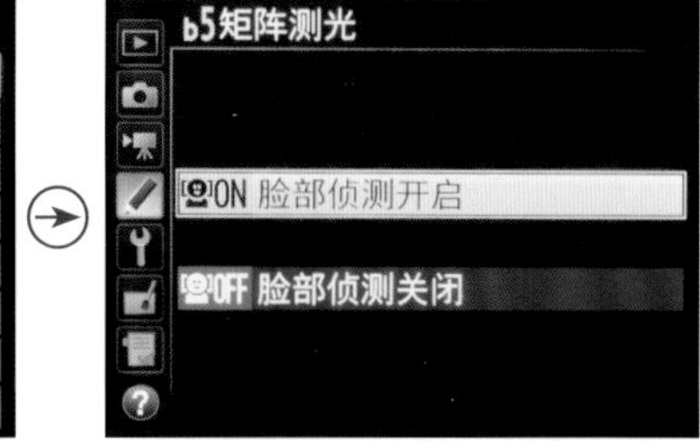

❷ 按下▲或▼方向键选择脸部侦测开启或脸部侦测关闭选项

改变中央重点测光区域大小

在使用中央重点测光模式测光时，重点测光区域圆的直径是可以修改的，从而改变测光面积。

可以通过“自定义设定”菜单中的“b6 中央重点区域”选项来设置中央重点测光区域的大小，可以将该测光区域圆的直径设为“φ6mm”“φ8mm”“φ10mm”“φ13mm”“全画面平均”。

高手点拨：当使用非CPU镜头时，中央重点测光将使用取景器中央直径为8mm的圆形区域作为测光依据；若选择“全画面平均”，则使用整个画面测光结果的平均值。

设定步骤

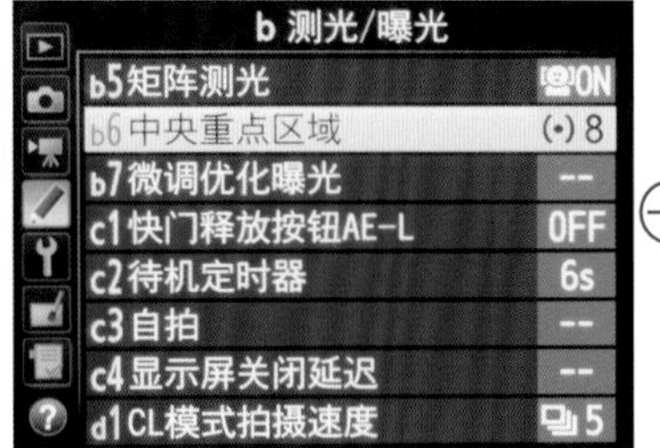

❶ 进入**自定义设定**菜单，选择 b **测光 / 曝光**中的 b6 **中央重点区域**选项

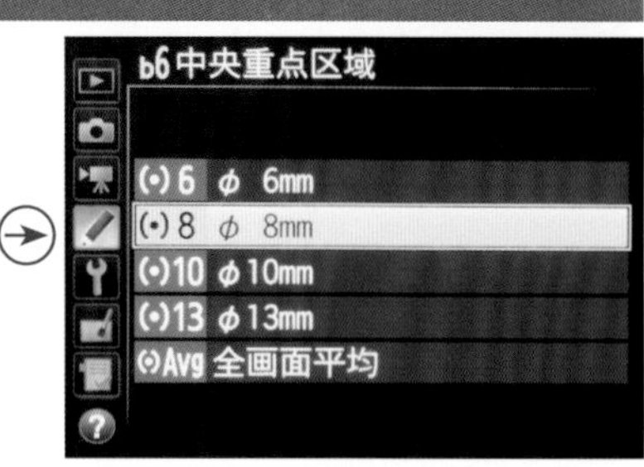

❷ 按下▲或▼方向键可选择不同的中央重点测光区域的大小

Q：什么是 CPU 镜头？

A：CPU 镜头是指带有集成电路芯片的镜头，这类镜头能够通过触点与机身交流信息，绝大部分 CPU 镜头都具有比较先进的自动测光和对焦性能。

微调优化曝光

在摄影追求个性化的今天，有一些摄影师特别偏爱过曝或欠曝的照片，在他们的作品中几乎看不到正常曝光的画面。在 Nikon D500 中，可利用“微调优化曝光”菜单设置针对每一张照片都增加或减少的曝光补偿值。例如，可以设置拍摄过程中只要相机使用了 3D 彩色矩阵测光Ⅲ，则每张照片均在正常测光值的基础上再增加一定数值的正向曝光补偿。

该菜单包含“矩阵测光”“中央重点测光”“点测光”“亮部重点测光”4 个选项。对于每种测光模式，均可在 -1EV~ +1EV 之间以 1/6EV 步长为增量进行微调。

设定步骤

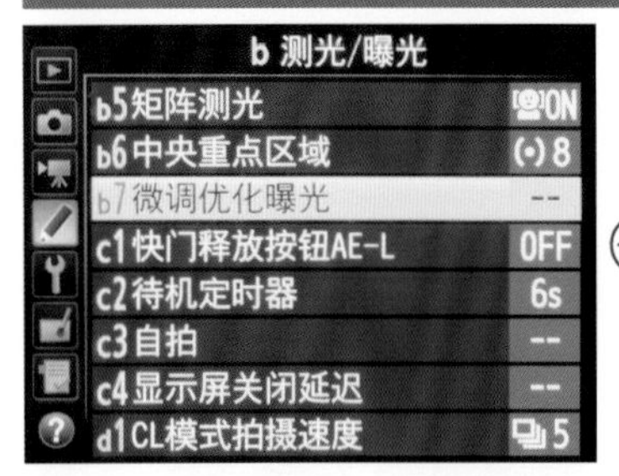

❶ 进入**自定义设定**菜单，选择 b **测光 / 曝光**中的 b7 **微调优化曝光**选项

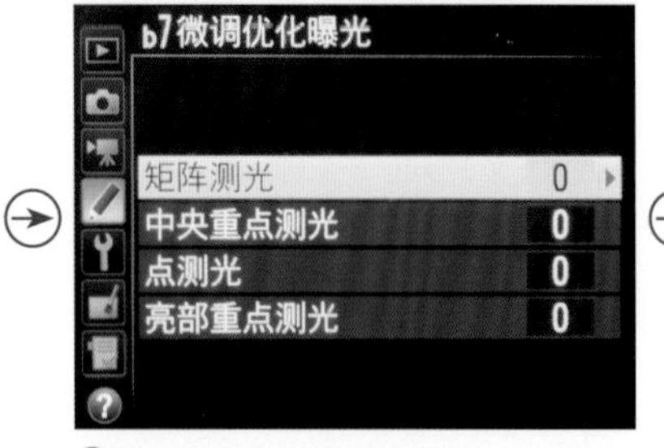

❷ 在 4 种测光模式中选择一种进行微调

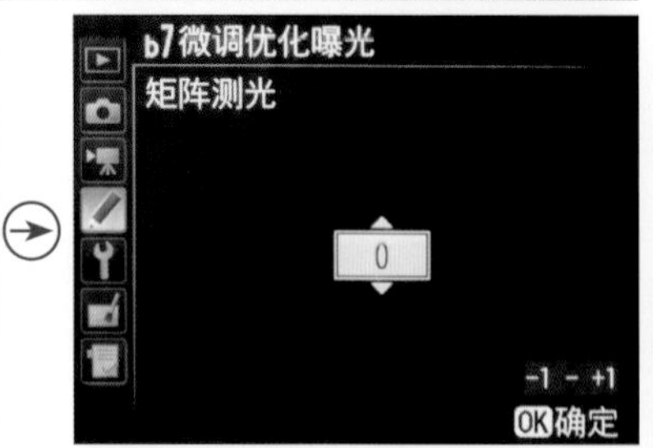

❸ 按下▲或▼方向键可以以 1/6 步长为增量选择不同的数值

高手点拨：可以根据自己的喜好来修改不同测光模式下需要增加或减少的曝光量。例如，在使用3D彩色矩阵测光Ⅲ模式拍摄风光时，为了获得较浓郁的画面色彩，并在一定程度上避免曝光过度，通常会在正常测光值的基础上降低0.3~0.7挡曝光补偿，此时可以使用此功能进行永久性的设置，而不用每次使用该测光模式时都要重新设置曝光补偿。

焦　　距：35mm
光　　圈：F9
快门速度：1/125s
感 光 度：ISO100

04 Chapter 活用曝光模式拍出好照片

程序自动模式（P）

程序自动模式在 Nikon D500 的显示屏上显示为“P”。

使用这种曝光模式拍摄时，光圈和快门速度由相机自动控制，相机会自动给出不同的曝光组合，此时转动主指令拨盘可以在相机给出的曝光组合中进行自由选择。除此之外，白平衡、ISO 感光度、曝光补偿等参数也可以进行手动控制。

通过对这些参数进行不同的设置，拍摄者可以得到不同效果的照片，而且不用自己去考虑光圈和快门速度的数值就能够获得较为准确的曝光。程序自动模式常用于拍摄新闻、纪实等需要抓拍的题材。

在实际拍摄时，向右旋转主指令拨盘可获得模糊背景细节的大光圈（低 F 值）或“锁定”动作的高速快门曝光组合；向左旋转主指令拨盘可获得增加景深的小光圈（高 F 值）或模糊动作的低速快门曝光组合。此时在相机取景器中会显示图标。

操作方法

按下 MODE 按钮并转动主指令拨盘选择程序自动模式。在 P 模式下，转动主指令拨盘可选择不同的光圈与快门速度组合

Q：什么是等效曝光？

A：下面我们通过一个拍摄案例来说明这个概念。例如，摄影师在使用 P 挡程序自动模式拍摄一张人像照片时，相机给出的快门速度为 1/60s、光圈为 F8，但摄影师希望采用更大的光圈，以便提高快门速度。此时就可以向右转动主指令拨盘，将光圈增加至 F4，即将光圈调大 2 挡，而在 P 挡程序自动模式下就能够使快门速度也提高 2 挡，从而达到 1/250s。1/60s、F8 与 1/250s、F4 这两组快门速度与光圈组合虽然不同，但可以得到完全相同的曝光效果，这就是等效曝光。

高手点拨： 相机自动选择的曝光设置未必是最佳组合。例如，摄影师可能认为按此快门速度手持拍摄不够稳定，或者希望用更大的光圈。此时，可以利用Nikon D500的柔性程序，即在P模式下，在保持测定的曝光值不变的情况下，可通过转动主指令拨盘来改变光圈和快门速度组合（即等效曝光）。

▼ 使用 P 模式抓拍街头表演，非常方便、迅速『焦距：100mm ┆ 光圈：F5 ┆ 快门速度：1/320s ┆ 感光度：ISO100』

快门优先模式（S）

快门优先曝光模式在 Nikon D500 的显示屏上显示为“S”。

使用这种曝光模式拍摄时，用户可以转动主指令拨盘从 1/8000~30s 之间选择所需快门速度，然后相机会自动计算光圈的大小，以获得正确的曝光。

在拍摄时，快门速度需要根据被摄对象的运动速度及照片的表现形式（即凝固瞬间的清晰还是带有动感的模糊）来确定。要定格运动对象的瞬间，应该用高速快门；反之，如果希望使运动对象在画面中表现为模糊的线条，应该使用低速快门。

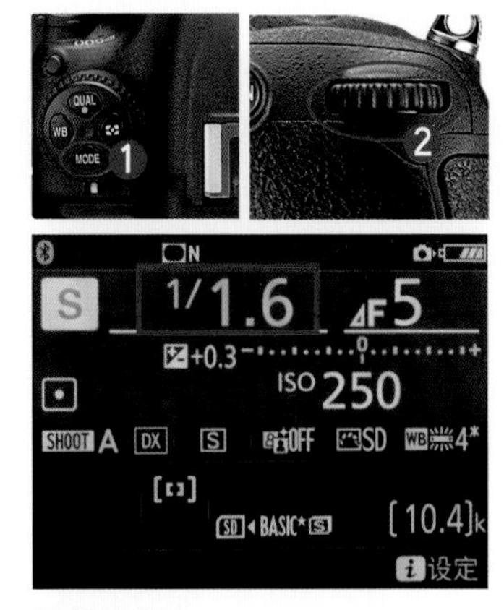

操作方法

按下 MODE 按钮并转动主指令拨盘选择快门优先模式。在 S 模式下，转动主指令拨盘即可选择不同的快门速度值

『焦距：24mm ¦ 光圈：F16 ¦ 快门速度：1/2s ¦ 感光度：ISO50』

『焦距：200mm ¦ 光圈：F8 ¦ 快门速度：1/1000s ¦ 感光度：ISO500』

◀ 使用不同的快门速度拍摄浪花，获得了不同的效果

光圈优先模式（A）

光圈优先曝光模式在 Nikon D500 的显示屏上显示为“A”。

使用这种曝光模式拍摄时，摄影师可以旋转副指令拨盘从镜头的最小光圈到最大光圈之间选择所需光圈，相机会根据当前设置的光圈大小自动计算出合适的快门速度值。

使用该模式拍摄的最大优势是可以控制画面的景深，为了获得更准确的曝光效果，经常和曝光补偿配合使用。

高手点拨：使用光圈优先模式拍摄照片时，可以使用以下两个技巧：①当光圈过大而导致快门速度超出了相机极限时，如果仍然希望保持该光圈，可以尝试降低ISO感光度的数值，或使用中灰滤镜降低光线的进入量，以保证曝光准确；②为了得到大景深而使用小光圈时，应该注意快门速度不能低于安全快门速度。

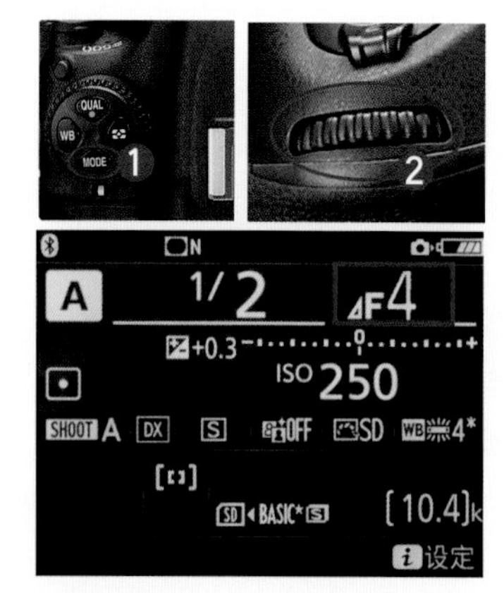

操作方法

按下 MODE 按钮并转动主指令拨盘选择光圈优先模式。在 A 模式下，转动副指令拨盘可选择不同的光圈值

◀ 使用光圈优先模式并配合大光圈的运用，可以得到非常漂亮的背景虚化效果『焦距：200mm ┆ 光圈：F2.8 ┆ 快门速度：1/1000s ┆ 感光度：ISO125』

◀ 在光圈优先模式下，为保证画面有足够大的景深，而使用小光圈拍摄的风光照片『焦距：24mm ┆ 光圈：F14 ┆ 快门速度：1/15s ┆ 感光度：ISO200』

全手动模式（M）

全手动曝光模式在 Nikon D500 的显示屏上显示为“M”。

使用这种曝光模式拍摄时，相机的所有智能分析、计算功能将不工作，所有拍摄参数都由摄影师自己设置。使用 M 挡全手动模式拍摄有以下优点。

首先，使用 M 挡全手动模式拍摄时，当摄影师设置好恰当的光圈、快门速度的数值后，即使移动镜头进行再次构图，光圈与快门速度的数值也不会发生变化，这一点不像其他曝光模式，在测光后需要进行曝光锁定，才可以进行再次构图。

其次，使用其他曝光模式拍摄时，往往需要根据场景的亮度，在测光后进行曝光补偿操作；而在 M 挡全手动模式下，由于光圈与快门速度的数值都由摄影师来设定，因此设定的同时就可以将曝光补偿考虑在内，从而省略了曝光补偿的设置过程。因此，在全手动模式下，摄影师可以按自己的想法让影像曝光不足，以使照片显得较暗，给人忧伤的感觉；或者让影像稍微过曝，以拍摄出明快的高调照片。

另外，在摄影棚使用频闪灯或外置的非专用闪光灯拍摄时，由于无法使用相机的测光系统，而需要使用闪光灯测光表或通过手动计算来确定正确的曝光值，此时就需要手动设置光圈和快门速度，从而获得正确的曝光。

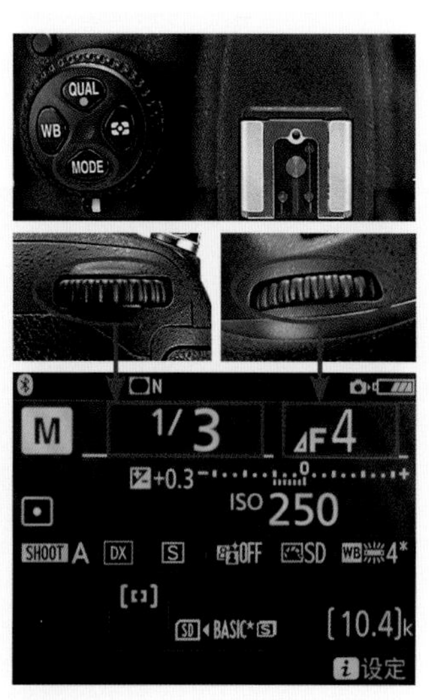

操作方法

按下 MODE 按钮并转动主指令拨盘选择全手动模式。在 M 模式下，转动主指令拨盘可选择不同的快门速度，转动副指令拨盘可选择不同的光圈值

◀ 在影楼中拍摄人像常使用全手动模式，可根据拍摄光线的不同来调整光圈、快门速度及 ISO 感光度等参数『焦距：50mm ┆ 光圈：F7.1 ┆ 快门速度：1/125s ┆ 感光度：ISO125』

使用 M 挡全手动模式拍摄时，控制面板和取景器中的电子模拟曝光显示可反映出照片在当前设定下的曝光情况。根据在“自定义设定”菜单中选择的“ b2 曝光控制 EV 步长”选项的不同，曝光不足或曝光过度的量将以 1/3EV、1/2EV、1EV 增量进行显示。如果超过曝光测光系统的限制，该显示将会闪烁。

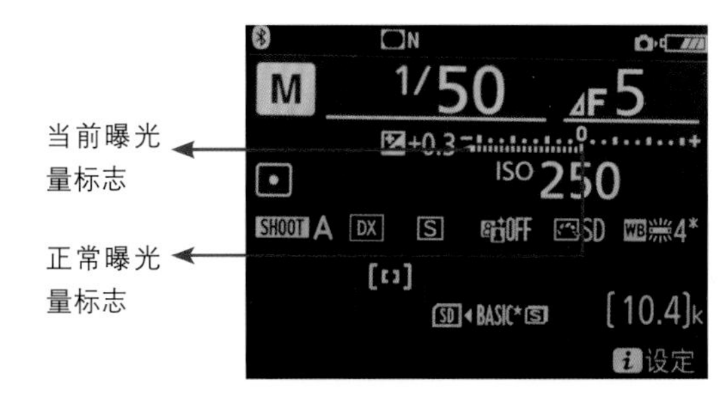

▲ 在改变光圈或快门速度时，当前曝光量标志会左右移动，当其位于标准曝光量标志的位置时，就能获得相对准确的曝光

高手点拨：为了避免出现曝光不足或曝光过度的问题，Nikon D500相机提供了提醒功能，即在曝光不足或曝光过度时，可以在取景器或显示屏中显示曝光提示。

将“曝光控制 EV 步长”设为 1/3 步长时电子模拟曝光显示			
显示位置	最佳曝光	1/3EV曝光不足	3EV以上曝光过度
控制面板			
取景器			

▲ 使用 M 挡全手动模式拍摄的风景照片，拍摄时不用考虑曝光补偿，也不用考虑曝光锁定，让电子模拟曝光显示中的光标对准“0”位置，就能获得准确曝光『焦距：50mm ┆ 光圈：F16 ┆ 快门速度：1.6s ┆ 感光度：ISO400』

B 门模式

使用 B 门模式拍摄时，持续地完全按下快门按钮将使快门一直处于打开状态，直到松开快门按钮时快门被关闭，即完成整个曝光过程，因此曝光时间取决于快门按钮被按下与被释放的过程。

由于使用这种曝光模式拍摄时，可以持续地长时间曝光，因此特别适合拍摄光绘、天体、焰火等需要长时间曝光并手动控制曝光时间的题材。

需要注意的是，使用 B 门模式拍摄时，为了避免所拍摄的照片模糊，应该使用三脚架及遥控快门线辅助拍摄，若不具备条件，至少也要将相机放置在平稳的水平面上。

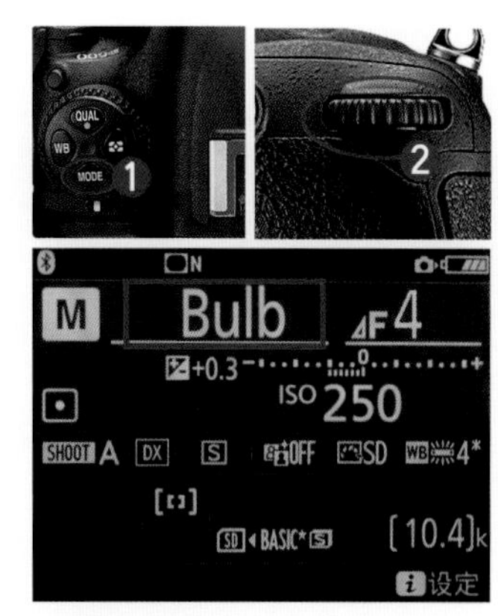

操作方法

按下 MODE 按钮并转动主指令拨盘选择全手动模式。在 M 模式下，转动主指令拨盘直至控制面板或显示屏显示快门速度为 Bulb，即可切换至 B 门模式

◀ 使用 B 门模式拍摄到了烟花绽放的画面『焦距：20mm ┊ 光圈：F8 ┊ 快门速度：15s ┊ 感光度：ISO200』

Chapter 05

拍出佳片必须掌握的高级曝光技巧

通过直方图判断曝光是否准确

直方图的作用

直方图是相机曝光所捕获的影像色彩或影调的信息，是一种反映照片曝光情况的图示。

通过查看直方图所呈现的效果，可以帮助拍摄者判断曝光情况，并以此做出相应调整，以得到最佳曝光效果。另外，在即时取景模式下拍摄时，通过直方图可以检测画面的成像效果，给拍摄者提供重要的曝光信息。

很多摄影爱好者都会陷入这样一个误区，显示屏上的影像很棒，便以为真正的曝光效果也会不错，但事实并非如此。

这是由于很多相机的显示屏还处于出厂时的默认状态，显示屏的对比度和亮度都比较高，令摄影师误以为拍摄到的影像很漂亮，倘若不看直方图，往往会感觉照片曝光正合适，但在电脑屏幕上观看时，却发现拍摄时感觉还不错的照片，暗部层次却丢失了，即使是使用后期处理软件挽回部分细节，效果也不是太好。

因此在拍摄时要随时查看照片的直方图，这是唯一值得信赖的判断曝光是否正确的依据。

▲ 拍摄暗背景的花卉照片时，利用直方图能够准确判断画面是否曝光合适『焦距：200mm ┆ 光圈：F14 ┆ 快门速度：1/400s ┆ 感光度：ISO100』

操作方法

在机身上按下▶按钮播放照片，按下▼或▲方向键切换到概览数据或RGB直方图界面

利用直方图分区判断曝光情况

下面这张图标示出了直方图每个分区和图像亮度之间的关系，像素堆积在左侧或者右侧的边缘意味着部分图像是超出直方图范围的。其中右侧边缘出现黑色线条表示照片中有部分像素曝光过度，摄影师需要根据情况调整曝光参数，以避免照片中出现大面积曝光过度的区域。如果第 8 分区或者更高的分区有大量黑色线条，代表图像有较亮的高光区域，而且这些区域是有细节的。

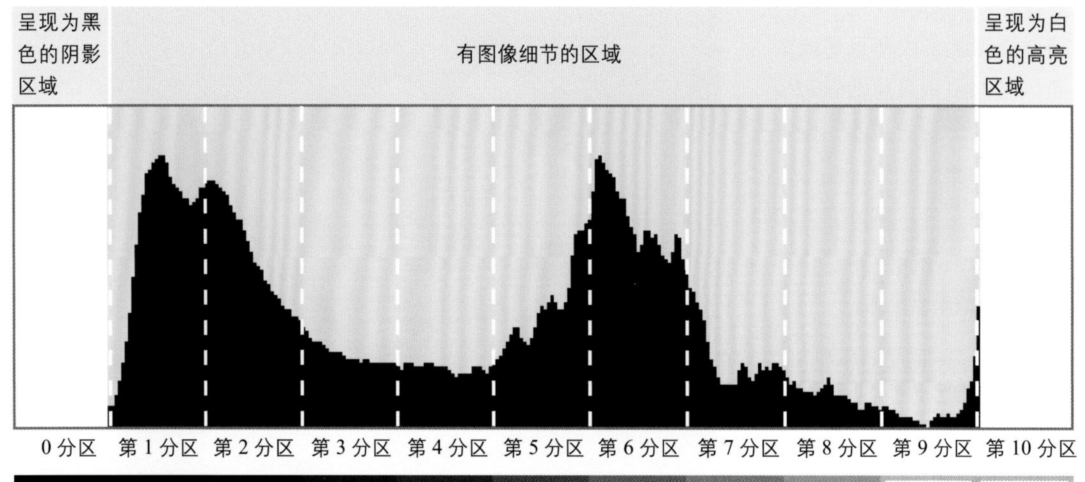

数码相机的区域系统

分区序号	说明	分区序号	说明
0分区	纯黑色	**第6分区**	色调较亮，色彩柔和
第1分区	接近黑色	**第7分区**	明亮、有质感，但是色彩有些苍白
第2分区	有些许细节	**第8分区**	有少许细节，但基本上呈模糊苍白的状态
第3分区	灰暗，细节呈现效果不错，但是色彩比较模糊	**第9分区**	接近白色
第4分区	色调和色彩都比较暗	**第10分区**	纯白色
第5分区	中间色调、中间色彩		

在相机中查看直方图

直方图的横轴表示亮度等级（从左至右分别对应黑与白），纵轴表示图像中各种亮度像素数量的多少，峰值越高则表示这个亮度的像素数量就越多。

所以，拍摄者可通过观看直方图的显示状态来判断照片的曝光情况，若出现曝光不足或曝光过度，调整曝光参数后再进行拍摄，即可获得一张曝光准确的照片。

当曝光过度时，照片上会出现死白的区域，画面中的很多细节都丢失了，反映在直方图上就是像素主要集中于横轴的右端(最亮处)，并出现像素溢出现象，即高光溢出，而左侧较暗的区域则无像素分布，故该照片在后期无法补救。

当曝光准确时，照片影调较为均匀，且高光、暗部或阴影处均无细节丢失，反映在直方图上就是在整个横轴上从最黑的左端到最白的右端都有像素分布，后期可调整余地较大。

当曝光不足时，照片上会出现无细节的死黑区域，画面中丢失了过多的暗部细节，反映在直方图上就是像素主要集中于横轴的左端（最暗处），并出现像素溢出现象，即暗部溢出，而右侧较亮区域少有像素分布，故该照片在后期也无法补救。

『焦距：100mm ┊ 光圈：F7.1 ┊ 快门速度：1/200s ┊ 感光度：ISO100』

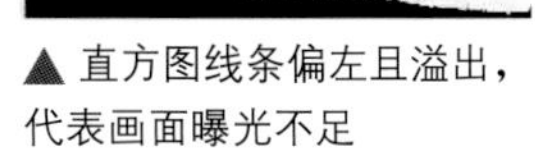

▲ 直方图线条偏左且溢出，代表画面曝光不足

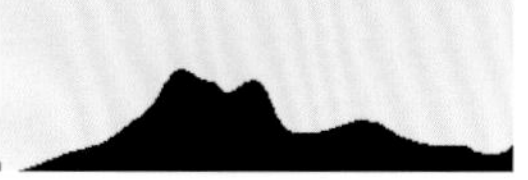

▲ 直方图右侧溢出，代表画面中高光处曝光过度

▲ 曝光正常的直方图，画面明暗适中，色调分布均匀

在使用直方图判断照片的曝光情况时，不可死搬硬套前面所讲述的理论，因为高调或低调照片的直方图看上去与曝光过度或曝光不足照片的直方图很像，但照片并非曝光过度或曝光不足，这一点从下面展示的两张照片及其相应的直方图中就可以看出来。

因此，检查直方图后，要视具体拍摄题材和所要表现的画面效果灵活调整曝光参数。

▲ 画面中积雪所占面积很大，虽然直方图中的线条主要分布在右侧，但这是一幅典型的高调效果画面，所以应与其他曝光过度照片的直方图区别看待『焦距：35mm ┆ 光圈：F8 ┆ 快门速度：1/640s ┆ 感光度：ISO400』

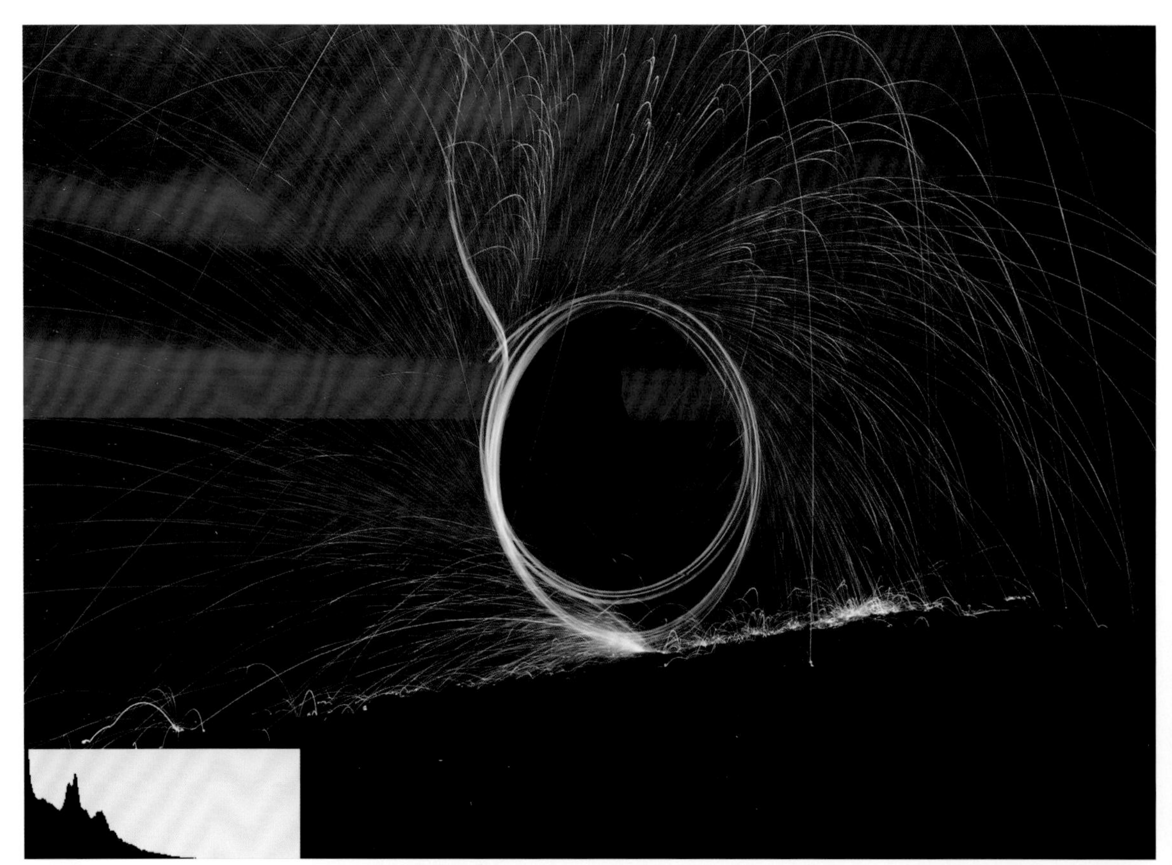

▲ 这是一幅典型的低调效果照片，画面中暗调面积较大，直方图中的线条主要分布在左侧，但这是摄影师刻意追求的效果，与曝光不足有本质上的不同『焦距：35mm ┆ 光圈：F8 ┆ 快门速度：5s ┆ 感光度：ISO100』

设置曝光补偿让曝光更加准确

曝光补偿的含义

相机的测光原理是基于18%中性灰建立的，由于数码单反相机的测光主要是由场景物体的平均反光率确定的。因为除了反光率比较高的场景（如雪景、云景）及反光率比较低的场景（如煤矿、夜景），其他大部分场景的平均反光率都在18%左右，而这一数值正是灰度为18%物体的反光率。因此，可以简单地将测光原理理解为：当所拍摄场景中被摄物体的反光率接近于18%时，相机就会做出正确的测光。

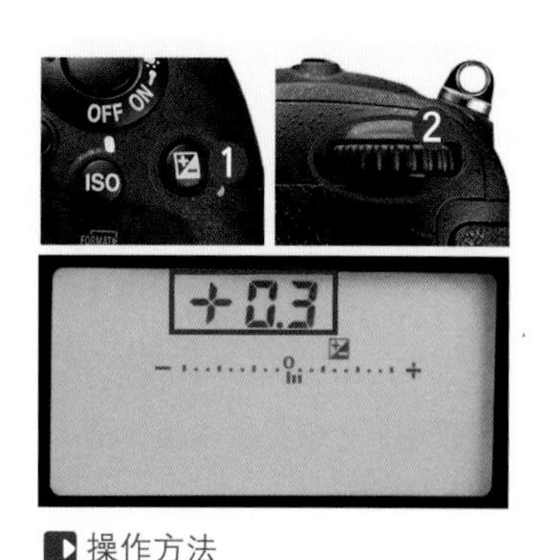

操作方法

按下⊠按钮并转动主指令拨盘即可调整曝光补偿数值

所以，在拍摄一些极端环境，如较亮的白雪场景或较暗的弱光环境时，相机的测光结果就是错误的，此时就需要摄影师通过调整曝光补偿来得到正确的拍摄结果。

通过调整曝光补偿数值，可以改变照片的曝光效果，从而使拍摄出来的照片传达出摄影师的表现意图。例如，通过增加曝光补偿，使照片轻微曝光过度以得到柔和的色彩与浅淡的阴影，使照片有轻快、明亮的效果；或者通过减少曝光补偿，使照片变得阴暗。

在拍摄时，是否能够主动运用曝光补偿技术，是判断一位摄影师是否真正理解摄影的光影奥秘的标志之一。

曝光补偿通常用类似“±nEV”的方式来表示。“EV”是指曝光值，“+1EV”是指在自动曝光的基础上增加1挡曝光；“-1EV”是指在自动曝光的基础上减少1挡曝光，依此类推。Nikon D500的曝光补偿范围为-5.0~+5.0EV，可以设置以1/3EV或1/2EV为单位对曝光进行调整。

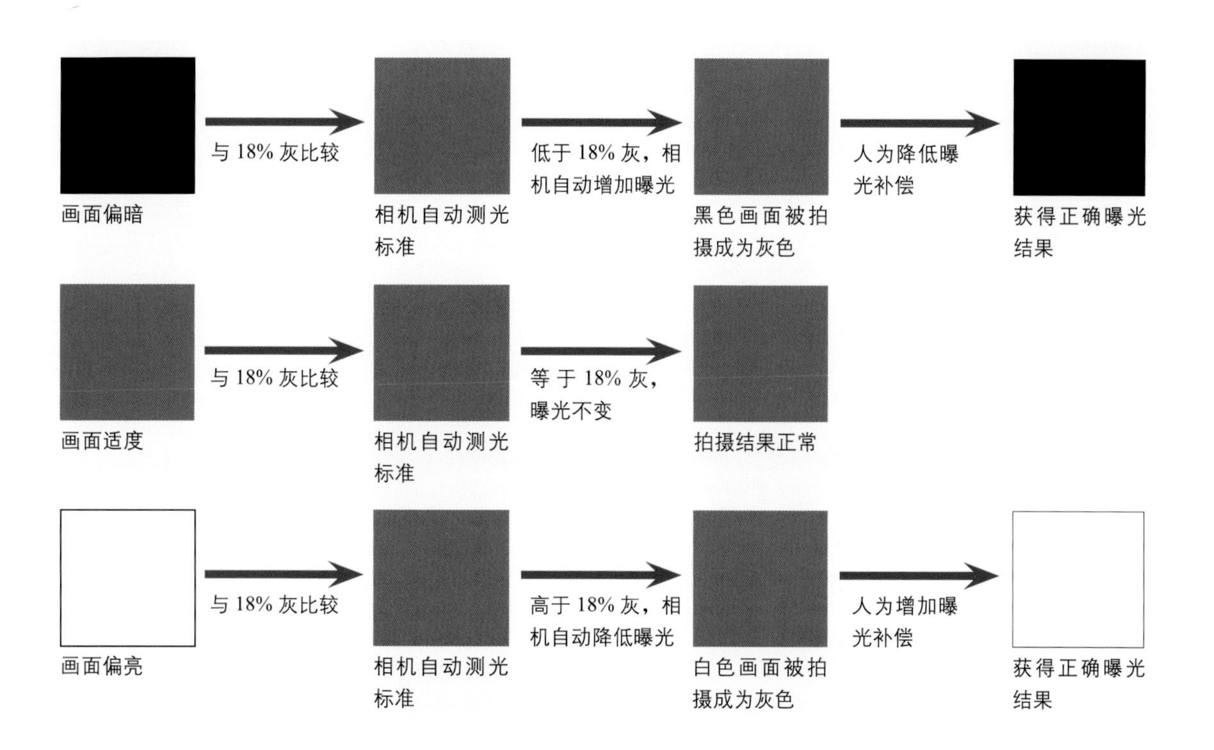

曝光补偿的调整原则

设置曝光补偿时应当遵循“白加黑减”的原则，例如，在拍摄雪景的时候一般要增加1~2 挡曝光补偿，这样拍出的雪要白亮很多，更加接近人眼的观察效果；而在被摄主体位于黑色背景前或拍摄颜色比较深的景物时，应该减少曝光补偿，以获得较理想的画面效果。

除此之外，还要根据所拍摄场景中亮调与暗调所占的面积来确定曝光补偿的数值，亮调所占的面积越大，设置的正向曝光补偿值就应该越大；反之，如果暗调所占的面积越大，则设置的负向曝光补偿值就应该越大。

▲ 增加 1.3 挡曝光补偿后，画面曝光正常，准确地还原出了雪的质感『焦距：38mm ┆ 光圈：F8 ┆ 快门速度：1/500s ┆ 感光度：ISO400』

▼ 由于整个场景偏暗，为了正确还原光照效果，需要使用曝光补偿减少曝光量，使暗调部分不会偏灰『焦距：85mm ┆ 光圈：F8 ┆ 快门速度：1/80s ┆ 感光度：ISO200』

在快门优先模式下使用曝光补偿的效果

在快门优先模式下，每增加一挡曝光补偿，光圈就会变大一挡，使照片变得更亮，直至光圈达到镜头的最大光圈为止。而每减少一挡曝光补偿，光圈就会收缩一挡，照片会变得更暗，直至光圈达到镜头的最小光圈为止。

从右侧展示的一组照片中可以看出，当曝光补偿值变化时，光圈数值也随之发生变化，由于光圈越来越小，曝光就越来越不充分，因此照片也越来越暗。另外，由于光圈越来越小，因此画面的景深也越来越大。这从一个侧面说明，曝光补偿会影响画面的景深。

▲ 光圈：F4 快门速度：1/25s 感光度：ISO400 曝光补偿：+1EV

▲ 光圈：F5 快门速度：1/25s 感光度：ISO400 曝光补偿：+0.3EV

▲ 光圈：F6.3 快门速度：1/25s 感光度：ISO400 曝光补偿：-0.3EV

▲ 光圈：F8 快门速度：1/25s 感光度：ISO400 曝光补偿：-1EV

需要特别指出的是，在右侧的一组照片中，虽然曝光补偿值不断变大，但画面却没有发生任何变化，这是由于拍摄时使用的光圈已是镜头的最大光圈了，因此，虽然曝光补偿值在变大，但由于光圈不可能再发生变化，因此整个画面的曝光效果没有变化。

▲ 光圈：F1.4 快门速度：1/50s 感光度：ISO100 曝光补偿：⅓EV

▲ 光圈：F1.4 快门速度：1/50s 感光度：ISO100 曝光补偿：⅔EV

▲ 光圈：F1.4 快门速度：1/50s 感光度：ISO100 曝光补偿：1EV

▲ 光圈：F1.4 快门速度：1/50s 感光度：ISO100 曝光补偿：1EV

在光圈优先模式下使用曝光补偿的效果

在光圈优先模式下使用曝光补偿时，每增加一挡曝光补偿，快门速度会降低一挡，从而获得增加一挡曝光的结果；反之，每降低一挡曝光补偿，则快门速度提高一挡，从而获得减少一挡曝光的结果。

下面一组照片是在光圈优先模式下，使用不同曝光补偿数值拍摄的画面。

▲ 光圈：F5 快门速度：1/25s 感光度：ISO800 曝光补偿：+2EV

▲ 光圈：F5 快门速度：1/30s 感光度：ISO800 曝光补偿：+1.67EV

▲ 光圈：F5 快门速度：1/40s 感光度：ISO800 曝光补偿：+1.33EV

▲ 光圈：F5 快门速度：1/50s 感光度：ISO800 曝光补偿：+1EV

▲ 光圈：F5 快门速度：1/60s 感光度：ISO800 曝光补偿：+0.67EV

▲ 光圈：F5 快门速度：1/80s 感光度：ISO800 曝光补偿：+0.33EV

▲ 光圈：F5 快门速度：1/100s 感光度：ISO800 曝光补偿：0EV

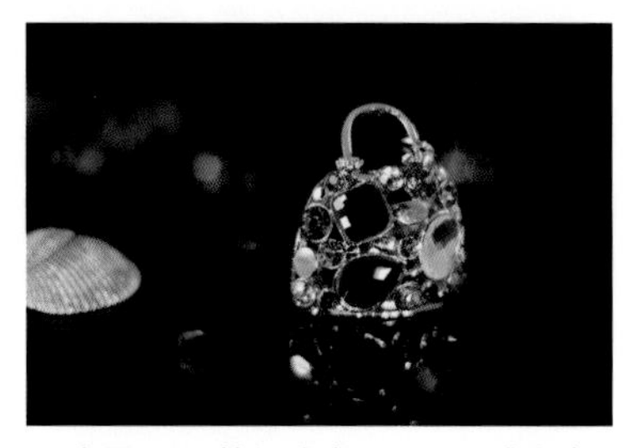

▲ 光圈：F5 快门速度：1/125s 感光度：ISO800 曝光补偿：-0.33EV

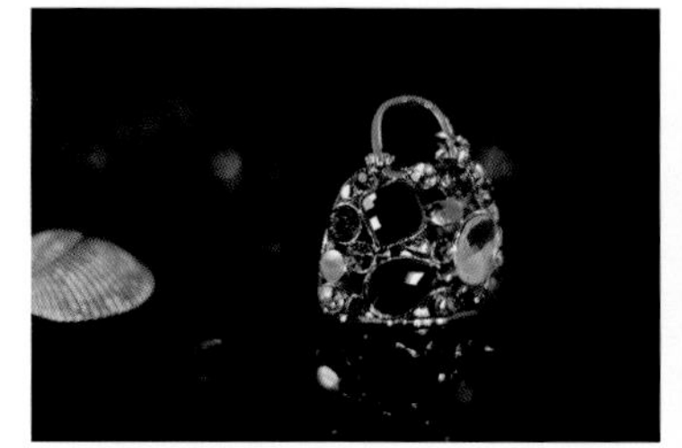

▲ 光圈：F5 快门速度：1/160s 感光度：ISO800 曝光补偿：-0.67EV

从上述照片中可以看出，当曝光补偿数值从正值向负值变化时，快门速度随之逐渐变快，由于曝光时间越来越短，因此照片也越来越暗。

另外，由于快门速度越来越快，如果拍摄的是动态对象，则画面中的主体会表现为越来越清晰的瞬间影像，这从一个侧面说明，曝光补偿数值发生变化时，会影响到画面的动态效果。

曝光控制 EV 步长

Nikon D500 默认的曝光调节步长是 1/3 步长，以便于进行精细的曝光调节，如快门速度从 1/100s 提高至 1/125s 即是 1/3 步长。

但当调整的曝光参数数值跨度较大时，如若仍使用 1/3 步长进行调节，则需要多次转动主指令或副指令拨盘才可以达到目的，此时就可以将其调整的步长值修改为 1/2 步长或 1 步长。

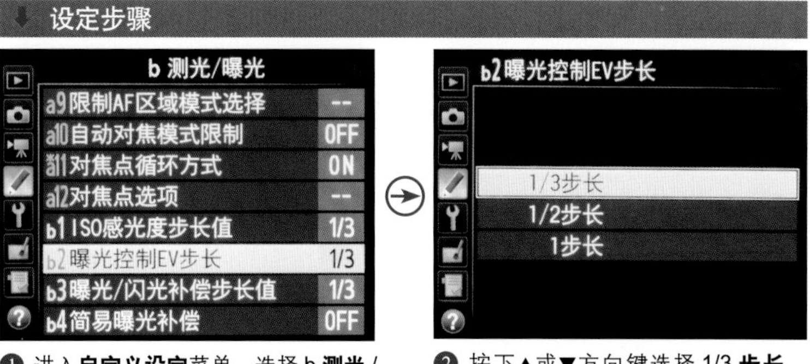

❶ 进入**自定义设定**菜单，选择 b **测光/曝光**中的 b2 **曝光控制 EV 步长**选项

❷ 按下▲或▼方向键选择 1/3 **步长**、1/2 **步长**或 1 **步长**选项

	快门速度（秒）	光圈值（f/）	包围 / 曝光补偿
1/3 步长	1/50、1/60、1/80、1/100、1/125、1/160…	2.8、3.2、3.5、4、5.6…	0.3（1/3EV）0.7（1/3EV）、1（1EV）
1/2 步长	1/45、1/60、/90、1/125、1/180、1/250…	2.8、3.3、4、4.8、5.6、6.7、8…	0.5（1/2EV）、1（1EV）
1 步长	1/60、1/125、1/250、1/500…	2.8、4、5.6、8…	1（1EV）、2（2EV）

闪光曝光补偿

该菜单用于选择使用曝光补偿时相机如何调整闪光级别。

- 整个画面：选择此选项，则同时调整闪光级别和曝光补偿来调节整个画面的曝光。
- 仅背景：选择此选项，则曝光补偿仅应用于背景。

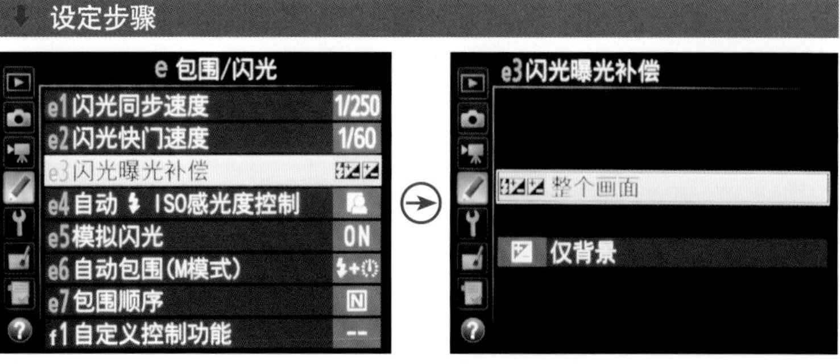

❶ 进入**自定义设定**菜单，选择 e **包围/闪光**中的 e3 **闪光曝光补偿**选项

❷ 按下▲或▼方向键选择**整个画面**或**仅背景**选项

简易曝光补偿

对于经常设置曝光补偿的用户来说，每次都要按下曝光补偿按钮☒再转动主指令拨盘进行设置，是一件比较麻烦的事。通过“简易曝光补偿”菜单可以控制是否需要使用曝光补偿按钮☒来设定曝光补偿。

高手点拨：要准确、顺利地使用“简易曝光补偿”功能，首先应该熟悉在各种拍摄模式下，用于调整其主参数的拨盘是哪个。例如，在光圈优先模式下，其主参数是光圈值，应使用副指令拨盘进行调整，此时主指令拨盘即用于调整曝光补偿；同样，在快门优先模式下，其主参数是快门速度，应使用主指令拨盘进行调整，此时副指令拨盘即用于调整曝光补偿。

设定步骤

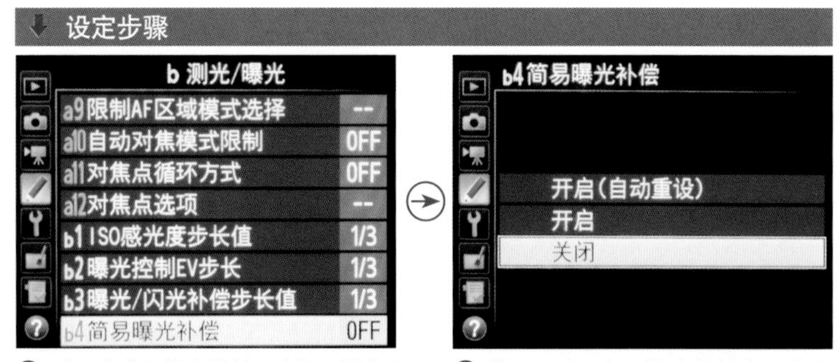

❶ 进入**自定义设定**菜单，选择 b **测光/曝光**中的 b4 **简易曝光补偿**选项

❷ 按下▲或▼方向键选择其中一个选项即可

- 开启（自动重设）：选择此选项，在光圈优先模式下，可以旋转主指令拨盘调整曝光补偿；在快门优先和程序自动模式下，可以旋转副指令拨盘调整曝光补偿，并且在相机或测光被关闭后，相机将自动重设曝光补偿值（按下曝光补偿按钮☒设置的数值不会被重设）。
- 开启：此选项的功能与“开启（自动重设）”选项相同，只是在相机或测光被关闭后，不会自动重设曝光补偿值。
- 关闭：选择此选项，则曝光补偿可通过按下曝光补偿按钮☒并旋转主指令拨盘来设定。

▼ 使用“简易曝光补偿”功能，可以轻松地拍摄出偏高调的风光照片『焦距：30mm ┆ 光圈：F7.1 ┆ 快门速度：30s ┆ 感光度：ISO50』

设置包围曝光

包围曝光是一种安全的曝光方法，因为使用这种曝光方法一次能够拍摄出三张不同曝光量的照片，实际上就是多拍精选，如果自身技术水平有限、拍摄的场景光线复杂且要求一定的拍摄成功率，建议多用这种曝光方法。

包围曝光功能及设置

默认情况下，使用包围曝光可以(按3次快门或使用连拍功能)拍摄3张照片，得到增加曝光量、正常曝光量和减少曝光量3种不同曝光效果的照片。

如果将包围曝光设置为-3F，就可以得到1张曝光正常和两张曝光不足的照片；如果设置为+2F，则可以得到1张曝光正常和1张曝光过度的照片；如果设置为-2F，则可以得到1张曝光正常和1张曝光不足的照片。

如果要取消包围曝光，转动主指令拨盘将拍摄张数设置为0即可。

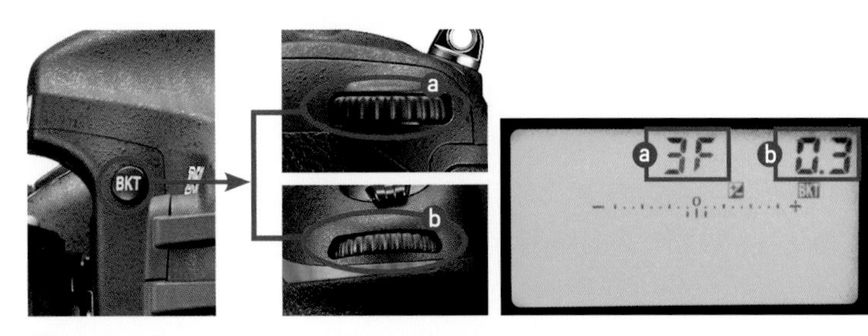

操作方法

按下BKT按钮，转动主指令拨盘可以调整拍摄的张数（a）；转动副指令拨盘可以调整包围曝光的范围（b）。例如，如果将当前的曝光补偿设置为0，则按上图显示屏所示的参数进行设置后，拍摄时可以分别得到－0.3挡曝光补偿、不进行曝光补偿及+0.3挡曝光补偿的3张照片

为合成HDR照片拍摄素材

在风光、建筑摄影中，使用包围曝光拍摄的不同曝光结果的照片，还可以对其进行后期的HDR合成，从而得到高光、中间调及暗调都具有丰富细节的照片。

▲ 正常曝光量

▲ 增加曝光量

▲ 减少曝光量

在 Photoshop 中进行 HDR 合成

虽然，Nikon D500 具有直接拍摄 HDR 照片的功能，但由于可控参数较少，因此得到的效果有时并不能够令人满意。而采取先进行包围曝光拍摄，再利用软件后期合成 HDR 照片的方法，由于可控性很高，因此是获得漂亮、精彩 HDR 照片的首选方法。

下面将通过一个实例来讲解在 Photoshop 中合成 HDR 照片的操作方法。

❶ 分别打开要合成HDR的3张照片。在本例中，将使用前面拍摄得到的3张素材照片进行HDR合成。

❷ 选择“文件”“自动”“合并到 HDR Pro”命令，在弹出的对话框中单击“添加打开的文件”按钮。

❸ 单击“确定”按钮退出对话框，在弹出的提示框中直接单击“确定”按钮退出，数秒后弹出“手动设置曝光值”对话框，单击向右 > 按钮，使上方的预览图像为“素材3”，然后设置“EV”的数值。

❹ 按照上一步的操作方法，通过单击向左 < 或向右 > 按钮，设置“素材2”和“素材1”的“EV”数值分别为0.3、1，单击“确定”按钮退出，弹出“合并到 HDR Pro”对话框。

❺ 根据需要在对话框中设置“半径”“强度”等参数，直至满意后，单击“确定”按钮即可完成HDR合成。

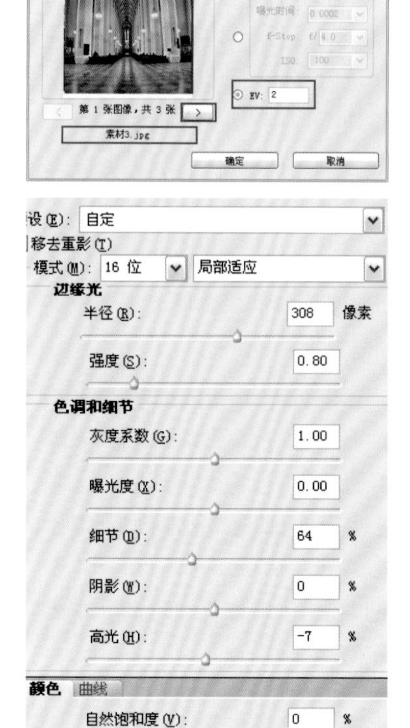

▶ HDR 参数设置

▼ 通过 HDR 合成得到的建筑照片，明暗部的细节更加丰富，同时色彩变得更浓郁了

多拍优选获得最好的曝光结果

包围曝光的作用之一，就是当不能确定当前的曝光是否准确时，为了保险起见，使用该功能（按 3 次快门或使用连拍功能）拍摄增加曝光量、正常曝光量以及减少曝光量 3 种不同曝光结果的照片，然后再从中选择比较满意的照片。

▲ 遇到这种光线不错的雪景时，为了避免因繁琐地设置曝光参数而错失拍摄良机，可以使用包围曝光功能，分别拍摄 -0.7EV、+0EV、+0.7EV 3 张照片。未做曝光补偿时拍摄的画面看起来灰蒙蒙的，降低 0.7EV 曝光补偿时拍摄的画面背景看起来有不错的表现，而增加 0.7EV 曝光补偿时拍摄的画面看上去更加干净、通透

自动包围设定

使用 Nikon D500 不仅可以实现曝光包围，还可以实现白平衡包围、闪光包围、动态 D-Lighting 包围，这些包围功能可以极大地提高拍摄的成功率，而这些包围功能可以通过“自动包围设定”菜单来控制。默认情况下，选择各选项时可以分别拍摄 3 张带有不同偏移量的照片。

以最常用的自动曝光包围为例，当将其参数数值设置为 ±1 时，即分别拍摄减少一挡曝光、正常曝光和增加一挡曝光的 3 张照片。

设定步骤

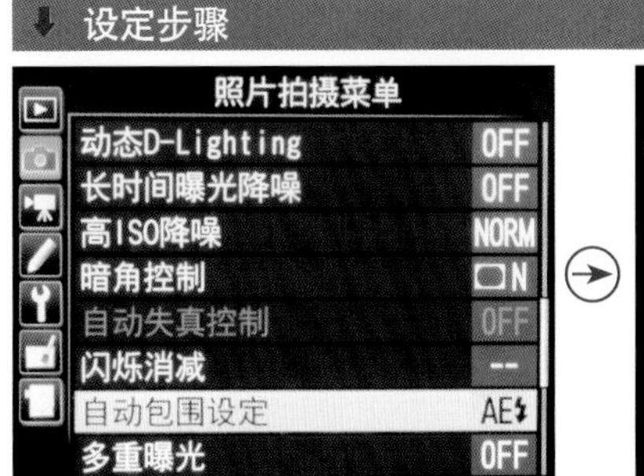

❶ 在**照片拍摄菜单**中选择**自动包围设定**选项

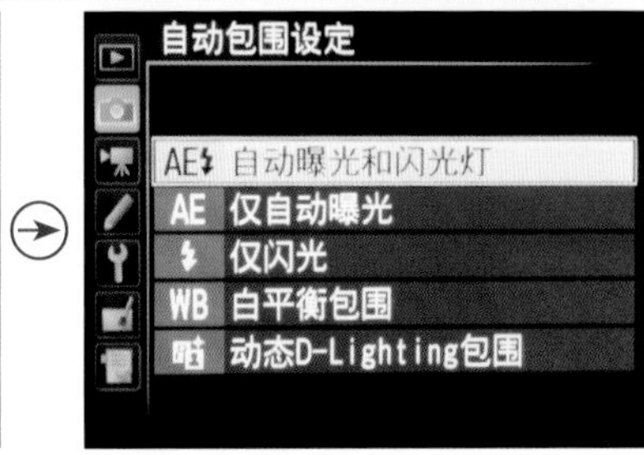

❷ 按下▲或▼方向键可选择一种自动包围方式

自动包围（M 模式）

当将“自动包围设定”菜单设置为“自动曝光和闪光灯”或“仅自动曝光”选项时，可以在此菜单中设定在 M 手动曝光模式下，使用自动曝光或闪光包围功能时，哪些参数用于改变画面的曝光量。

设定步骤

❶ 进入**自定义设定**菜单，选择 e **包围 / 闪光**中的 e6 **自动包围（M 模式）**选项

❷ 按下▲或▼方向键选择一个选项

- 闪光 / 速度：在选择“仅自动曝光”选项时，在使用 M 模式拍摄时，相机通过改变快门速度的方式来调整包围画面的曝光。如果选择的是“自动曝光和闪光灯”选项，在使用 M 模式拍摄时，相机则会通过改变快门速度和闪光级别的方式来调整画面的曝光。
- 闪光 / 速度 / 光圈：在选择“仅自动曝光”选项时，在使用 M 模式拍摄时，相机通过改变快门速度和光圈的方式来调整包围画面的曝光。如果选择的是“自动曝光和闪光灯”选项，在使用 M 模式拍摄时，相机则会通过改变快门速度、光圈和闪光级别的方式来调整画面的曝光。
- 闪光 / 光圈：在选择“仅自动曝光”选项时，在使用 M 模式拍摄时，相机通过改变光圈的方式来调整包围画面的曝光。如果选择的是“自动曝光和闪光灯”选项，在使用 M 模式拍摄时，相机则会通过光圈和闪光级别的方式来调整画面的曝光。
- 仅闪光：当选择“自动曝光和闪光灯”选项，在使用 M 模式拍摄时，相机仅通过改变闪光级别的方式来调整画面的曝光。

设置包围顺序

“包围顺序”菜单用于设置自动包围曝光时曝光的顺序。选择一种顺序之后，拍摄时将按照这一顺序进行拍摄。在实际拍摄中，更改包围曝光顺序并不会对拍摄结果产生影响，用户可以根据自己的习惯进行调整。

该设定对动态 D-Lighting 包围没有影响。

高手点拨：如何设定包围曝光顺序取决于个人习惯，为了避免曝光的跳跃性影响摄影师对包围曝光级数的判断，建议选择“不足>正常>过度”。

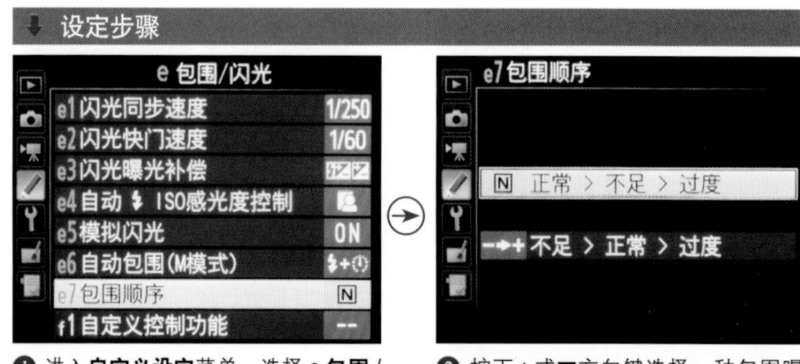

❶ 进入**自定义设定**菜单，选择 e **包围 / 闪光**中的 e7 **包围顺序**选项

❷ 按下▲或▼方向键选择一种包围曝光的顺序

- 正常 > 不足 > 过度：选择此选项，相机会按照第一张标准曝光量、第二张减少曝光量、第三张增加曝光量的顺序进行拍摄。
- 不足 > 正常 > 过度：选择此选项，相机会按照第一张减少曝光量、第二张标准曝光量、第三张增加曝光量的顺序进行拍摄。

曝光锁定

曝光锁定，顾名思义是指将画面中某个特定区域的曝光值锁定，并以此曝光值对场景进行曝光。当光线复杂而主体不在画面中央位置的时候，需要先对主体进行测光，然后将曝光值锁定，再进行重新构图和拍摄。下面以拍摄人像为例讲解其操作方法。

❶ 将拍摄对象置于所选对焦点位置，半按快门得到曝光参数，按下副选择器的中央，这时相机上会显示AE-L指示标记，表示此时的曝光已被锁定。

❷ 保持按住副选择器中央的状态，平移相机重新构图后完全按下快门完成拍摄。

在默认设置下，按下副选择器中央会同时锁定曝光与对焦，因此在重新构图时，只能小幅度地轻移改变构图，如果拍摄因测光主体较小而需要拉近焦距进行准确测光，以及测光点与对焦点不在同一处的画面时，便需要将曝光锁定与对焦锁定功能分开指定。

此时可以在“f1：自定义控制功能”菜单中，将“副选择器的中央”的功能指定为“AE 锁定（快门释放时解除）”或者“AE 锁定（保持）”选项，这样就可以按下副选择器中央锁定曝光，当快门释放或再次按下副选择器中央时即解除锁定曝光，摄影师可以更灵活、方便地改变焦距构图或切换对焦点的位置。

高手点拨：当拍摄环境非常复杂或主体较小时，也可以使用曝光锁定并配合代测法来保证主体的正常曝光。方法是将相机对准相同光照条件下的代测物体进行测光，如人的面部、反光率为18%的灰板、人的手背等，然后将曝光值锁定，再进行重新构图和拍摄。

▲ 摄影师先使用点测光模式对天空进行测光，然后按下副选择器中央锁定曝光，对人物进行对焦，得到了这张呈剪影效果的照片『焦距：100mm ┆ 光圈：F5.6 ┆ 快门速度：1/400s ┆ 感光度：ISO100』

▲ 按下相机背面的副选择器的中央部分

设定步骤

f 控制
e1 闪光同步速度 1/250
e2 闪光快门速度 1/60
e3 闪光曝光补偿
e4 自动 ISO感光度控制
e5 模拟闪光 ON
e6 自动包围(M模式)
e7 包围顺序
f1 自定义控制功能 --

❶ 进入**自定义设定**菜单，选择 f **控制**中的 f1 **自定义控制功能**选项

❷ 按下▲或▼方向键选择**副选择器的中央**选项，然后按下多重选择器中央按钮

❸ 按下▲或▼方向键选择 AE **锁定（快门释放时解除）**或 AE **锁定（保持）**选项

使用 Nikon D500 直接拍摄出精美的 HDR 照片

HDR（高动态范围）是 Nikon D500 提供的一个非常实用的功能，其原理是通过连续拍摄两张增加曝光量及减少曝光量的图像，然后由相机进行高动态图像合成，从而获得暗调与高光区域都能均匀显示细节的照片。

设定步骤

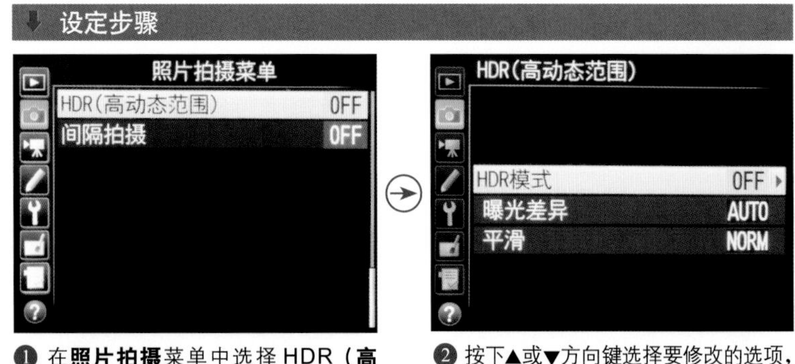

❶ 在**照片拍摄**菜单中选择 HDR（**高动态范围**）选项

❷ 按下▲或▼方向键选择要修改的选项，然后按下▶方向键

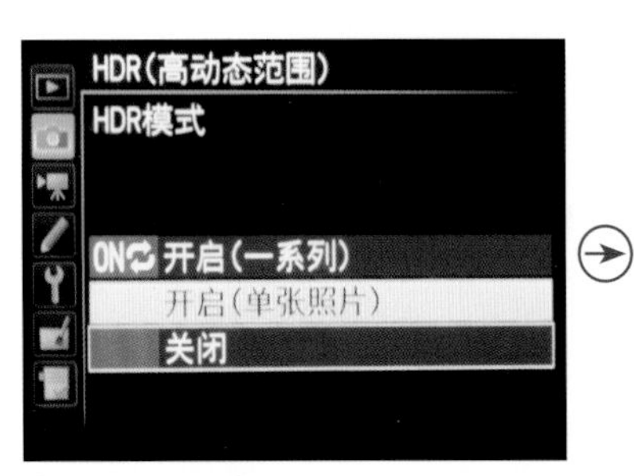

❸ 若在步骤❷ 中选择 HDR **模式**选项，按下▲或▼方向键可选择是否启用 HDR 模式以及是否连续多次拍摄 HDR 照片

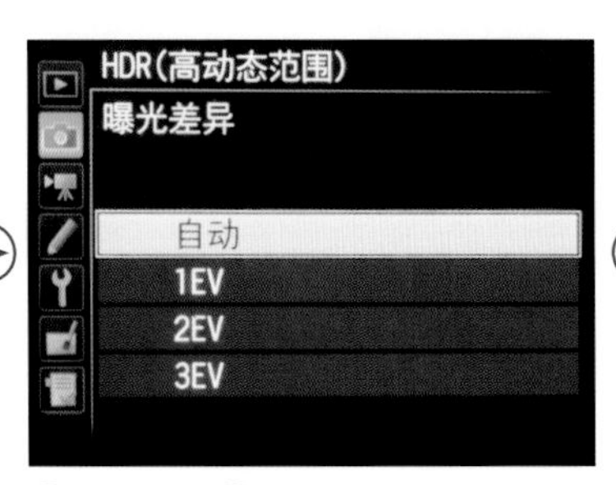

❹ 若在步骤❷ 中选择**曝光差民**选项，按下▲或▼方向键可以选择不同的曝光选项

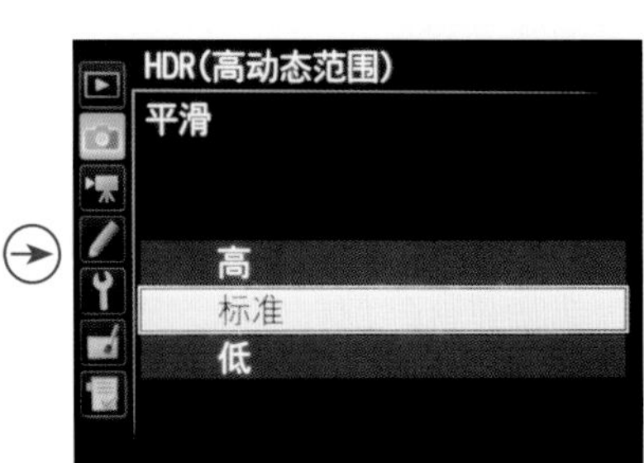

❺ 若在步骤❷ 中选择**平滑**选项，按下▲或▼方向键可以选择不同的强度选项

● HDR 模式：用于设置是否开启及是否连续多次拍摄 HDR 照片。选择“开启（一系列）”选项，将一直保持 HDR 模式的打开状态，直至拍摄者手动将其关闭为止；选择“开启（单张照片）”选项，将在拍摄完成一张 HDR 照片后，自动关闭此功能；选择“关闭”选项，将禁用 HDR 拍摄模式。

● 曝光差异：用于选择组合成一张 HDR 照片的两张照片之间的曝光差异。如果拍摄对象光线明暗对比度高，可以选择较大值。如果选择“自动”，则相机根据场景调整曝光差异。

● 平滑：选择用来组合成一张 HDR 照片的两张照片之间边缘的平滑程度。

Q：什么是 HDR 照片？

A：HDR 是英文 High-Dynamic Range 的缩写，意为“高动态范围”。在摄影中，高动态范围指的就是高宽容度，因此 HDR 照片就是具有高宽容度的照片。HDR 照片的典型特点是亮的地方非常亮、暗的地方非常暗，但无论是亮部还是暗部，都有很丰富的细节。使用普通的摄影手段无法拍摄出具有 HDR 特点的普通照片，但使用 Nikon D500 相机则能够拍摄出具有 HDR 特点的照片。

Q：什么是 Dynamic Range（动态范围）？

A：动态范围是指一个场景的最亮和最暗部分之间的相对比值。

利用多重曝光合成蒙太奇效果照片

Nikon D500 的多重曝光支持 2~10 张照片的融合，即分别拍摄 2~10 张照片，然后相机会自动将其融合在一起。“多重曝光”功能可以帮助我们轻易地实现蒙太奇式的图像合成效果。

在 Nikon D500 的“多重曝光”菜单中，可以对“多重曝光模式”“拍摄张数”“重叠模式”3 个选项进行设置。

设定步骤

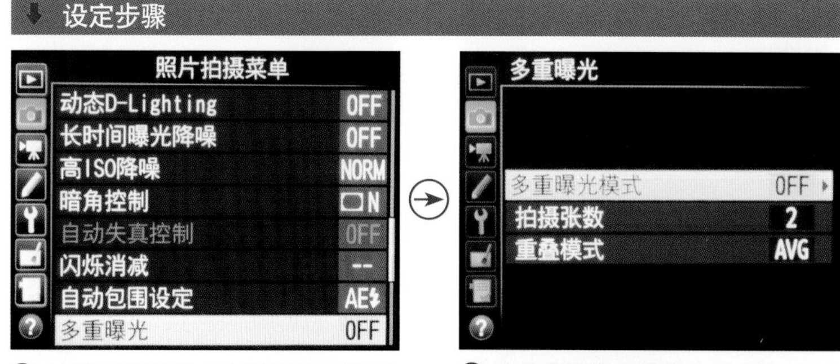

❶ 在**照片拍摄**菜单中选择**多重曝光**选项

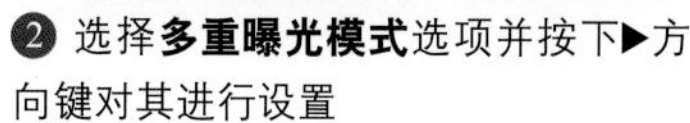

❷ 选择**多重曝光模式**选项并按下▶方向键对其进行设置

❸ 按下▲或▼方向键可选择是否开启此功能以及是否连续拍摄多组多重曝光照片

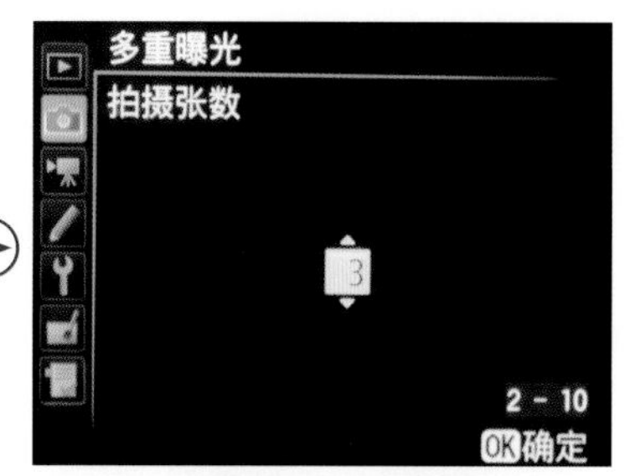

❹ 若在步骤❷中选择**拍摄张数**选项，按下▲或▼方向键可选择拍摄张数

❺ 若在步骤❷中选择**重叠模式**选项，按下▲或▼方向键选择一种重叠模式选项

- 多重曝光模式：选择“关闭”选项将关闭此功能；选择“开启（一系列）”选项，则连续拍摄多组多重曝光照片；选择“开启（单张照片）”选项，则拍摄完一组多重曝光图像后会自动关闭“多重曝光”功能。
- 拍摄张数：选择用于合成曝光的照片数量。数量越多，合成的画面越为丰富。
- 重叠模式：选择用来组合成一张多重曝光照片的叠加形式。选择“叠加”选项，则不作修改即合成曝光；选择“平均”选项，曝光合成前，每次曝光的增益补偿为 1 除以所记录的总拍摄张数（如拍摄数量为 2 时，每张照片的增益补偿为 1/2；拍摄数量为 3 时，增益补偿为 1/3，依此类推）；选择“亮化”选项，相机将比较每张照片中的像素，并使用最亮的像素；选择“暗化”选项，相机将比较每张照片的像素，并使用最暗的像素。

下面以拍摄多重曝光月亮为例，讲解实际的拍摄步骤。

❶ 将“多重曝光模式”设置为“开启（一系列）”或“开启（单张照片）”选项。

❷ 此次拍摄是将大月亮与广角的城市夜景合成多重曝光照片，因此将“拍摄张数”设置为2即可。

❸ 因为月亮较亮，因此需要保留月亮的亮部细节，所以将“重叠模式”设置为“亮化”选项。

❹ 设置完毕后，即可应用“多重曝光”功能。第1张照片可以用镜头的广角段拍摄全景，当然画面中不要出现月亮图像，但要为月亮图像留出一定的空白位置。

❺ 在拍摄第2张照片时，使用镜头的长焦端对月亮进行构图并拍摄，即可获得具有丰富细节的月亮画面。

第一次拍摄

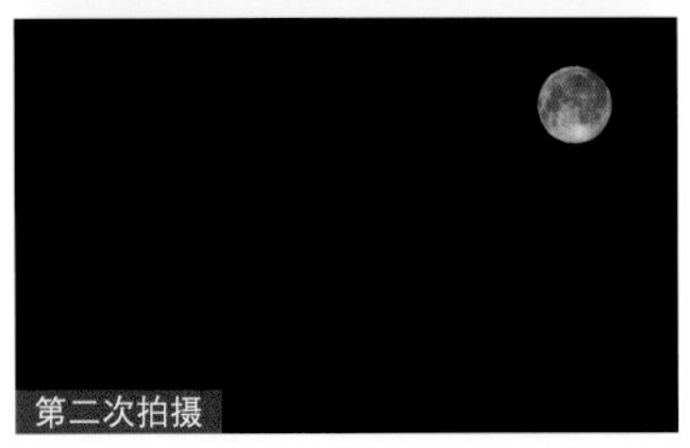
第二次拍摄

最终合成

▲ 第一次使用广角焦段拍摄大场景，第二次使用长焦焦段只对天空中的大月亮进行拍摄，但要控制月亮的大小，太大会显得不自然，而太小又失去了多重曝光的意义

高手点拨：在拍摄第2张照片时，时间要控制在30s以内完成，否则相机会自动取消第二次拍摄，而仅保存第一次拍摄的照片。

多重曝光技术除了可以给风景照片增加画龙点睛的一笔之外，还可以使人像和花卉照片更加柔美。拍摄时按右侧展示的三个步骤操作即可。

❶ 按照上一节的操作方法，使用三脚架固定好相机后，拍摄到第一张清晰的花卉照片

❷ 保证相机位置没有发生变化的情况下，拍摄第二张有点模糊的花卉照片（把相机调成手动对焦，旋转对焦环使花卉脱焦）

❸ 相机合成出来的柔美花卉照片

利用动态 D-Lighting 使画面细节更丰富

在拍摄光比较大的画面时容易丢失细节，当亮部过亮、暗部过暗或明暗反差较大时，启用“动态 D-Lighting”功能可以进行不同程度的校正。

例如，在直射明亮阳光下拍摄时，拍出的照片中容易出现较暗的阴影与较亮的高光区域，启用“动态 D-Lighting”功能，可以确保所拍摄照片中的高光和阴影的细节不会丢失，因为此功能会使照片的曝光稍欠一些，有助于防止照片的高光区域完全变白而显示不出任何细节，同时还能够避免因为曝光不足而使阴影区域中的细节丢失。

该功能与 3D 彩色矩阵测光模式Ⅲ一起使用时，效果最为明显。若选择了“自动”选项，相机将根据拍摄环境自动调整动态 D-Lighting。

设定步骤

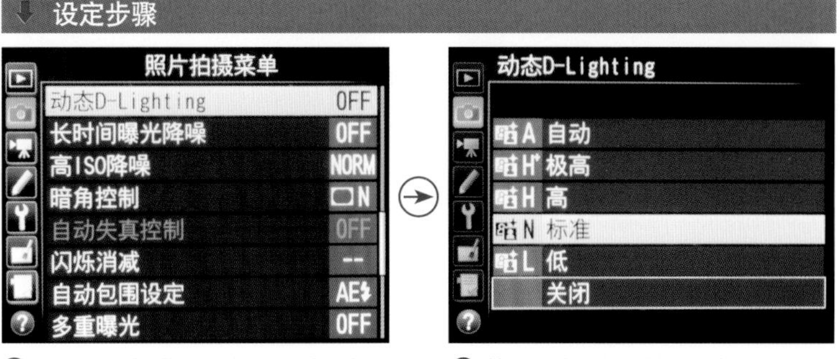

❶ 在**照片拍摄**菜单中选择**动态 D-Lighting** 选项

❷ 按下▲或▼方向键可选择不同的校正强度

▶ 可以看出，在选择不同选项的情况下，得到的照片效果还是有较大差别的，尤其在选择“极高”时，可大大提亮画面的暗部『焦距：55mm ┆ 光圈：F3.5 ┆ 快门速度：1/100s ┆ 感光度：ISO200』

Chapter 06 不可忽视的即时取景与视频拍摄功能

光学取景器拍摄与即时取景显示拍摄原理

数码单反相机有两种拍摄方式：一种是使用光学取景器拍摄的传统方法，另一种方式是使用即时取景显示模式进行拍摄。即时取景显示拍摄的最大变化是将显示屏作为取景器，而且还使实时面部优先自动对焦和通过手动进行精确对焦成为可能。

光学取景器拍摄原理

光学取景器拍摄是指摄影师通过数码相机上方的光学取景器观察景物进行拍摄的过程。

光学取景器拍摄的工作原理是：光线通过镜头射入机身内的反光镜上，然后反光镜把光线反射到五棱镜上，拍摄者通过五棱镜上反射出来的光线就可以直接查看被摄对象了。因为采用这种方式拍摄时，人眼看到的景物和相机看到的景物基本是一致的，所以误差较小。

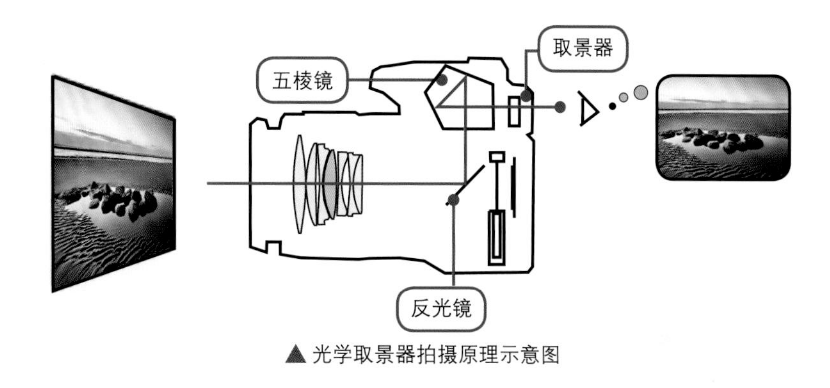

▲ 光学取景器拍摄原理示意图

即时取景显示拍摄原理

即时取景显示拍摄是指摄影师通过数码相机的显示屏观察景物进行拍摄的过程。

其工作原理是：当位于镜头和图像感应器之间的反光镜处于抬起状态时，光线通过镜头后，直接射向图像感应器，图像感应器把捕捉到的光线作为图像数据传送至显示屏，并且在显示屏上进行显示。在这种显示模式下，更有利于对各种设置进行调整和模拟曝光。

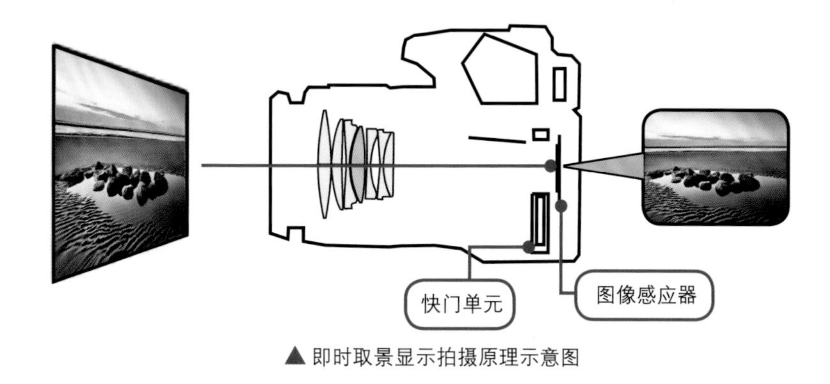

▲ 即时取景显示拍摄原理示意图

即时取景显示拍摄的特点

能够使用更大的屏幕进行观察

即时取景显示拍摄能够直接将显示屏作为取景器使用，由于显示屏的尺寸比光学取景器要大很多，所以能够显示视野率 100% 的清晰图像，从而更加方便观察被摄景物的细节。在拍摄时摄影师也不用再将眼睛紧贴着相机，构图将变得更加方便。

易于精确合焦以保证照片更清晰

由于即时取景显示拍摄可以将对焦点位置的图像放大，所以拍摄者在拍摄前就可以确定照片的对焦是否准确，从而保证拍摄后的照片更加清晰。

▶ 以昆虫的头部作为对焦点，对焦时放大观察昆虫的头部，从而拍摄出清晰的照片

具有实时面部优先模式的功能

即时取景显示拍摄具有实时面部优先模式的功能，当使用此模式拍摄时，相机能够自动检测画面中人物的面部，并且对人物的面部进行对焦，对焦时会显示对焦框。如果画面中的人物不止一个，就会出现多个对焦框，可以在这些对焦框中任意选择希望合焦的面部。

▶ 使用实时面部优先模式，能够轻松地拍摄出面部清晰的人像

能够对拍摄的图像进行曝光模拟

使用即时取景显示模式拍摄时，不但可以通过显示屏查看被摄景物，而且还能够在显示屏上反映出不同参数设置带来的明暗和色彩变化。例如，可以通过设置不同的白平衡模式并观察画面色彩的变化，然后从中选择出最合适的白平衡模式选项。这种所见即所得的白平衡选择方式，最适合入门级摄影爱好者，可以更加准确地选中要使用的白平衡。

▶ 在显示屏上进行白平衡的调节，画面的颜色也随之改变

即时取景显示拍摄相关参数查看与设置

使用 Nikon D500 的即时取景模式拍摄照片较为简单，首先，我们需要在确认打开相机的情况下，将即时取景选择器转至即时取景静态拍摄图标位置，然后按下 Lv 按钮即可。在设置适当的拍摄参数后，半按快门进行对焦，再完全按下快门即可拍摄得到静态的照片。

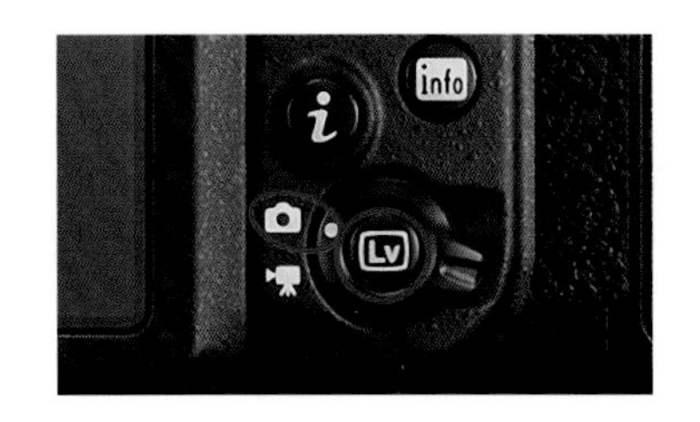

信息设置

在即时取景状态下，按下 info 按钮，将在屏幕中显示可以设置或查看的参数。

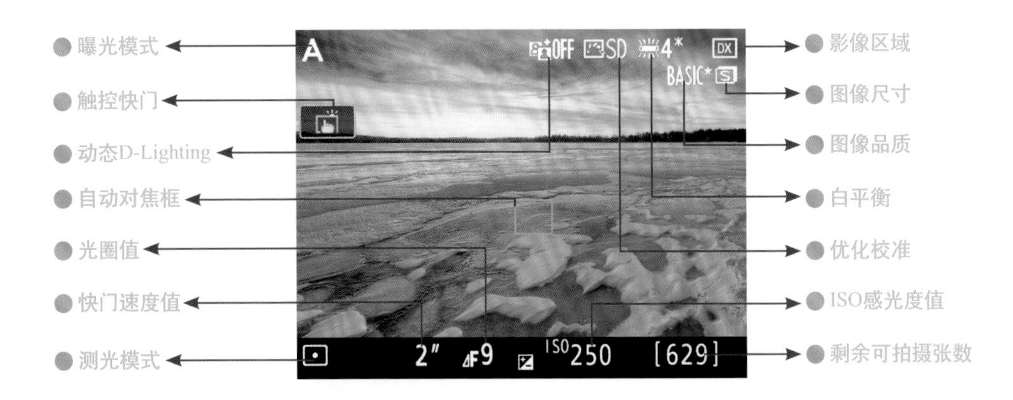

对于拍摄模式、光圈、快门速度等参数而言，与使用取景器拍摄照片时的设置方法基本相同，故此处不再进行详细讲解。

连续按下 info 按钮，可以在不同的信息显示内容之间进行切换，从而以不同的取景模式进行显示。

▲ 在信息显示开启模式下，可以显示大量拍摄参数

▲ 在信息显示关闭模式下，仅在显示屏的底部显示基本参数，其他参数均被隐藏

▲ 在构图参照模式下，可以显示一个4×4 的取景网格，以便于我们进行水平或垂直构图校正

▲ 在直方图模式下，可以显示亮度直方图，方便我们查看画面曝光情况（仅限于在按下OK 按钮预览曝光时有效）

▲ 在虚拟水平模式下，根据来自相机倾斜感应器的信息显示虚拟水平信息，以帮助我们判断相机是否处于水平状态

自动对焦模式

Nikon D500 在即时取景状态下提供了两种自动对焦模式，即 AF-S 单次伺服自动对焦模式和 AF-F 全时伺服自动对焦模式，分别用于静态或动态对象的实时拍摄。

对焦模式	功　能
AF-S 单次伺服自动对焦	此模式适用于拍摄静态对象，半按快门释放按钮可以锁定对焦
AF-F 全时伺服自动对焦	此模式适用于拍摄动态的对象，或相机在不断地移动、变换取景位置等情况，此时，相机将连续进行自动对焦。半按快门按钮可以锁定当前的对焦位置

操作方法
将对焦模式选择器旋转至 AF 位置，按下 AF 模式按钮并转动主指令拨盘即可在两种自动对焦模式之间切换

AF 区域模式

在即时取景状态下可选择以下 4 种 AF 区域模式。无论使用哪种区域模式，都可以使用多重选择器移动对焦点的位置。

AF 区域模式	功　能
脸部优先	相机自动侦测并对焦于面向相机的人物脸部，适用于人像拍摄。实测结果表明，该模式在对焦速度及成功率方面的性能还是非常高的
宽区域	适用于以手持方式拍摄风景和其他非人物对象
标准区域	此时的对焦点较小，适用于需要精确对焦画面中所选点的情况。使用该模式时推荐搭配使用三脚架
对象跟踪	可跟踪画面中移动的拍摄对象，将对焦点置于拍摄对象上并按下多重选择器中央按钮即可开始跟踪，对焦点将跟踪画面中移动的所选拍摄对象。要结束跟踪，再次按下多重选择器中央按钮即可

操作方法
将对焦模式选择器旋转至 AF 位置，按下 AF 模式按钮并转动副指令拨盘即可在各种对焦区域模式间切换

调整显示屏亮度

Nikon D500 可以在即时取景状态下调整显示屏的亮度，以便于进行取景和拍摄。

但要注意的是，此处调整的仅是显示屏的亮度，而非照片的曝光，在拍摄时要特别注意二者的区别，以免在曝光方面出现问题。

操作方法
按下 i 按钮，然后按下▲或▼方向键选择**显示屏亮度**选项，按下▶方向键后，按下▲或▼方向键调整显示屏的亮度，按下 OK 按钮保存

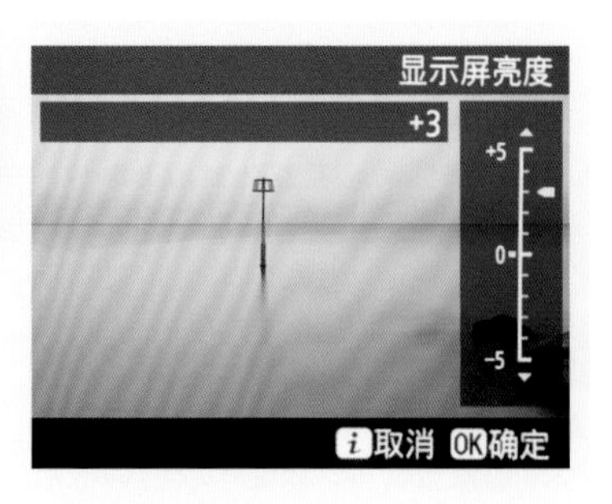

即时取景显示模式典型应用案例

微距摄影

对于微距摄影而言，清晰是评判照片是否成功的标准之一，微距花卉摄影也不例外。由于微距照片的景深都很浅，所以，在进行微距花卉摄影时，对焦是决定照片成功与否的关键因素。

为了保证焦点清晰，比较稳妥的对焦方法是把焦点位置的图像放大后，调整最终的合焦位置，然后释放快门。这种把焦点位置图像放大的方法，在使用即时取景显示模式拍摄时可以很轻易实现。

在即时取景显示模式下，只要按放大按钮🔍，即可将显示屏中的图像进行放大，以检查拍摄的照片是否准确合焦。

▲ 使用即时取景显示模式拍摄时显示屏的显示状态

▲ 按下放大按钮🔍后，显示屏右下角的方框中将出现导航窗口

▲ 继续按下放大按钮，显示屏中的图像会再次被放大，显示倍率最大可放大至 11 倍

商品摄影

商品摄影对图片质量的要求都非常高。照片中焦点的位置、清晰的范围以及画面的明暗都应该是摄影师认真考虑的，这些都需要经过耐心调试和准确控制来获得。使用即时取景显示模式拍摄时，拍摄前就可以预览拍摄完成后的结果，所以可以更好地控制照片的细节。

▲ 为了在照片中展现手表精细的制作工艺，以放大显示的方式，对其细节位置进行精细对焦

人像摄影

要拍出有神韵人像的秘诀是对焦于被摄者的眼睛，保证眼睛的位置在画面中是最清晰的。使用光学取景器拍摄时，由于对焦点较小，因此，如果拍摄的是全景人像，可能会由于模特的眼睛在画面中所占的面积较小，而造成对焦点偏移，最终导致画面中最清晰的位置不是眼睛，而是眉毛或眼袋等位置。

如果使用即时取景显示模式拍摄，则出错的概率要小许多，因为在拍摄时可以通过放大画面仔细观察对焦位置是否正确。

▲ 利用即时取景显示模式拍摄，可以将人物的眼睛拍得非常清晰『焦距：18mm ┆ 光圈：F2.8 ┆ 快门速度：1/400s ┆ 感光度：ISO100』

▲ 在拍摄人像时，人物的眼睛一般都会成为焦点，使用对焦放大功能可以确保焦点足够清晰

视频格式及硬件准备

Nikon D500 相机不但具有 4K 视频录制功能，而且也能够动态追焦，使被摄对象在画面中始终保持清晰状态。用数码单反相机拍摄微电影或广告，已经成为一种风潮或时尚。

视频格式

在讲解如何使用 Nikon D500 相机拍摄视频之前，有必要对视频的基本标准进行讲解，即标清、高清、全高清及 4K 分别是什么意思。标清、高清、全高清和 4K 的概念源于数字电视的工业标准，但随着使用摄像机、数码相机拍摄的视频逐渐增多，其渐渐已成为这两个行业的视频格式标准。

标清是指物理分辨率在 720P 以下的视频，分辨率在 400 线左右的 VCD、DVD、电视节目等均属于标清格式视频。

物理分辨率达到 720P 以上的视频则被称为高清视频，简称为 HD。高清视频的标准是垂直分辨率超过 720P 或 1080i，视频宽纵比为 16 ∶ 9。

所谓全高清（FULL HD），是指物理分辨率达到 1920×1080 的视频（包括 1080i 和 1080P），其中 i（interlace）是指隔行扫描，P（Progressive）是指逐行扫描，这两者在画面的精细度上有着很大的差别，1080P 的画质要胜过 1080i。

4K 的分辨分为两种，一种是针对高清电视使用的 QFHD 标准，分辨率为 3840× 2160，是全高清的四倍；还有一种是针对数字电影使用的 DCI 4K 标准，分辨率为 4096×2160，不过现在的民用级或针对广电领域的拍摄设备仅支持 3840× 2160。由于 4K 视频拥有超高分辨率，因而能比标准、高清或全高清视频获得更震撼的视觉感受。

拍摄短片的硬件准备

存储卡

短片拍摄占据的存储空间比较大，尤其是拍摄 4K 超高清短片时，更需要大容量、高存储速度的存储卡，至少应该使用实际读写速度在 45MB/s 或以上的存储卡，才能够进行正常的短片拍摄及回放，而且存储卡的容量越大越好。

脚架

与专业的摄像设备相比，使用数码单反相机拍摄短片时最容易出现的一个问题就是在手动变焦的时候容易引起画面的抖动，因此，一个坚固的三脚架是保证画面平稳不可或缺的器材。如果执著于使用相机拍摄短片，那么甚至可以购置一个质量好的视频控制架。

外置麦克风

为了获得最佳音质，应该尽量使用外置麦克风，这种麦克风可以安装在热靴上。

拍摄动画的基本流程

使用 Nikon D500 拍摄短片的操作比较简单，但其中的一些细节仍值得注意，下面列出了一个短片拍摄的基本流程，供用户在拍摄短片时参考。

❶ 在相机背面的右下方将即时取景选择器旋转至动画即时取景位置。

❷ 按下Lv按钮，反光板将弹起，镜头视野将出现在相机显示屏中，且已修改了曝光效果。此时，在取景器中将无法看见拍摄对象。

❸ 在拍摄动画前，可以通过手动对焦或自动对焦的方式先对主体进行对焦，并选择AF区域模式。

❹ 按下动画录制按钮，即可开始录制动画。

❺ 录制完成后，再次按下动画录制按钮即可结束录制。

▲ 将即时取景选择器旋转至动画即时取景位置

▲ 按下动画录制按钮开始录制动画

◀ 录制动画时，会在画面的左上角显示一个红色的圆点及 REC 标志

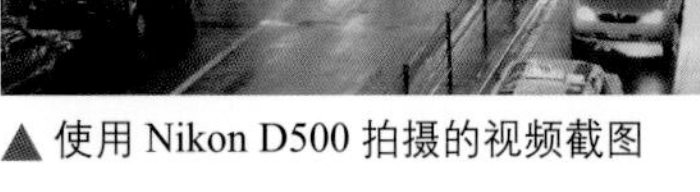

▲ 使用 Nikon D500 拍摄的视频截图

设置拍摄短片相关参数

画面尺寸 / 帧频

在“画面尺寸 / 帧频”菜单中可以选择短片的画面尺寸、帧频，选择不同的画面尺寸拍摄时，所获得的视频清晰度不同，占用的空间也不同。Nikon D500 支持的短片画面尺寸、帧频等相关参数见右表。

Nikon D500 是第一款支持录制 4K 视频拍摄的 DX 画幅单反相机，提供有、、三个录制选项，即分别可以录制 30P、25P、24P 的 3840×2160 尺寸高清 4K 视频。不过需要注意的是，4K 视频模式的裁切范围为 16.2mm×9.1mm，只截取传感器中央部分，所显示的焦距约为 DX 格式焦距的 1.5 倍。

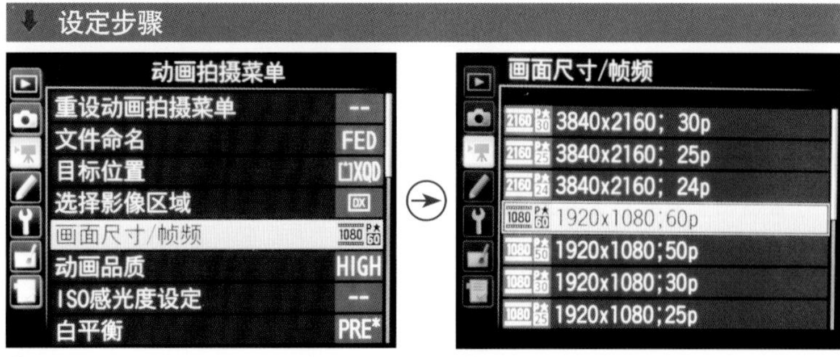

❶ 选择**动画拍摄菜单**中的**画面尺寸 / 帧频**选项

❷ 按下▲或▼方向键可选择不同的画面尺寸和帧频

选项	最大比特率（高品质/标准）	最大时间长度
3840×2160（4K UHD） 30P	144	29分钟59秒
3840×2160（4K UHD） 25P		
3840×2160（4K UHD） 24P		
1920×1080 60P	48/24	
1920×1080 50P		
1920×1080 30P	24/12	
1920×1080 25P		
1920×1080 24P		
1280×720 60P		
1280×720 50P		

选择动画的影像区域

在“选择影像区域”菜单中可以选择录制视频时的影像区域，根据所选择的选项不同，所录制视频的裁切区域也不同。

选择“DX”选项，那么当录制 1920×1080 或 1280×720 尺寸的视频时，动画裁切区域约为 23.5mm×13.3mm。

选择“1.3×”选项，那么当录制 1920×1080 或 1280×720 尺寸的视频时，动画裁切区域约为 18.0mm×10.1mm。所显示的焦距约为 DX 格式焦距的 1.3 倍。

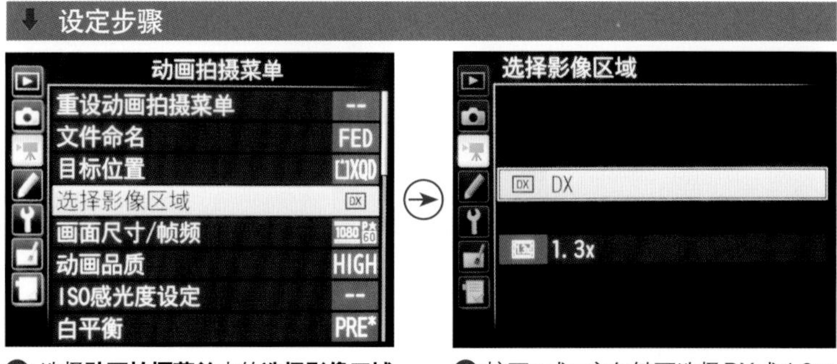

❶ 选择**动画拍摄菜单**中的**选择影像区域**选项

❷ 按下▲或▼方向键可选择 DX 或 1.3× 选项，然后按下 OK 按钮确认即可

设置麦克风灵敏度让声音更清晰

使用相机内置麦克风可录制单声道声音，通过将带有立体声的外接麦克风连接至相机，则可以录制立体声，然后配合“麦克风”菜单中的参数设置，可以实现多样化的录音控制。

- 自动灵敏度：选择此选项，则相机会自动调整灵敏度。
- 手动灵敏度：选择此选项，可以手动调节麦克风的灵敏度。
- 麦克风关闭：选择此选项，则关闭麦克风。

设定步骤

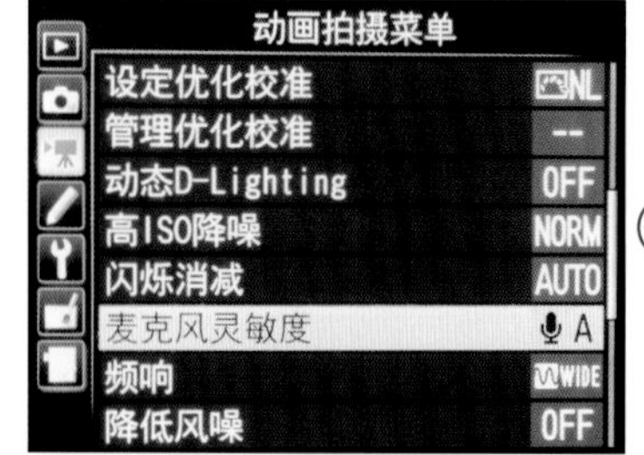

❶ 选择**动画拍摄菜单**中的**麦克风灵敏度**选项

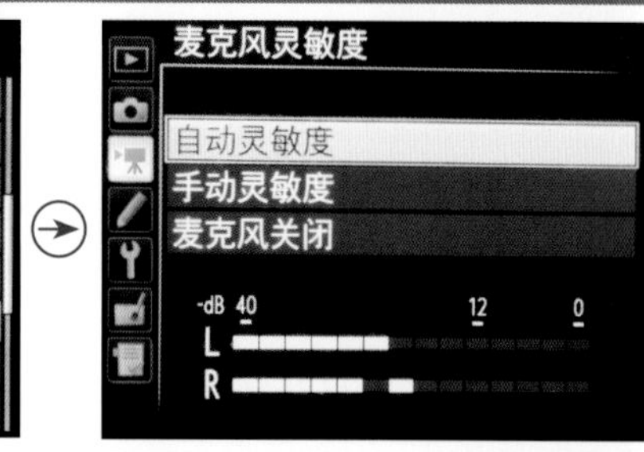

❷ 按下▲或▼方向键选择**自动灵敏度**选项，可由相机自动控制麦克风的录音灵敏度

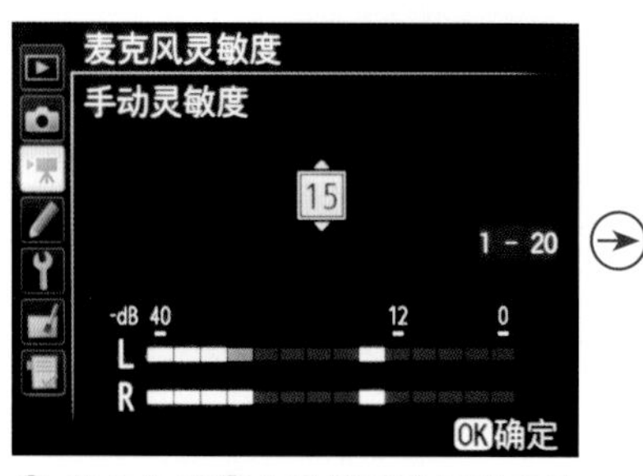

❸ 若在步骤❷中选择**手动灵敏度**选项，按下▲或▼方向键可以手工设置麦克风的录音灵敏度

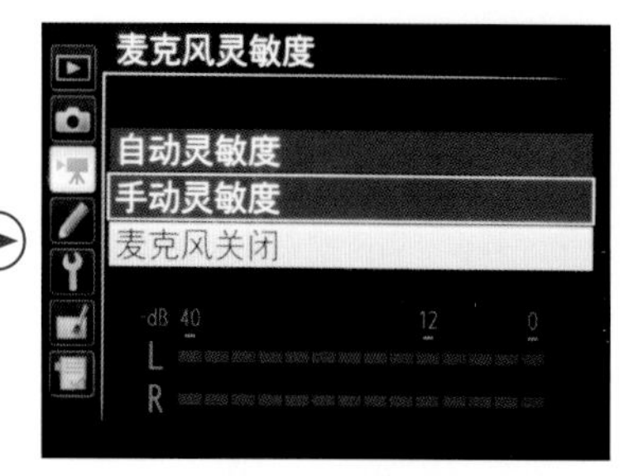

❹ 若在步骤❷中选择**麦克风关闭**选项，则禁止相机在拍摄动画时录制声音

动画品质

Nikon D500提供了“高品质”和“标准”两种动画品质，使用“高品质”和“标准”品质拍摄时，单个动画的最长录制时间均为29分59秒。当录制时间达到最长录制时间后，相机会自动停止摄像，这时最好让相机休息一会再开始下一次录像，以免相机感光元件过热而损坏相机。

设定步骤

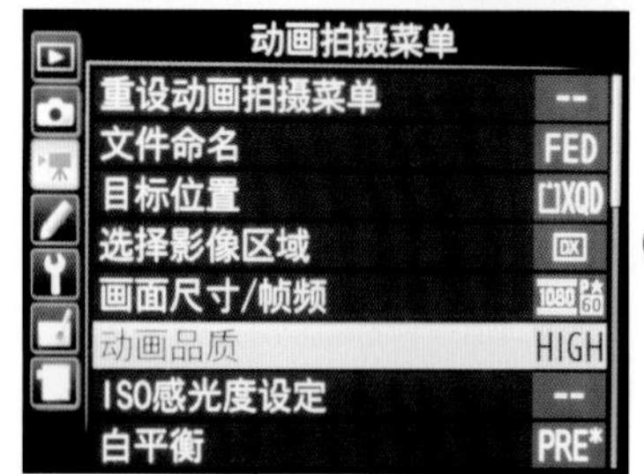

❶ 选择**动画拍摄菜单**中的**动画品质**选项

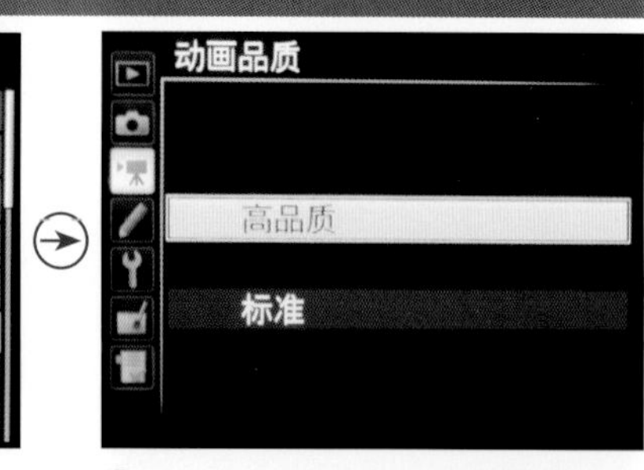

❷ 按下▲或▼方向键可选择**高品质**或**标准**选项，然后按下OK按钮确认即可

选择动画存储的位置

Nikon D500 提供了 XQD 卡插槽和 SD 卡插槽两个插槽。在拍摄视频时，可以在“目标位置”菜单中选择动画的存储位置，选择过程中相机会自动显示该卡的最长录制时间。

由于 XQD 卡具有数据写入速度快的优点，因此如果购买有 XQD 卡的摄影爱好者在录制视频时可以选择 XQD 插槽选项。

设定步骤

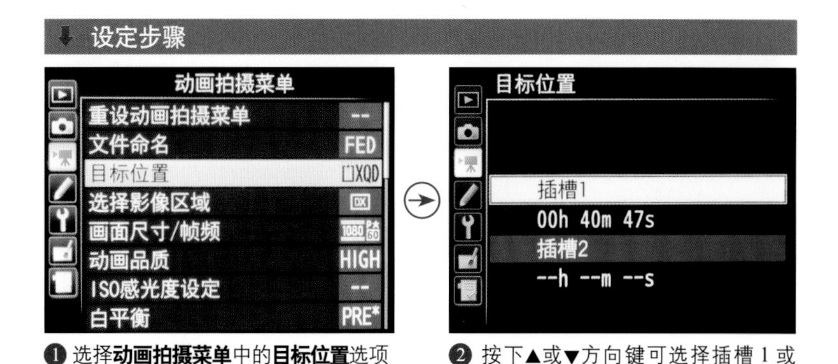

❶ 选择**动画拍摄菜单**中的**目标位置**选项

❷ 按下▲或▼方向键可选择插槽 1 或插槽 2 选项

高手点拨：在动画拍摄菜单中，还包括了一些与照片拍摄菜单相同的设置，故不再重述。

拍摄短片的注意事项

项　目	说　明
最长短片拍摄时间	拍摄高品质动画的最长时间为29分59秒，一次录制时间超过此限制时，拍摄将自动停止
单个文件大小	最大不能超过4G，否则拍摄将自动停止
选择拍摄模式	如在短片拍摄过程中切换拍摄模式，录制将被强制中断
对焦	在短片拍摄时，若使用AF-F全时伺服自动对焦模式，则可以实现连续自动对焦，但并非完全准确，因受环境的影响，有些时候可能出现无法连续自动对焦的情况
闪光灯	在拍摄短片时，无法使用外置闪光灯进行补光
录制短片时拍摄照片	如果在“g1：自定义控制功能”中，将“快门释放按钮”的功能选为拍摄照片。那么在录制短片的同时，可以完全按下快门进行照片拍摄。但在按下快门的同时，即退出短片拍摄模式，到此为止已录制的动画片段将被保存
锁定曝光/对焦	在拍摄短片时，可以按下副选择器的中央来锁定曝光。
重新对焦	在自动对焦模式下，按下AF-ON 按钮或轻触显示屏中的拍摄对象可使相机重新进行对焦
不要对着太阳拍摄	高亮度的太阳可能会导致感光元件的损坏
噪点	周围温度较高、长时间在即时取景状态下使用、长时间用于录制动画以及长时间在连拍模式下工作都容易产生噪点

Chapter 07
掌握Wi-Fi功能设定

使用 Wi-Fi 功能拍摄的三大优势

自拍时摆造型更自由

使用手机自拍时，虽然操作方便、快捷，但效果差强人意。而使用数码单反相机自拍时，虽然效果很好，但操作起来却很麻烦。通常在拍摄前要选好替代物，以便于相机锁定焦点，在自拍时还要准确地站立在替代物的位置，否则有可能导致焦点不实，更不用说还存在是否能捕捉到最灿烂笑容的问题。

但如果使用 Nikon D500 的 Wi-Fi 功能，则可以很好地解决这一问题。只要将智能手机注册到 Nikon D500 的 Wi-Fi 网络中，就可以将相机液晶显示屏中显示的影像，以直播的形式显示到手机屏幕上。这样在自拍时就能够很轻松地确认自己有没有站对位置、脸部是否是最漂亮的角度、笑容够不够灿烂等，通过手机检查后，就可以直接用手机控制快门进行拍摄。

在拍摄时，首先要用三脚架固定相机；然后再找到合适的背景，通过手机观察自己所站的位置是否合适，自由地摆出个人喜好的造型，并通过手中的智能手机确认姿势和构图；最后在远处通过手机控制释放快门完成拍摄。

▼ 使用Wi-Fi功能可以在较远的距离进行自拍，不用担心自拍延时时间不够用，又省去了来回奔跑看照片的麻烦，最方便的是可以有更充足的时间摆好姿势『焦距：70mm ¦ 光圈：F4 ¦ 快门速度：1/320s ¦ 感光度：ISO400』

在更舒适的环境中遥控拍摄

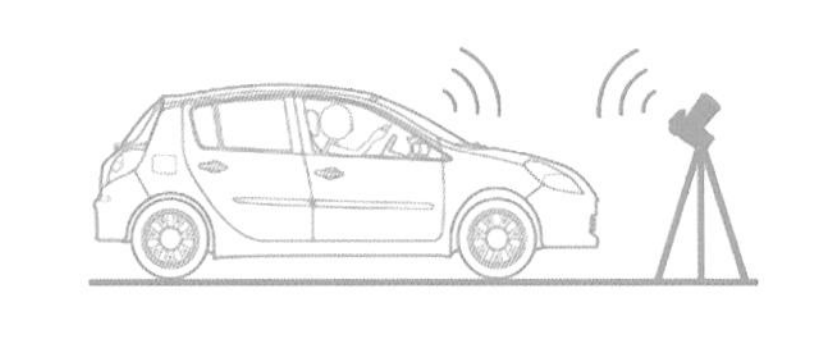

在野外拍摄星轨的摄友，大多都体验过刺骨的寒风和蚊虫的叮咬。这是由于拍摄星轨通常都需要长时间曝光，而且为了避免受到城市灯光的影响，拍摄地点通常选择在空旷的野外。因此，虽然拍摄的成果令人激动，但拍摄的过程的确是一种煎熬。

利用 Nikon D500 的 Wi-Fi 功能可以很好地解决这一问题。只要将智能手机注册到Nikon D500的Wi-Fi网络中，就可以在遮风避雨的拍摄场所，如汽车内、帐篷中，通过智能手机进行拍摄。

这一功能对于喜好天文和野生动物摄影的摄友而言，绝对值得尝试。

◀ 拍摄星轨题材最考验摄影师的耐心，使用 Wi-Fi 功能可以在帐篷中或汽车内边看手机边拍摄，拍摄方式更加方便、舒适『焦距：28mm ┊ 光圈：F8 ┊ 快门速度：2117s ┊ 感光度：ISO200』

以特别的角度轻松拍摄

虽然，Nikon D500 的液晶显示屏是可翻折屏幕，但如果以较低的角度拍摄时，仍然不是很方便，利用 Nikon D500 的 Wi-Fi 功能可以很好地解决这一问题。

当需要以非常低的角度拍摄时，可以在拍摄位置固定好相机，然后通过智能手机的实时显示画面查看图像并释放快门。即使在拍摄时需要将相机贴近地面进行拍摄，拍摄者也只需站在相机的旁边，通过手机控制就能够轻松、舒适地抓准时机进行拍摄。

除了采用非常低的角度外，当以一个非常高的角度进行拍摄时，也可以使用这种方法进行拍摄。

在智能手机上安装 SnapBridge

使用智能手机遥控 Nikon D500 时，不仅需要在智能手机中安装 SnapBridge（尼享）程序，还需要进行相应设置。

SnapBridge 可在尼康照相机与智能设备之间建立双向无线连接。可将使用照相机所拍的照片下载至智能设备，也可以在智能设备上显示照相机镜头视野从而遥控照相机。

SnapBridge 程序暂时只支持在安卓系统上使用（iOS 版于 2016 年 8 月份公布，具体信息请关注尼康官网）。用户可以从尼康官网或豌豆夹、91 手机助手等 APP 下载网站下载 SnapBridge 的安卓版本。

▲ SnapBridge 程序图标

连接 SnapBridge 软件前的相关菜单设置

Wi-Fi

在与智能手机连接前，可以在“Wi-Fi”菜单中查看当前设定。以便在连接时，能够准确地知道 Nikon D500 相机的 SSID 名称。

设定步骤

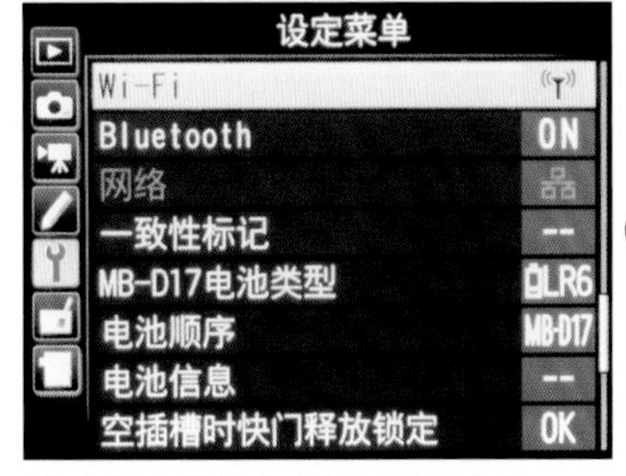

❶ 在**设定菜单**中选择 Wi-Fi 选项

❷ 选择**当前设定**选项，然后按下▶方向键

❸ 在此界面中，可以查看 SSID 名称和密码

发送至智能设备（自动）

若在此菜单中选择了“开启”选项，当相机与智能手机建立连接后，存储卡中的新照片将自动上传至智能手机。若相机当前未连接至智能手机，那么照片将被标记用于上传，并且在下次建立无线连接时自动进行上传。当不想让其自动传送照片时，选择“关闭”选项即可。

设定步骤

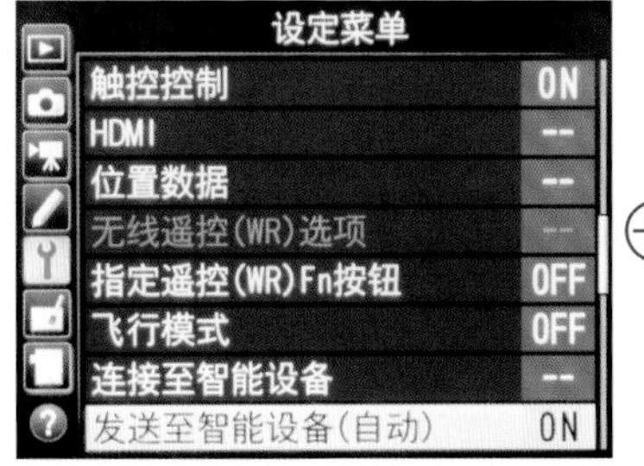

❶ 在**设定菜单**中选择**发送至智能设备（自动）**选项

❷ 按下▲或▼方向键选择**开启或关闭**选项

连接至智能设备

通过“连接至智能设备”菜单，用户可以设置是无密码直接与智能手机建立连接，还是使用密码与智能手机建立连接。当选择“开启”选项时，按照相机屏幕上的提示说明即可连接到智能手机；当选择“密码保护”选项时，用户可以设定用于智能设备连接的密码，以及选择开启或关闭密码保护。

SnapBridge 功能的最大好处就是可让他人在无线信号允许的范围内为交换数据自由地进行无线连接，但是若不启用安全性保护将可能会出现数据盗窃或未经授权的访问等情况出现。

设定步骤

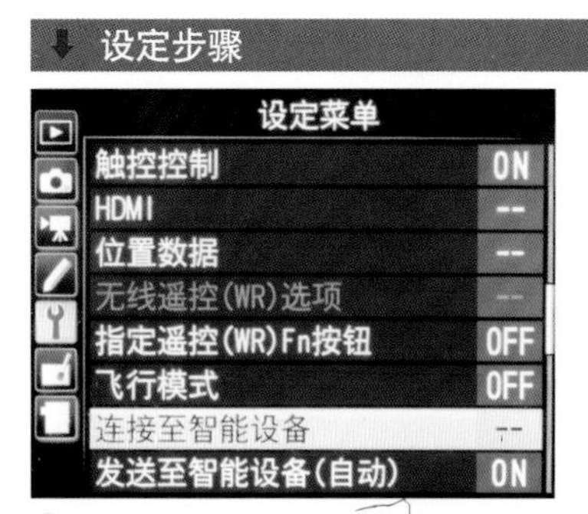

❶ 在**设定菜单**中选择**连接至智能设备**选项

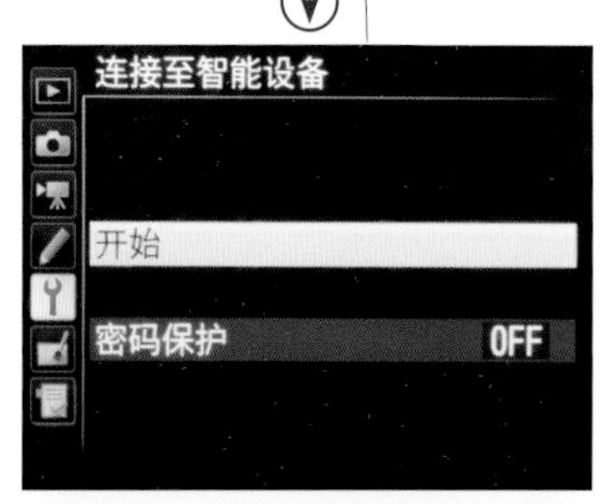

❷ 按下▲或▼方向键选择**开始或密码保护**选项

❸ 支持 NFC 的 Android 设备在确认开启 NFC 功能后，将相机 N 标记与智能设备上的 NFC 天线轻轻碰触以启动 SnapBridge 程序。不支持 NFC 功能的 iOS 及 Android 设备需按下 OK 按钮

❹ 打开手机的蓝牙、Wi-Fi 功能，启动 SnapBridge 应用程序，搜索名称为 D500_9001177 的相机进行配对

❺ 在手机的 SnapBridge 程序中，点击 D500_9001177 进行连接

❻ 当屏幕上显示蓝牙配对请求时，点击确定

❼ 同时，相机屏幕上也会显示验证信息，确定无误后按下 OK 按钮确定，相机将与智能设备成功连接

Bluetooth

当相机与手机蓝牙配对成功后，可以在“Bluetooth”菜单中设定相机与智能手机进行蓝牙连接的选项。包含“网络连接”“已配对设备”及“照相机关闭时发送”。

- 网络连接：选择此选项，可以选择启用或禁用蓝牙功能。
- 已配对设备：选择此选项，可以查看已配对设备。
- 照相机关闭时发送：选择“启用”选项，在自动上传照片功能开启时，即使相机关闭电源，仍将自动上传照片。选择“关闭”选项，可在相机关闭或待机定时器时间耗尽时暂停无线传送。

设定步骤

❶ 在**设定菜单**中选择 Bluetooth 选项

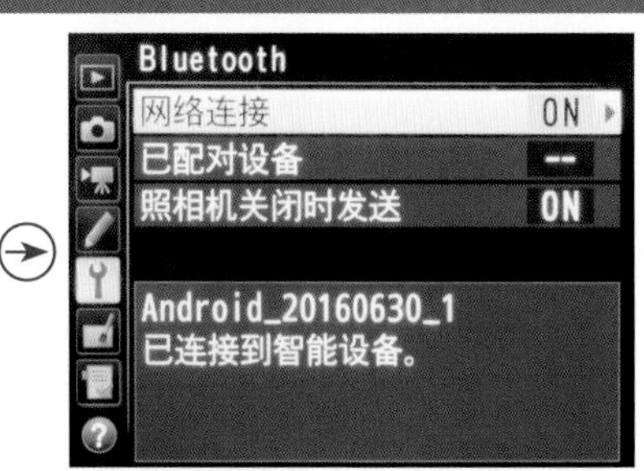

❷ 按下▲或▼方向键选择一个选项，然后按下▶方向键

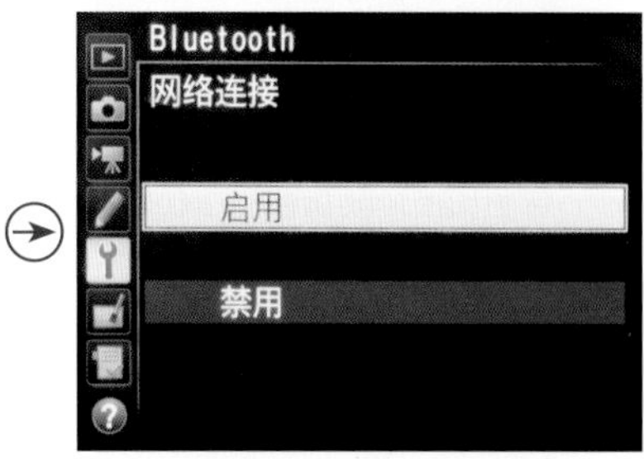

❸ 若在步骤❷中选择了**网络连接**选项，按下▲或▼方向键可选择**启用**或**禁用**

❹ 若在步骤❷中选择了**已配对设备**选项，可以查看已配对的设备

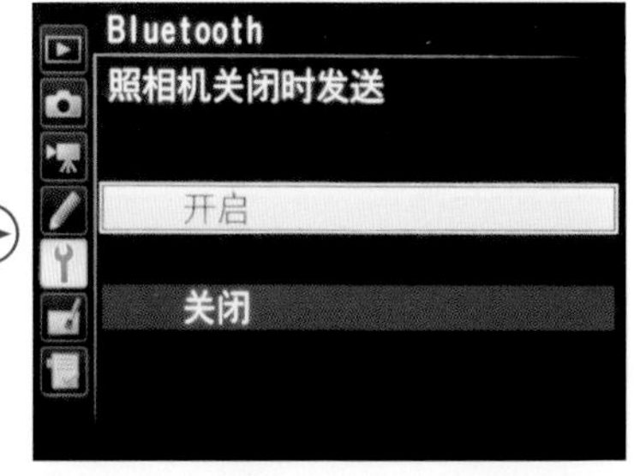

❺ 若在步骤❷ 中选择了**照相机关闭时发送**选项，按下▲或▼方向键可选择**开启**或**关闭**

SnapBridge 软件的相关设置

自动下载的设置

当开启相机的自动传输照片功能时，在SnapBridge软件中的“自动下载”页面中，可以设置是否启用自动下载、下载尺寸，以及是否自动上传到NIKON IMAGE SPACE云服务。

- 自动下载：启用此选项，可以自动下载相机传输到手机的照片。
- 2MP：选择此选项，则自动传输过来的照片下载到手机上，被压缩为200万像素，这样方便用户分享到微博、微信等。
- 原始尺寸：选择此选项，则下载相片的尺寸为相机设定的原始尺寸，不会压缩照片尺寸。
- 自动上传：如果启用此选项，则手机下载的照片将会自动传输到NIKON IMAGE SPACE云服务上。建议选择“关闭”选项。
- 仅当通过Wi-Fi连接时上传：如果启用此选项，那么只会在Wi-Fi连接时，才会自动上传相片到NIKON IMAGE SPACE云服务。这样可以避免因传输照片而耗费移动数据流量。

❶ 轻点**查看照片**按钮

❷ 在此可以选择照相机上的照片或手机上的照片进行查看

▼ 用于网络分享的照片就不用选择原始尺寸了，以免因文件太大，使得传输速度过慢『焦距：85mm ┆ 光圈：F3.2 ┆ 快门速度：1/320s ┆ 感光度：ISO160』

添加信用信息

在 SnapBridge 软件最右侧的“其他”页面下，用户可以通过“添加信用信息”菜单，自定义编辑格式，以便为以后遥控拍摄或相机传输过来的照片加上拍摄信息、注释、标志或拍摄日期。

下面以给照片添加“注释”为例，讲解一下设定步骤。

设定步骤

❶ 点击工具栏的其他图标，然后点击**添加信用信息**选项

❷ 将跳转到此页面，首先将**开启**设定为启用状态，点击**类型**选项，选择要添加的项目

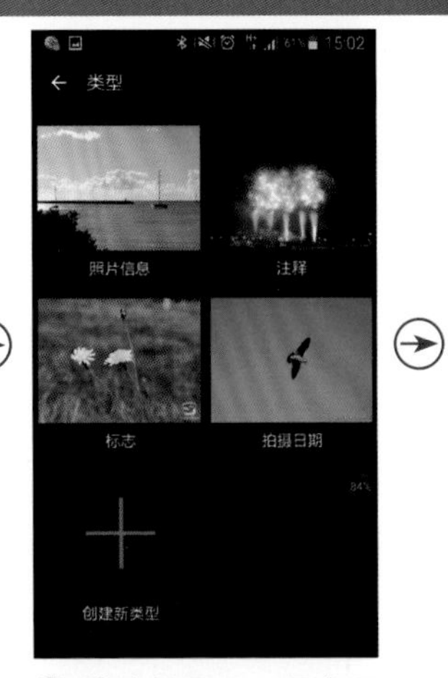

❸ 默认设置下，用户可以选择屏幕上的四种类型中的一种。也可以点击＋图标自定义创建新类型

❹ 选择了注释选项时，用户可以自定义输入说明文字或者摄影师的名字。然后点击**确定**选项

❺ 在这个页面可以预览应用效果，摄影师还可以选择注释在图片中的插入位置，确定无误后点击右上方的**应用**选项

▲ 实际应用效果

从相机中下载照片的操作步骤

如果将“发送至智能设备(自动)”菜单设置为“启用”，那么只要相机与智能设置处于持续连接处于有效状态，便会自动传输照片。

除了出于备份的考虑，而需要传输所有的照片，在其他情况下，其实并不需要传输所有的照片，如果只是想传几张到手机上看看或分享到网络，那么就可以在与相机的蓝牙、Wi-Fi 连接的情况下，按照下面的步骤进行操作。

设定步骤

❶ 点击红框所示的照相机图标，然后点击**下载所选照片**选项

❷ 在此界面中，可以选择所有照片或某一个文件夹

❸ 相机上的照片将以缩略图的形式显示

❹ 点住想要下载的照片约一秒左右，将会勾选照片，然后点击红框所示的图标

❺ 点击**下载所选照片**选项

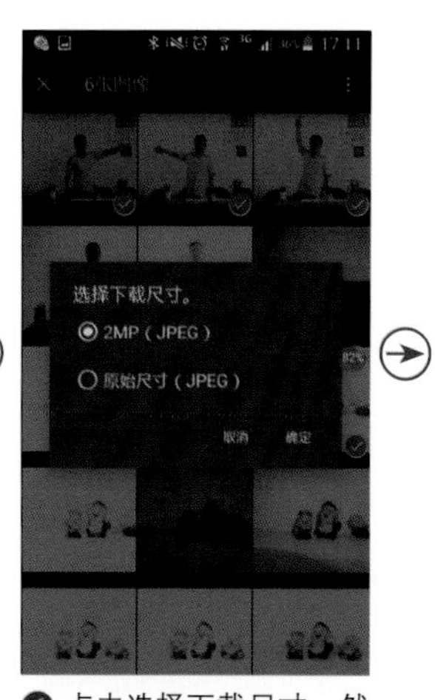

❻ 点击选择下载尺寸，然后点击确定

❼ 红框所在的位置将会显示下载进度

用智能手机进行遥控拍摄的操作步骤

将 Nikon D500 相机连接到手机后，还可以用来遥控拍摄静态照片，在连接有效的情况下，点击 SnapBridge 软件中照相机图标，然后点击遥控拍摄，即可在手机屏幕上显示图像。不过 SnapBridge 软件中的遥控拍摄界面比较简单，用户不可以在手机屏幕上改变快门速度、光圈、变焦等操作，因此在使用手机拍摄前，应在相机中调整好焦距、构图、曝光和对焦等。

设定步骤

❶ 点击红框所示的照相机图标，然后点击**遥控拍摄**选项

❷ 手机屏幕上将显示图像，查看取景是否合适，然后点击快门图标进行拍摄

❸ 拍摄完成后，照片缩略图会显示在下方

▶ 拍摄夜景时，在身边没有快门线的情况下，可以利用智能手机来遥控拍摄，这样就可以避免手指按下快门按钮时因相机震动而使画面模糊的情况『焦距：20mm ┆ 光圈：F11 ┆ 快门速度：10s ┆ 感光度：ISO200』

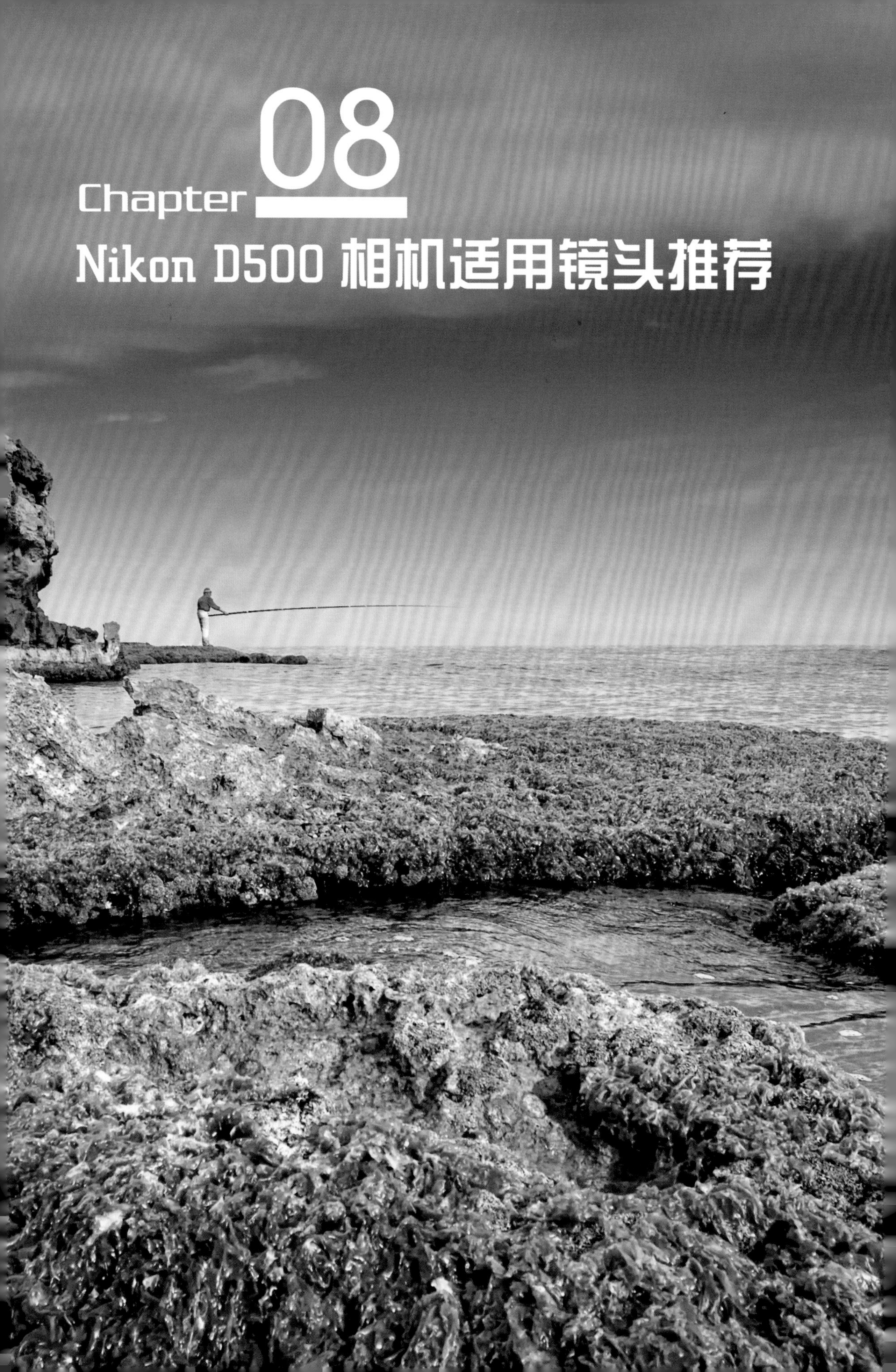

Chapter 08 Nikon D500 相机适用镜头推荐

AF 镜头名称解读

简单来说，AF 镜头即指可实现自动对焦的尼康镜头，也称为 AF 卡口镜头。AF 系列镜头上的数字和字母都有特定的含义，熟记这些数字和字母代表的含义，就能很快地了解一款镜头的性能。

AF-S 70-200mm F2.8 G IF ED VR Ⅱ

❶ AF-S　❷ 70-200mm　❸ F2.8　❹ G IF ED VR Ⅱ

❶ 镜头种类

AF

此标识表示适用于尼康相机的AF 卡口自动对焦镜头。早期的镜头产品中还有 Ai 这样的手动对焦镜头标识，目前已经很少看到了。

❷ 焦距

表示镜头焦距的数值。定焦镜头采用单一数值表示，变焦镜头分别标记焦距范围两端的数值。

❸ 最大光圈

表示镜头最大光圈的数值。定焦镜头采用单一数值表示，变焦镜头中光圈不随焦距变化而变化的采用单一数值表示，而光圈随焦距变化而变化的镜头，分别采用广角端和远摄端的最大光圈值表示。

❹ 镜头特性

D/G

带有 D 标识的镜头可以向机身传递距离信息，早期常用于配合闪光灯来实现更准确的闪光补偿，同时还支持尼康独家的 3D 彩色矩阵测光系统，在镜身上同时带有对焦环和光圈环。

G 型镜头与 D 型镜头的最大区别就在于，G 型镜头没有光圈环，同时，得益于镜头制造工艺的不断进步，G 型镜头拥有更高素质的镜片，因此在成像性能方面更有优势。

IF

IF 是 Internal Focusing 的缩写，指内对焦技术。此技术简化了镜头结构而使镜头的体积和重量都大幅度减小，甚至有的超远摄镜头也能手持拍摄，调焦也更快、更容易。另外，由于在对焦时前组镜片不会发生转动，因此在使用滤镜，尤其是有方向限制的偏振镜或渐变镜等时会非常便利。

ED

ED 为 Extra-low Dispersion 的缩写，指超低色散镜片。加入了这种镜片后，可以使镜头既拥有锐利的色彩效果，又可以降低色差及避免出现色散现象。

DX

印有 DX 字样的镜头，说明了该镜头是专为尼康 DX 画幅数码单反相机而设计，这种镜头在设计时就已经考虑了感光元件的画幅问题，并在成像、色散等方面进行了优化处理，可谓是量身打造的专属镜头类型。

VR

VR 即 Vibration Reduction，是尼康对于防抖技术的称谓，并已经在主流及高端镜头上得到了广泛的应用。在开启 VR 时，通常在低于安全快门速度 3~4 挡的情况下也能实现拍摄。

SWM（-S）

SWM 即 Silent Wave Motor 的缩写，代表该镜头装载了超声波马达，其特点是对焦速度快，可全时手动对焦且对焦安静，这甚至比相机本身提供的驱动马达更加强劲、好用。

在尼康镜头中，很少直接看到该缩写，通常表示为 AF-S，表示该镜头是带有超声波马达的镜头。

鱼眼（Fisheye）

表示对角线视角为 180°（全画幅时）的鱼眼镜头。之所以称之为鱼眼，是因为其特性接近于鱼从水中看陆地的视野。

Micro

表示这是一款微距镜头。通常将最大放大倍率在 0.5 至 1 倍（等倍）范围内的镜头称为微距镜头。

ASP

ASP 为 Aspherical lens elements 的缩写，指非球面镜片组件。使用这种镜片的镜头，即使在使用最大光圈时，仍能获得较佳的成像质量。

Ⅱ、Ⅲ

镜头基本上采用相同的光学结构，仅在细节上有微小差异时添加该标记。Ⅱ、Ⅲ表示是同一光学结构镜头的第 2 代和第 3 代。

镜头焦距与视角的关系

每款镜头都有其固有的焦距，焦距不同，即代表了不同的拍摄视角，相应的拍摄范围也会有很大的变化，而且不同焦距下的透视、景深等特性也会有很大的区别。

例如，采用14mm焦距的广角镜头拍摄时，其视角能够达到114°；而如果使用200mm焦距的长焦镜头拍摄时，其视角只有12° 。采用不同焦距拍摄时，对应获得的视角如下图所示。由于不同焦距镜头的视角不同，因此，不同焦距镜头适用的拍摄题材也不一样，比如焦距短、视角宽的镜头常用于拍摄风光；而焦距长、视角窄的镜头常用于拍摄体育比赛、鸟类等题材。

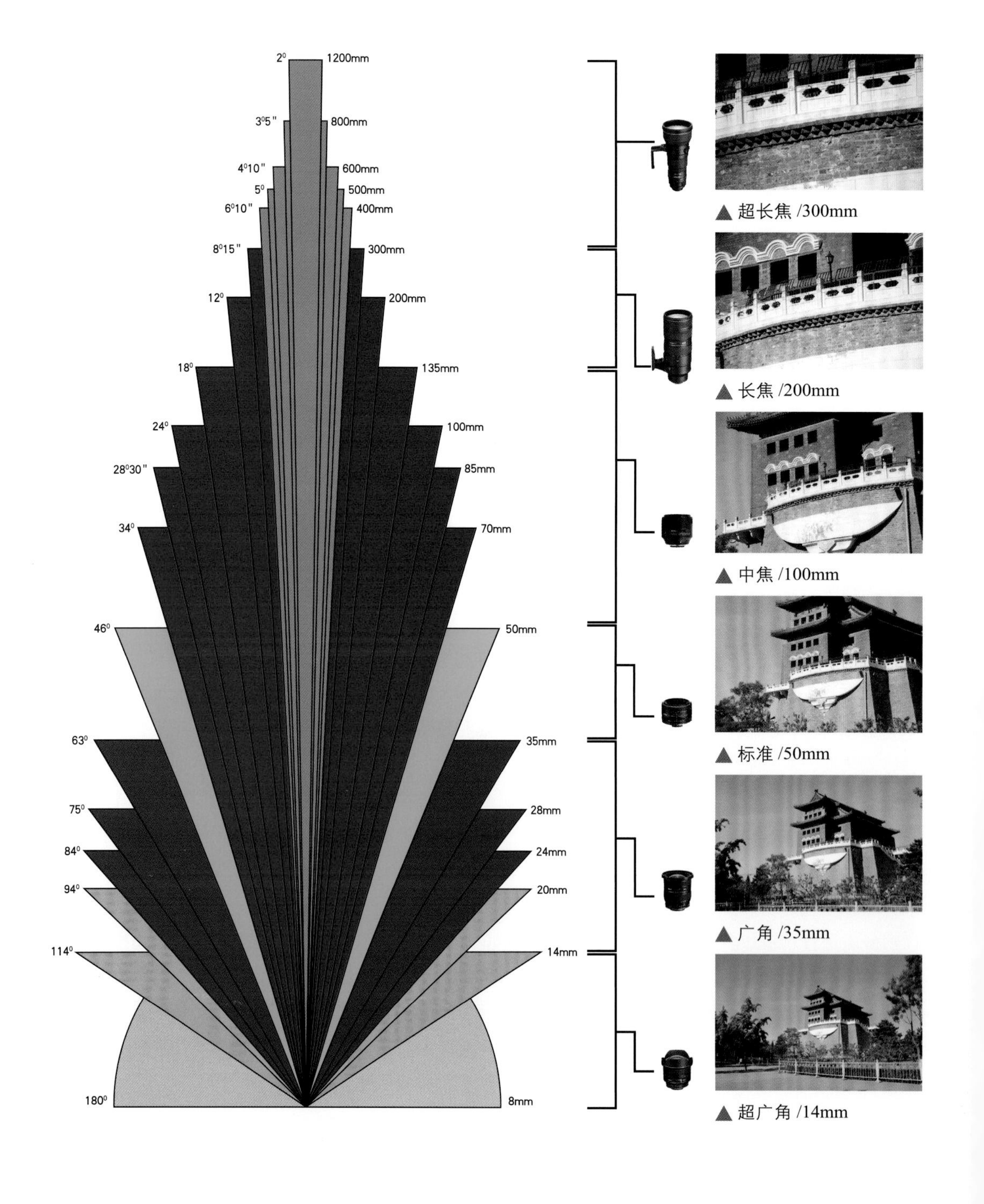

▲ 超长焦 /300mm

▲ 长焦 /200mm

▲ 中焦 /100mm

▲ 标准 /50mm

▲ 广角 /35mm

▲ 超广角 /14mm

理解焦距转换系数

Nikon D500 相机使用的是 DX 画幅的 CMOS 感光元件（23.5mm×15.6mm），由于其尺寸要比全画幅的感光元件（36mm×24mm）要小，因此其视角也会变小（即焦距变长）。但为了与全画幅相机的焦距数值统一，也为了便于描述，一般通过换算的方式得到一个等效焦距，其中尼康 DX 画幅相机的焦距换算系数为 1.5。

因此，在使用同一支镜头的情况下，如果将其装在全画幅相机上，其焦距为 100mm；那么将其装在 Nikon D500 相机上时，其焦距就变为了 150mm，用公式表示为：DX 等效焦距＝镜头实际焦距 × 转换系数（1.5）。

Q：为什么画幅越大视野越宽？

A：常见的相机画幅有中画幅、全画幅（即 135 画幅）、DX 画幅、4/3 画幅等。画幅尺寸越大，纳入的画面也就越多，所呈现出来的视野也就显得越宽广。

在右侧的示例图中，展示了 50mm 焦距画面在 4 种常见画幅上的视觉效果。拍摄时相机所在的位置不变，由照片可以看出，画幅越大所拍摄到的画面越多，50mm 在中画幅相机上显示的效果就如同是广角镜头拍摄，在 135 画幅相机上是标准镜头，在 DX 画幅相机上就成为中焦镜头，在 4/3 相机上就算长焦镜头。因此，在其他条件不变的前提下，画幅越大画面视野越宽广，画幅越小画面视野越狭窄。

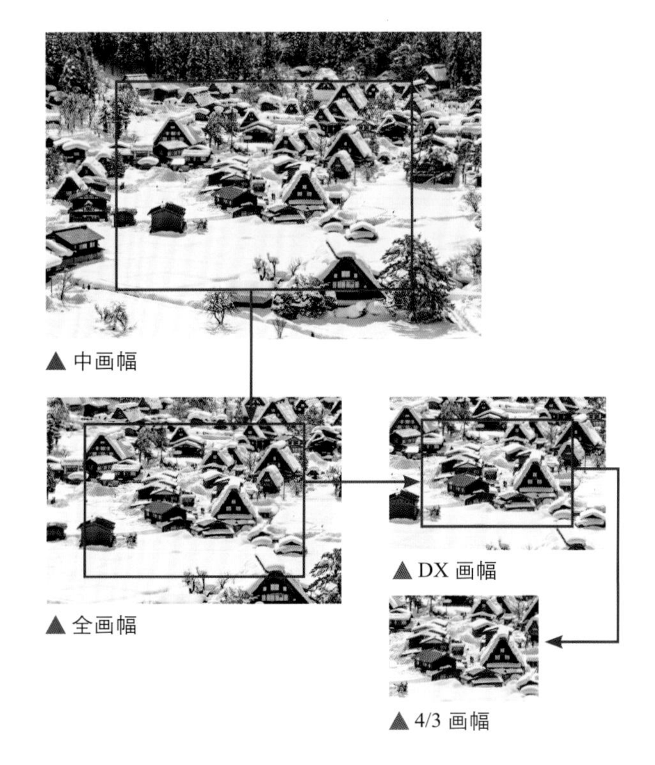

▲ 中画幅

▲ 全画幅

▲ DX 画幅

▲ 4/3 画幅

镜头选购相对论

选购原厂还是副厂镜头

原厂镜头自然是指尼康公司生产的F卡口镜头，由于是同一厂商开发的产品，因此更能够充分发挥相机与镜头的性能，在镜头的分辨率、畸变控制以及质量等方面都是出类拔萃的，但其价格不够平民化。

相对原厂镜头高昂的售价，副厂（第三方厂商）镜头似乎拥有更高的性价比，其中比较知名的品牌有腾龙、适马、图丽等。以腾龙28-75mm F2.8镜头为例，在拥有不逊于原厂同焦段镜头AF-S 尼克尔 24-70mm F2.8 G ED画面质量的情况下，其售价大约只有原厂镜头的1/3，因而得到了很多用户的青睐。

当然，副厂镜头也有其不可回避的缺点，比如镜头的机械性能、畸变及色散等方面都存在一定的问题，作为一款中端DX画幅数码单反相机，为Nikon D500配备一支副厂镜头似乎有点“掉价”，但若真是囊中羞涩的话，却也不失为一个不错的选择。

定焦与变焦镜头

定焦镜头的焦距不可调节，它具有光学结构简单、最大光圈很大、成像质量优异等特点，在相同焦段的情况下，定焦镜头往往可以和价值数万元的专业镜头媲美。其缺点是由于焦距不可调节，机动性较差，不利于拍摄时进行灵活的构图。

变焦镜头的焦距可在一定范围内变化，其光学结构复杂、镜片数量较多，使得它的生产成本很高，少数恒定大光圈、成像质量优异的变焦镜头的价格昂贵，通常在万元以上。变焦镜头最大光圈较小，能够达到恒定F2.8光圈就已经是顶级镜头了，当然在售价上也是“顶级”的。

变焦镜头的存在，解决了我们为拍摄不同的景别和环境时走来走去的难题，虽然在成像质量以及最大光圈上与定焦镜头相比有所不及，但那只是相对而言，在环境比较苛刻的情况下，变焦镜头确实能为我们提供更大的便利。

▶AF-S 尼克尔 70-200mm F2.8 G ED VR Ⅱ

▲在这组照片中，摄影师只是在较小的范围内移动，就拍摄到了完全不同景别和环境的照片，这都得益于变焦镜头带来的便利

标准镜头推荐

AF-S 尼克尔 50mm F1.4 G

这款镜头的前身是 AF-S 尼克尔 50mm F1.4 D，新的 50mm F1.4 G 镜头在光学结构上采用了全新的设计，镜片结构由原来的 6 组 7 片变为现在的 7 组 8 片，多达 9 片的圆形光圈叶片能够保证创造出优美的焦外成像效果，即得到的焦外成像效果更加柔和，而且得到的虚化部分可以形成非常唯美的圆形。

需要注意的是，这款新镜头并不带有尼康最新的纳米镀膜技术，甚至连尼康一向广泛使用的超低色散镜片也没有，因此在色散方面的表现较为一般。

镜片结构	7 组 8 片
光圈叶片数	9
最大光圈	F1.4
最小光圈	F16
最近对焦距离（cm）	45
最大放大倍率	1 ：7
滤镜尺寸（mm）	58
规格（mm）	73.5×54
质量（g）	280

『焦距：50mm ┊ 光圈：F1.8 ┊ 快门速度：1/640s ┊ 感光度：ISO100』

AF-S 尼克尔 24-70mm F2.8 G ED

这款镜头是尼康“大三元”系列镜头之一，对 Nikon D500 这款 DX 画幅相机来说，刚好作为标准镜头使用，变焦镜头的高机动性、F2.8 大光圈，以及镜皇的品质保证，使得该镜头确实是一款非常难得的镜头。当然，其近 1.3 万的售价，也让很多摄影爱好者感到“难得”。

这款镜头的用料极为扎实，3 片 ED 超低色散镜片、3 片非球面镜片和 1 个纳米结晶涂层，除了防抖技术之外，几乎涵盖了尼康公司所有的先进技术，在减少色散、重影、逆光时的光晕以及提高成像质量等方面都能提供极大的帮助。9 片光圈叶片配合 F2.8 大光圈，在拍摄人像时能够获得极为柔美的虚化效果，而且在色彩表现方面也非常出色。其搭载的超声波马达系统，可以实现安静、快速、准确的对焦操作。

另外，此镜头在变焦时，前端镜片组会产生伸缩变化，焦距为 70mm 时镜筒最短，反之，焦距为 24mm 时镜筒最长，这也是与其他镜头不一样的地方。在手持拍摄时，摄影者可通过感受镜身的长短变化，来大致判断当前的拍摄焦距。美中不足的是，这款镜头并没有加入防抖功能，这也是被很多摄友诟病的一点。同时，由于用料十足，因此其重量达到了 900g，在便携性上略差了一些。但只要能拍出好的摄影作品，累一点也无妨。

镜片结构	11 组 15 片
光圈叶片数	9
最大光圈	F2.8
最小光圈	F22
最近对焦距离（cm）	38
最大放大倍率	1 ： 3.7
滤镜尺寸（mm）	77
规格（mm）	83× 133
质量（g）	900

『焦距：38mm ┆ 光圈：F7.1 ┆ 快门速度：5s ┆ 感光度：ISO100』

中焦镜头推荐

AF 尼克尔 85mm F1.8 G

作为老一代 D 型镜头的升级产品，85mm F1.8 G 在镜片结构方面采用了全新的 9 片 9 组设计，而且新加入了宁静超声波马达，因此在拍摄时不仅对焦快速、准确，而且声音极小。

由于此款镜头采用塑料镜身设计，使其净重量仅为 350g，因此便携性得到了极大的提升。但这款镜头的卡口是金属的，因此关键部位的坚固程度还是能够令人放心的。

此款镜头的最大光圈为 F1.8，即使使用大光圈进行拍摄，照片仍然能够拥有惊人的锐度。如果将光圈缩小到 F5.6 时，可以达到这款镜头分辨率的峰值，与 Nikon D500 相机搭配使用，能够充分发挥此镜头分辨率较高的特点。

整体来看，这款镜头的焦外柔滑过渡能力不错，适当收缩光圈到 F2.8 以后，画面中心的锐度上升明显，且其焦外的散焦表现令人满意，因此焦内、焦外能够达到很好的平衡。

因此，作为一款售价 3500 余元的中长焦定焦镜头，尼克尔 AF-S 85mm F1.8 G 镜头具有较高的性价比，如果希望拥有一款高素质人像镜头的话，这款镜头值得考虑。

镜片结构	9 组 9 片
光圈叶片数	9
最大光圈	F1.8
最小光圈	F16
最近对焦距离（cm）	57
最大放大倍率	1 ：9.2
滤镜尺寸（mm）	62
规格（mm）	71.5×58.5
质量（g）	380

『焦距：85mm ┆ 光圈：F2.8 ┆ 快门速度：1/800s ┆ 感光度：ISO100』

AF 尼克尔 85mm F1.4 D IF & AF-S 尼克尔 85mm F1.4 G

镜片结构	8 组 9 片 / 9 组 10 片（含纳米结晶涂层）
光圈叶片数	9
最大光圈	F1.4
最小光圈	F16
最近对焦距离（cm）	85
最大放大倍率	1 ∶ 8.8
滤镜尺寸（mm）	77
规格（mm）	80×72.5/86.5×84
质量（g）	550/595

这两款镜头虽然均在市场上有售，但发布时间与性能并不相同，即前者是后者的早期版本。首先介绍一下价廉物美的尼康 AF 尼克尔 85mm F1.4 D IF 镜头，通过其机身上标识的 D 字母就可以知道，这款镜头在尼康镜头家族中至少存在了 15 年之久。在镜身的做工上，虽然外表是塑料的，但其内部仍然是金属材质，因此在坚固及密封性能上不必担心。

这款镜头的镜片结构及光圈叶片数不仅能够保证获得较高的成像质量，而且还能在照片中形成非常柔美的焦外虚化效果，但在使用最大光圈拍摄时，要注意其跑焦的问题，这几乎是所有大光圈定焦镜头的通病，如果切换至手动对焦模式，那么其对焦的准确度会增加。

而作为升级版的 AF-S 尼克尔 85mm F1.4 G 镜头，镜身明显增大了一圈，而且其色彩表现也更加浓郁，这一点与 D 型镜头的清亮色彩有所不同。另外，G 型镜头针对数码单反相机进行了优化，因此画面层次的表现更为出色；而 D 型镜头则在反差方面更优秀。至于选择哪款镜头，应根据个人的喜好和需求确定。

『焦距：85mm ┊ 光圈：F1.4 ┊ 快门速度：1/640s ┊ 感光度：ISO100』

长焦镜头推荐

AF-S 尼克尔 200mm F2 G ED VR Ⅱ

提到长焦镜头，很多人会想到最大光圈 F2.8，尼康的这款 200mm 长焦镜头就打破了这样一个极限，做到了 F2 的超大光圈。实际上，早在 1977 年，尼康就已经推了 Ai 版本的 200mm F2 镜头，并采用了 ED 超低色散镜片及 IF 内对焦设计，这在当时来说已经是极为先进的技术了。直至 12 年后，佳能才推出了与之相抗衡的 200mm F2 镜头。

这款镜头是 2010 年升级的最新版本，采用了新的 9 组 13 片结构，在光学素质上，在 F2 最大光圈下也能得到不错的成像质量，当收缩到 F5.6 以后更是锐不可当！

作为一款拥有超大光圈的定焦长焦镜头，其 4 万多元的售价确实远非一般用户能够接受的，但其出色的画面表现能力及超大光圈的配置，足以让很多人心动，至于如何选择，还是要由自己的钱包决定。

镜片结构	9 组 13 片
光圈叶片数	9
最大光圈	F2
最小光圈	F22
最近对焦距离（cm）	190
最大放大倍率	1 ∶ 8.1
滤镜尺寸（mm）	52
规格（mm）	124×203
质量（g）	2930

『焦距：200mm ┊ 光圈：F4 ┊ 快门速度：1/1000s ┊ 感光度：ISO400』

AF-S 尼克尔 70-200mm F2.8 G ED VR Ⅱ

这款镜头被称为“小竹炮”二代，其秉承了前作的精湛做工，用料扎实，手感上乘。这款镜头在设计上也采用了尼康顶级的技术：内对焦和内变焦设计，全程不变的镜身长度让用户在使用过程中有着极佳的感受，与其优异性能相对应的是，这款镜头的售价也超过了 1.6 万元。

在成像方面，“小竹炮”二代更是不负众望，全焦段各光圈下的解像力和锐度都有全面的提高，而且拥有更加真实自然的色彩、柔和的焦外虚化、锐利的焦点成像、超低色散，中心和边缘的像差也有所减小。该镜头作为该焦段的顶级产品，加入了尼康目前所有的新技术，其中包括使用了多达 7 片超低色散镜片、纳米结晶涂层、为相机震动提供相当于提高 4 挡快门速度补偿的尼康减震系统（VR Ⅱ），以及超声波马达（SWM）。因此，可以说“小竹炮”二代在性能上较前代有了较大提升。

如果觉得价钱太贵，也可以选择 AF-S 尼克尔 VR 70-300mm F4.5-5.6 G IF-ED，或 AF-S 尼克尔 70-200mm F2.8 G ED VR，即一代产品。

镜片结构	16 组 21 片
光圈叶片数	9
最大光圈	F2.8
最小光圈	F22
最近对焦距离（cm）	140
最大放大倍率	1 ： 8.3
滤镜尺寸（mm）	77
规格（mm）	87×205.5
质量（g）	1530

『焦距：135mm ┆ 光圈：F2.8 ┆ 快门速度：1/6400s ┆ 感光度：ISO100』

广角镜头推荐

AF 尼克尔 14mm F2.8 D ED

这款超广角镜头发布于2000年7月，外形非常完美、扎实，金属外壳搭配代表顶级镜头的金环，配合F2.8的大光圈，给人一种很专业的感觉。

作为一款定焦镜头，当然具有极为强大的成像能力，同时在畸变的控制上也非一般变焦超广角镜头所能比拟，因而也成为“珍宝”级的镜头。

在成像质量上，画面中心的成像明显要好于边缘位置，直到F5.6以后，画面中心与边缘的成像质量才相差不大。如果仅考虑画面中心的成像质量，可以使用F4的光圈拍摄；如果考虑整体画面的成像质量，则推荐使用F8的光圈拍摄。

至于画面的暗角，在使用F2.8时会出现明显的暗角，收缩至F4后能减轻至可以接受的范围。

镜片结构	12组14片
光圈叶片数	7
最大光圈	F2.8
最小光圈	F22
最近对焦距离（cm）	20
最大放大倍率	1 ： 6.7
滤镜尺寸（mm）	后置型
规格（mm）	87×86.5
质量（g）	670

『焦距：14mm ┊ 光圈：F5.6 ┊ 快门速度：1/250s ┊ 感光度：ISO200』

AF-S 尼克尔 14-24mm F2.8 G ED

尼康 AF-S 尼克尔 14-24mm F2.8 G ED 具有优良的成像解析力，从官方资料上看，该镜头采用了两片超低色散镜片、3 片非球面镜片，搭载在全画幅机身上，能够实现真正的超广角拍摄。作为一款定位于专业人士的高端镜头，这款镜头豪华的用料、扎实的做工以及出色的性能让很多玩家爱不释手。

虽然价格昂贵，但是该镜头的性能确实是不可否认的，安装在尼康自家的 Nikon D500 旗舰级 DX 画幅数码相机上，可以实现 21mm 的广角拍摄，绝对是风光摄影的理想选择。此镜头最靠前的镜片呈现夸张的球形，采用了尼康独有的 NC 纳米结晶镀膜技术，因而能够有效降低内反射、像差等。

该镜头在各焦段的成像质量都相当不俗，无愧于“镜皇”的称号，虽然 14mm 超广角端的成像质量较为一般，但收缩光圈至 F8 左右或放大焦距至 16mm 时，其成像质量就变得很高了。

镜片结构	11 组 14 片
光圈叶片数	9
最大光圈	F2.8
最小光圈	F22
最近对焦距离（cm）	28
最大放大倍率	1 ： 6.7
滤镜尺寸（mm）	77
规格（mm）	98 × 131.5
质量（g）	1000

『焦距：19mm ┆ 光圈：F55 ┆ 快门速度：2s ┆ 感光度：ISO100』

微距镜头推荐

AF-S VR 尼克尔 105mm F2.8 G IF-ED

作为 1993 年 12 月推出的 Ai AF 105mm F2.8 Micro（后来尼康曾推出这款镜头的 D 版，可为机身的高级测光功能提供焦点、距离数据，主要用于改善闪光摄影效果）的换代产品，这款新镜头从外形到内部结构都进行了改进，其手感更加扎实，并且由于搭载了 VR 防抖系统，其重量也由旧款的 555g 大幅提升到 790g。这款镜头具有恒定镜筒长度，同时还新增了“N”字符号，表示应用了“Nano Crystal Coating”新技术。

作为表现细节的微距镜头，其画质如何是人们更为关注的问题，其实并不用担心，这款镜头具有非常优秀的画面表现能力，甚至超过了“大三元”系列镜头，只是在使用最大光圈拍摄时，边缘位置会略有一点暗角，但收缩一挡光圈后暗角现象就会基本消失。

镜片结构	12 组 14 片
光圈叶片数	9
最大光圈	F2.8
最小光圈	F32
最近对焦距离（cm）	31
最大放大倍率	1 ： 1
滤镜尺寸（mm）	62
规格（mm）	83×116
质量（g）	790

『焦距：105mm ┆ 光圈：F7.1 ┆ 快门速度：1/640s ┆ 感光度：ISO200』

选购镜头时的合理搭配

不同焦段的镜头有着不同的功用，如 85mm 焦距镜头被奉为人像摄影的首选镜头；而 50mm 焦距镜头在人文、纪实等领域也有着无可替代的作用。根据拍摄对象的不同，可以选择广角、中焦、长焦以及微距等多种焦段的镜头。

如果要购买多支镜头以满足不同的拍摄需求，一定要注意焦段的合理搭配，比如尼康镜皇中“大三元”系列的 3 支镜头，即 AF-S 尼克尔 14-24mm F2.8 G ED 、AF-S 尼克尔 24-70mm F2.8 G ED 以及 AF-S 尼克尔 70-200mm F2.8 G ED VR Ⅱ ，覆盖了从广角到长焦最常用的焦段，并且各镜头之间焦距的衔接极为连贯，即使是对于专业级别的摄影师，也能够满足绝大部分拍摄需求。

广大摄友在选购镜头时，也应该特别注意各镜头间的焦段搭配，尽量避免重合，甚至可以留出一定的“中空”，以避免造成浪费——毕竟好的镜头通常都是很贵的。

14~24mm 焦段	24~70mm 焦段	70~200mm 焦段
 尼康 AF-S 尼克尔 14-24mm F2.8 G ED	 AF-S 尼克尔 24-70mm F2.8 G ED	 AF-S 尼克尔 70-200mm F2.8 G ED VR Ⅱ

与镜头相关的常见问题解答

Q：怎么拍出没有畸变与透视感的照片？

A：要想拍出畸变小、透视感不强烈的照片，那么，就不能使用广角镜头进行拍摄，而是选择一个较远的距离，使用长焦镜头拍摄。这是因为在远距离下，长焦镜头可以将近景与远景间的纵深感减少以形成压缩效果，因而容易得到畸变小、透视感弱的照片。

Q：使用脚架进行拍摄时是否需要关闭镜头的 VR 功能？

A：一般情况下，使用脚架拍摄时需要关闭 VR，这是为了防止防抖功能将脚架的操作误检测为手的抖动。

Nikon D500

『焦距：80mm ┆ 光圈：F10 ┆ 快门速度：15s ┆ 感光度：ISO200』

偏振镜：消除或减少物体表面的反光

什么是偏振镜

偏振镜也叫偏光镜或 PL 镜，在各种滤镜中，是一种比较特殊的滤镜，主要用于消除或减少物体表面的反光。由于在使用时需要调整角度，所以偏振镜上有一个接圈，使得偏振镜固定在镜头上以后，也能进行旋转。

偏振镜分为线偏和圆偏两种，数码相机应选择有“CPL”标志的圆偏振镜，因为在数码单反相机上使用线偏振镜容易影响测光和对焦。

在使用偏振镜时，可以旋转其调节环以选择不同的强度，在取景窗中可以看到色彩的变化。同时需要注意的是，使用偏振镜后会阻碍光线的进入，大约相当于 2 挡光圈的进光量，故在使用偏振镜时，我们需要降低约 2 倍的快门速度，才能拍摄到与未使用时相同曝光效果的照片。

▲ 肯高 67mm C-PL(W) 偏振镜

用偏振镜压暗蓝天

晴朗天空中的散射光是偏振光，利用偏振镜可以减少偏振光，使蓝天变得更蓝、更暗。使用偏振镜拍摄的蓝天，比使用蓝色渐变镜拍摄的蓝天要更加真实，因为使用偏振镜拍摄，既能压暗天空，又不会影像其他景物的色彩还原。

用偏振镜提高色彩饱和度

如果拍摄环境中的光线比较杂乱，会对景物的色彩还原有很大的影响。环境光和天空光在物体上形成反光，会使景物颜色看起来并不鲜艳。使用偏振镜进行拍摄，可以消除杂光中的偏振光，减少杂散光对物体色彩还原的影响，从而提高被摄体的色彩饱和度，使景物的颜色显得更加鲜艳。

使用偏振镜消除画面中的杂光，从而使其色彩显得更加浓郁，也更好地表现出了局部细节『焦距：135mm ┆ 光圈：F16 ┆ 快门速度：1/500s ┆ 感光度：ISO100』

用偏振镜抑制非金属表面的反光

使用偏振镜拍摄的另一个好处就是可以抑制被摄体表面的反光。我们在拍摄水面、玻璃表面时，经常会遇到反光，从而影响画面的表现，使用偏振镜则可以削弱水面、玻璃以及其他非金属物体表面的反光。

通过偏振镜将水面上的杂光过滤掉，从而拍摄到清澈见底的水面。同时，画面中的色彩也变得非常浓郁『焦距：18mm ┆ 光圈：F11 ┆ 快门速度：8s ┆ 感光度：ISO100』

中灰镜：减少镜头的进光量

什么是中灰镜

中灰镜即 ND（Neutral Density）镜，又被称为中灰减光镜、灰滤镜、灰片等。它就像是一个半透明的深色玻璃，安装在镜头前面时，可以减少进光量，从而降低快门速度。当光线太过充足，导致无法降低快门速度时，就可以使用这种滤镜。

▲ 肯高 ND4 中灰镜 (77mm)

中灰镜的规格

中灰镜分不同的级数，常见的有 ND2、ND4、ND8 三种，简单地说，它们分别代表了可以降低 2 倍、4 倍和 8 倍的快门速度。假设在光圈为 F16 时，对正常光线下的瀑布测光（光圈优先曝光模式）后，得到的快门速度为 1/16s，此时如果需要以 1s 的快门速度进行拍摄，就可以安装 ND4 型号的中灰镜，或安装两块 ND2 型号的中灰镜。

一般按照密度对中灰镜进行分档，常采用的密度值有 0.3、0.6、0.9 等。密度为 0.3 的灰镜，透光率为 50%，密度每增加 0.3，灰镜就会增加一倍的阻光率。

中灰镜在人像摄影中的应用

在人像摄影中，经常会使用大光圈来获得小景深虚化效果，但如果是在户外且光线充足时，大光圈很容易使画面曝光过度，此时就可以尝试使用中灰镜降低进光量来避免曝光过度。

中灰镜在风光摄影中的应用

在进行风光摄影时，例如在光照充分的情况下拍摄溪流或瀑布，想要通过长时间曝光拍出丝线状的水流效果，就可以使用中灰镜来达到目的。

▼ 在镜头前安装中灰镜以减少进光量来延长曝光时间，得到了水流连成丝线状的效果『焦距：18mm ┆ 光圈：F6.3 ┆ 快门速度：30s ┆ 感光度：ISO200』

中灰渐变镜：平衡画面曝光

什么是中灰渐变镜

渐变镜是一种一半透光、一半阻光的滤镜，分为圆形和方形两种，在色彩上也有很多选择，如蓝色、茶色、日落色等。而在所有的渐变镜中，最常用的就是中灰渐变镜，中灰渐变镜是一种中性灰色的渐变镜。

▲ 圆形及方形中灰渐变镜

不同形状渐变镜的优缺点

圆形中灰渐变镜是安装在镜头上的，使用起来比较方便，但由于渐变是不可调节的，因此只能拍摄天空约占画面 50% 的照片；而使用方形中灰渐变镜时，需要买一个支架装在镜头前面才可以把滤镜装上，其优点就是可以根据构图的需要调整渐变的位置。

在阴天使用中灰渐变镜改善天空影调

中灰渐变镜几乎是在阴天时唯一能够有效改善天空影调的滤镜。在阴天条件下，虽然密布的乌云显得很有层次，但是天空的亮度远远高于地面，所以拍摄出的画面中，天空会显得没有层次感，使用中灰渐变镜将天空压暗，云彩的层次就会得到很好的表现。

使用中灰渐变镜降低明暗反差

当被摄体之间的亮度关系不好时，可以使用中灰渐变镜来改善画面的亮度平衡关系。中灰渐变镜可以在深色端减少进入相机的光线，在拍摄天空背景时非常有用，通过调整渐变镜的角度，将深色端覆盖天空，从而在保证浅色端图像曝光正常的情况下，还能使天空的云彩具有很好的层次。

◀ 为了保证画面中的云彩获得正常的曝光，并表现出丰富的细节，使用了方形中灰渐变镜对天空进行减光处理『焦距：100mm ¦ 光圈：F9 ¦ 快门速度：1/200s ¦ 感光度：ISO100』

快门线：避免直接按下快门产生震动

在对稳定性要求很高的情况下，通常会采用快门线与脚架结合使用的方式进行拍摄。其中，快门线的作用就是为了尽量避免直接按下机身快门时可能产生的震动，以保证相机的稳定，进而保证得到更高的画面质量。

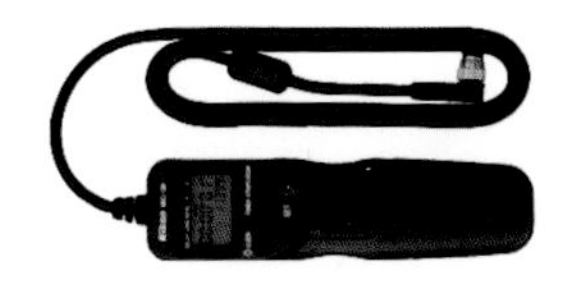

▲ 适用于 Nikon D500 的 MC-36 快门线

▲ 这幅夜景照片的曝光时间达到了 66s，为了保证画面清晰，快门线与脚架是必不可少的『焦距：24mm ┊ 光圈：F4 ┊ 快门速度：30s ┊ 感光度：ISO6400』

遥控器：遥控对焦及拍摄

如同电视机的遥控器一样，我们可以在远离相机的情况下，使用快门遥控器进行对焦及拍摄，通常这个距离是 8m 左右，这已经可以满足自拍或拍集体照的需求了。在这方面，遥控器的实用性远大于快门线。

需要注意的是，有些遥控器在面对相机正面进行拍摄时，会存在对焦缓慢甚至无法响应等问题，在购买时应注意试验，并问询销售人员。

▲ 适用于 Nikon D500 的 ML-3 无线遥控组件

▲ 使用遥控器，在跟小姐妹一起拍合影时，就不会因为少了自己而遗憾了『焦距：50mm ┊ 光圈：F6.3 ┊ 快门速度：1/200s ┊ 感光度：ISO100』

脚架：保持相机稳定的基本装备

脚架是最常用的摄影配件之一，使用它可以让相机在拍摄时保持稳定，以保证长时间曝光的情况下也能够拍出清晰的照片，尤其对于 Nikon D500 这种旗舰级 DX 画幅数码相机而言，为了保证最大限度地发挥其性能，配备一支坚固、稳定的脚架是非常必要的。

脚架的分类

市场上的脚架类型非常多，按材质可以分为木质、高强度塑料材质、合金材料、钢铁材料、碳素纤维及火山岩等几种，其中以铝合金及碳素纤维材质的脚架最为常见。

铝合金脚架的价格较便宜，但重量较重，不便于携带；碳素纤维脚架的档次要比铝合金脚架高，便携性、抗震性、稳定性都很好，在经济条件允许的情况下，是非常理想的选择。它的缺点是价格很贵，往往是相同档次铝合金脚架的好几倍。

▲ 三脚架（左）与独脚架（右）

另外，根据支脚数量可将脚架分为三脚架与独脚架两种。三脚架用于稳定相机，甚至在配合快门线、遥控器的情况下，可实现完全脱机拍摄；而独脚架的稳定性能要弱于三脚架，主要是起支撑的作用，在使用时需要摄影师来控制独脚架的稳定性，由于其体积和重量大约都只有三脚架的1/3，因此无论是旅行还是日常拍摄携带都十分方便。

云台的分类

云台是连接脚架和相机的配件，用于调节拍摄角度，包括三维云台和球形云台两类。三维云台的承重能力强、构图十分精准，缺点是占用的空间较大，携带稍显不便；球形云台体积较小，只要旋转按钮，就可以让相机迅速转到所需要的角度，操作起来十分便利。

▲ 三维云台（左）与球形云台（右）

Q：在使用三脚架的情况下怎样做到快速对焦？

A：使用三脚架拍摄时，通常是确定构图后相机就固定在三脚架上不动了，可是在这样的情况下，对焦之后锁定对焦点再微调构图的方式便无法实现了，因此，建议先使用单次自动对焦模式对画面进行对焦，然后再切换成手动对焦模式，只要手动调节至对焦区域的范围内，就可以实现准确对焦。即使是构图做了一些调整，焦点也不会轻易改变。不过需要注意的是，变焦镜头在变焦后会导致焦点的偏移，所以变焦后需要重新对焦。

Nikon D500

外置闪光灯基本结构及控制选项

要在光线较暗的环境中拍出曝光正常、主体清晰的照片，最常用的附件就是闪光灯，尼康公司为不同定位的群体提供了多种不同性能的闪光灯，例如 SB910、SB-900、SB-700、SB-600、SB-400、SB-R200 等。下面将以 SB-900 闪光灯为例，讲解其基本结构。

认识闪光灯的基本结构

❶ 液晶显示屏
显示及设置闪光灯的参数

❷ 功能按钮
利用这 3 个按钮，根据所选择的模式以及设置的参数，可以实现不同的功能

❸ 闪光模式按钮
按下此按钮，可在自动或手动闪光模式之间进行切换

❹ 变焦按钮
按下此按钮，可以调整焦点的范围

❺ 固定座锁定杆
将闪光灯安装在相机上以后，可以将其拧至 L 位置上，以固定闪光灯

❻ 闪光灯头倾斜角度刻度
表示当前闪光灯在垂直方向上旋转的角度

❼ 闪光灯头倾斜/旋转松锁按钮
按下此按钮，可以调整闪光灯在水平及垂直方向上的角度

❽ 闪光灯测试按钮
按下此按钮，可进行闪光测试

❾ 旋转拨盘
在各个参数之间进行切换及选择

❿ 电源开关/无线设置开关
可控制闪光灯是否打开

⓫ OK按钮
确认功能的设置。按住此按钮一秒钟可显示自定义设置

❶ 内置反射板
将其抽出后，可用于防止光线向上发散，有利于塑造眼神光

❷ 闪光灯头
用于输出闪光光线；还可用于数据的无线传输

❸ 非TTL自动闪光传感器
用于自动设置相机的感光度及光圈

❹ 内置广角闪光散光板
使用 14~17mm（以 SB-900 为例）焦距拍摄时，使用此散光板可减轻画面边缘（尤其是四角）的暗角

❺ 自动对焦辅助照明器
在弱光或低对比度环境中，此处将发射用于辅助对焦的光线

❻ 预备指 示灯
用于指示闪光灯状态

❼ 外接电源接口
打开这里的盖子，可以使用专用的接口，将闪光灯连接至外部的电源

使用尼康外置闪光灯

如果希望使用尼康专用的闪光灯，可以选择尼康 SB-900、SB-700、SB-600 这 3 款闪光灯，以及尼康 SB-R200 无线遥控闪光灯。

闪光灯型号	SB-900	SB-700	SB-600	SB-R200
外观图				
照明模式	标准、平均、中央重点	标准、平均、中央重点	标准、平均、中央重点	标准、平均、中央重点
闪光模式	TTL、自动光圈闪光、非TTL自动闪光、距离优先手动闪光、手动闪光、重复闪光	i-TTL、距离优先手动闪光、手动闪光	TTL、i-TTL、D-TTL、均衡补充闪光、手动闪光	TTL、i-TTL、D-TTL、手动闪光
闪光曝光补偿	±3，以1/3挡为增量进行调节	±3，以1/3挡为增量进行调节	±3，以1/3挡为增量进行调节	±3，以1/3挡为增量进行调节
闪光曝光锁定	支持	支持	支持	支持
高速同步	支持	支持	支持	支持
闪光指数	48（ISO200）	39（ISO200）	42（ISO200）	14（ISO200）
闪光范围（mm）	17~200（14mm需配合内置广角散光板）	14~120（14mm需配合内置广角闪光转换器）	14~85（14mm需配合内置广角闪光转换器）	约40
回电时间（s）	2.3~4.5	2.5~3.5	2.5~4	6
垂直角度（°）	向下-7、0；向上45、60、75、90	向下-7、0；向上45、60、75、90	向上0、45、60、75、90	向下0、15、30、45、60；向上15、30、45
水平角度（°）	左右旋转0、30、60、90、120、150、180	左右旋转0、30、60、90、120、150、180	向左旋转0、30、60、90、120、150、180；向右旋转30、60、90	—

SB-R200 无线遥控闪光灯主要用于微距摄影，在使用时由两支 SB-R200 闪光灯与 SU800 无线闪光灯控制器以及其他相关的附件组成一个完整的微距闪光系统，又称为 R1C1 套装。

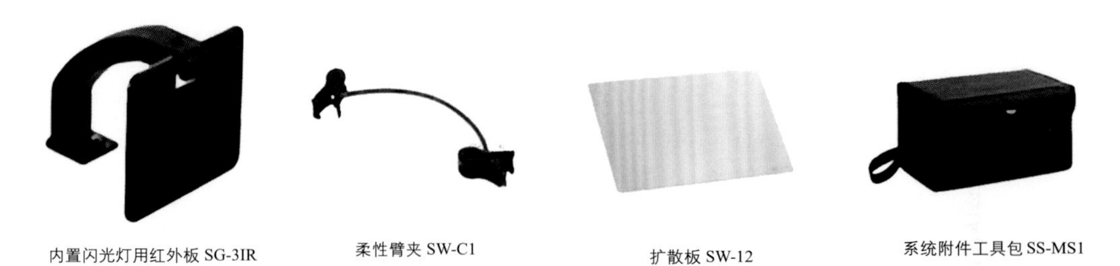

▲ R1C1 闪光系统的部分附件

闪光模式

当在Nikon D500相机上安装了外置闪光灯时，可以选择前帘同步、防红眼、防红眼带慢同步、慢同步、后帘同步及关闭等6种闪光模式，但在不同的拍摄模式下，可选用的闪光模式也不尽相同。

例如，当在P挡及A挡曝光模式时，可以选择前帘同步、防红眼、防红眼带慢同步、慢同步及后帘同步5种闪光模式；但当使用S挡及M挡曝光模式时，只能够选择前帘同步、防红眼、后帘同步3种闪光模式。

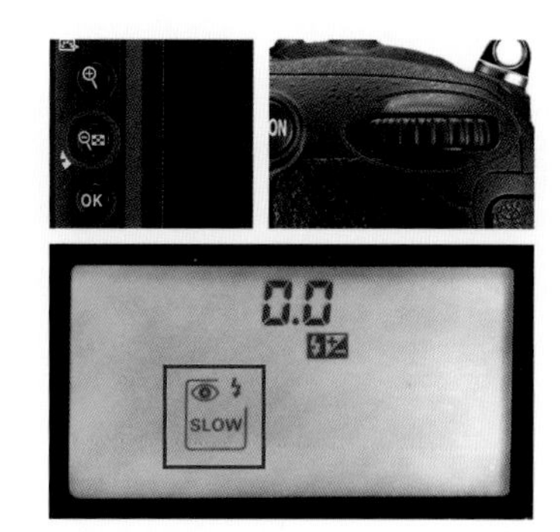

操作方法

按下⚡按钮并旋转主指令拨盘直至所需闪光模式图标显示在显示屏中

补充闪光模式

在大多数情况下推荐使用该模式。在程序自动和光圈优先曝光模式下，快门速度将自动设为1/250秒至1/60秒之间的值（当使用自动FP 高速同步时，快门速度可以设为 1/8000 秒至1/60秒）。

防红眼模式

使用闪光灯拍摄人像时，很容易产生“红眼”现象（即被摄人物的眼珠发红）。这是由于在暗光条件下，人的瞳孔处于较大的状态，在突然的强光照射下，视网膜后的血管被拍摄下来而产生“红眼”现象。防红眼闪光模式的功能是，在闪光之前，会先预闪一下，使被摄者的瞳孔自动缩小，然后再正式闪光拍照，这样即可避免或减轻“红眼”现象。

▲ 使用防红眼闪光模式拍摄的照片，模特眼睛部分没有出现“红眼”现象
『焦距：50mm ┆ 光圈：F2.8 ┆ 快门速度：1/160s ┆ 感光度：ISO100』

▲ 未使用防红眼闪光模式拍摄的照片，可以看到模特的眼睛出现了“红眼”现象

防红眼带慢同步

在夜间拍摄时，容易出现主体曝光准确，而背景却一片漆黑的现象。

而使用防红眼带慢同步模式时，相机在闪光的同时会设定较慢的快门速度，使主体身后的背景也能够获得充分曝光。另外，此模式还可以防止拍摄的照片出现红眼情况。

▲ 使用慢同步闪光模式拍摄时，不仅可以使前景的模特有很好的表现，就连背景漂亮的灯光也可以被表现得很好，这样拍摄出来的照片效果更自然、真实『焦距：35mm ┆ 光圈：F3.5 ┆ 快门速度：1/200s ┆ 感光度：ISO100』

慢同步模式

此模式与前一闪光模式的区别仅在于，无防红眼功能。同样适用于夜间或暗淡照明下，拍摄主体与背景同样曝光准确的画面。

▲ 大光圈和电子闪光配合使用，拍摄的这张人像作品看起来十分漂亮『焦距：30mm ┆ 光圈：F3.5 ┆ 快门速度：1/200s ┆ 感光度：ISO100』

关闭闪光模式

当受到环境限制不能使用闪光灯，或不希望使用闪光灯时，可选择关闭闪光模式。如在拍摄野生动物时，为了避免野生动物受到惊吓，应选择关闭闪光模式；又如，在拍摄1岁以下的婴儿时，为了避免伤害到婴儿的眼睛，也应禁止使用闪光灯。

此外，在拍摄舞台剧、会议、体育赛事、宗教场所、博物馆等题材时，也应该关闭闪光灯。

后帘同步模式

使用此闪光模式时，闪光灯将在快门关闭之前进行闪光，因此，当进行长时间曝光形成光线拖尾时，此模式可以让拍摄对象出现在光线的上方。在快门优先或全手动曝光模式下，后帘同步模式显示为，当在程序自动或光圈优先模式下时，则变为慢后帘同步，此时闪光模式图标显示为。

需要注意的是，如果使用的不是后帘同步闪光模式，则Nikon D500默认使用前帘同步闪光模式进行闪光，当使用前帘同步闪光模式时，则拍摄对象将出现在光线的下方。

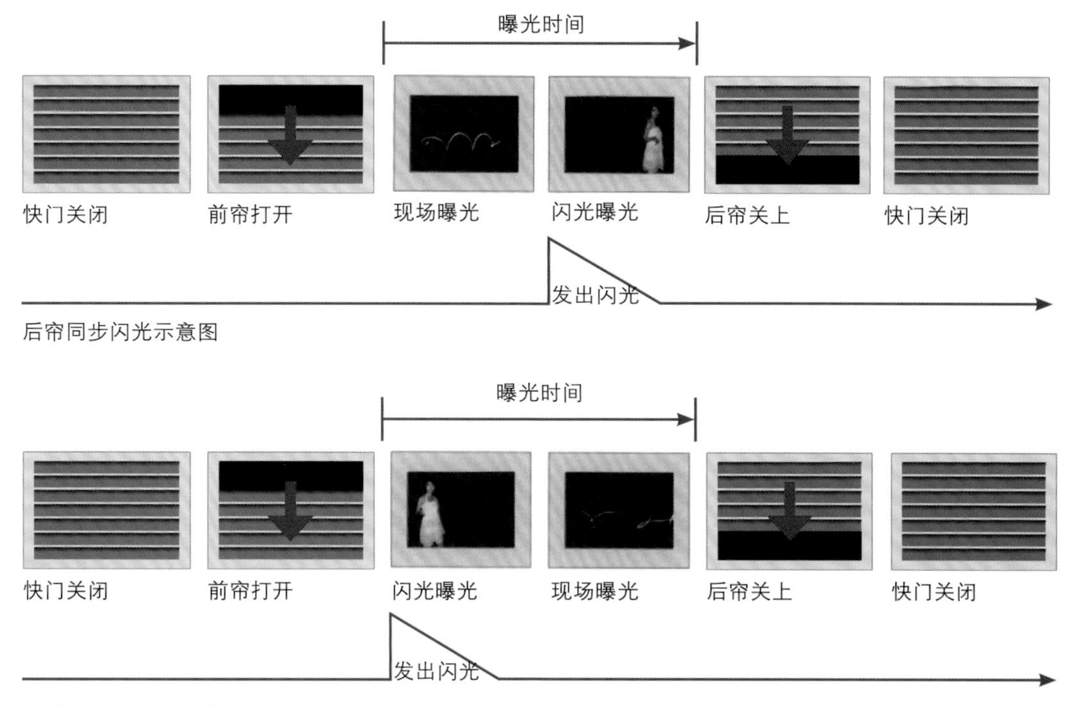

▲ 前帘同步闪光示意图

▲ 在后帘同步闪光模式下，使用较慢的快门速度拍摄，模特将出现在光线的上方『焦距：50mm ¦ 光圈：F5 ¦ 快门速度：1/15s ¦ 感光度：ISO100』

▲ 在前帘同步闪光模式下，使用较慢的快门速度拍摄时，模特将出现在光线的下方『焦距：24mm ¦ 光圈：F3.5 ¦ 快门速度：1/20s ¦ 感光度：ISO100』

启用闪光同步速度

“闪光同步速度”菜单用于当在相机上安装了外置闪光灯时，选择闪光灯闪光的同步速度值。

- 1/250秒（自动FP）：选择此选项，当在Nikon D500相机上安装了支持高速同步闪光功能的外置闪光灯时，将可以使用高速闪光同步功能，它可以在最高1/8000s时也可以使用闪光灯。这样在明亮光线下逆光拍摄人像时，可以用大光圈、高速快门进行拍摄，而不必担心照片会过曝。而如果安装了不兼容高速同步闪光的外置闪光灯时，则快门速度设为1/250s。
- 1/250秒～1/60秒：选择不同的选项，则相机的快门速度最高只能使用该选项所定义的数值。例如，如果选择1/80秒，则相机的最高快门速度只能达到1/80s。

设定步骤

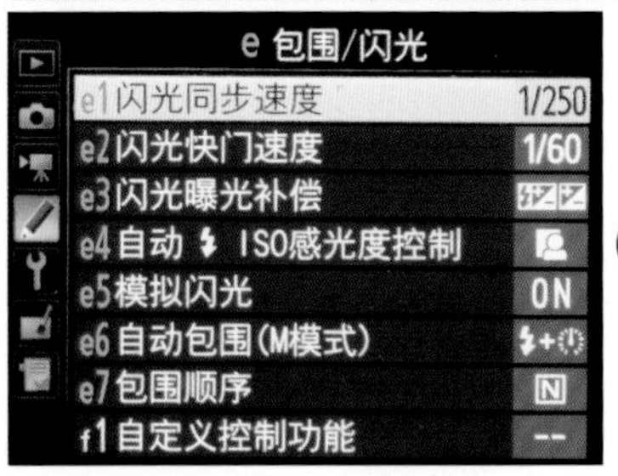

❶ 选择**自定义设定**菜单中的e1 **闪光同步速度**选项

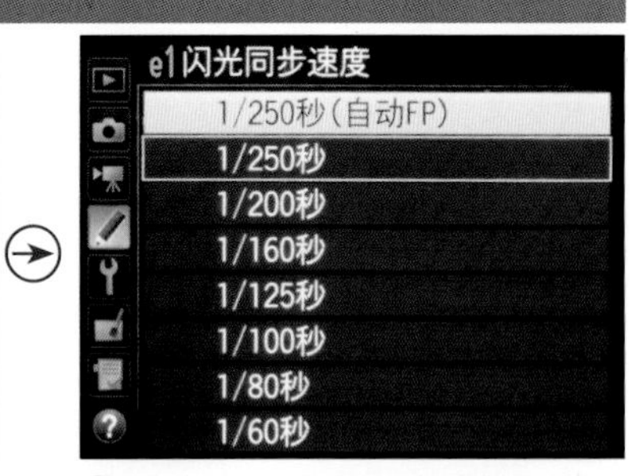

❷ 按下▲或▼方向键可选择闪光同步速度。例如选择1/250 **秒（自动FP）**后，在P或A模式下，当快门速度超过1/250s时，将自动启用高速闪光同步功能

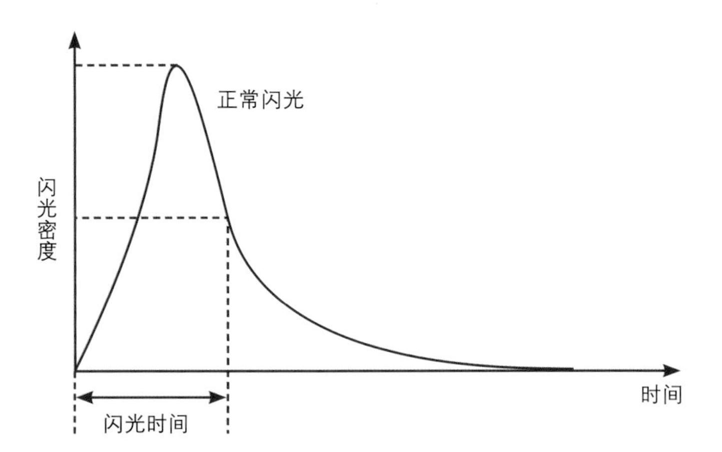

▲ 正常闪光工作示意图

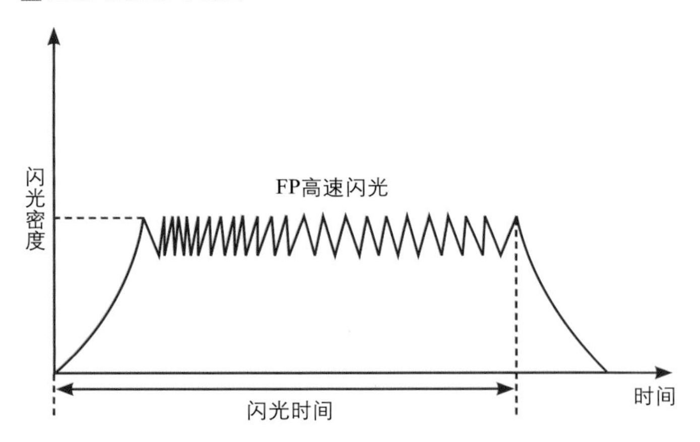

▲ 高速同步闪光工作示意图

用跳闪方式进行补光拍摄

所谓跳闪，通常是指使用外置闪光灯通过反射的方式将光线反射到拍摄对象上，最常用于室内或有一定遮挡的人像摄影中，这样可以避免直接对拍摄对象进行闪光，造成光线太过生硬，且容易形成没有立体感的平光效果。

在室内拍摄人像时，常常通过调整闪光灯的照射角度，让其向着房间的顶棚进行照射，然后将光线反射到人物身上，这在人像、现场摄影中是最常见的一种补光形式。

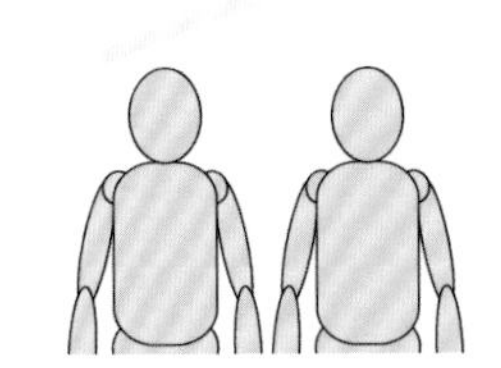

▲ 跳闪补光示意图

▲ 使用闪光灯向屋顶照射光线，使之反射到人物身上进行补光，以降低画面的光比，使人物的皮肤更加细腻，画面也显得更加柔和『焦距：40mm ┊ 光圈：F8 ┊ 快门速度：1/160s ┊ 感光度：ISO200』

消除广角拍摄时产生的阴影

当使用闪光灯以广角焦距进行补光时，很可能会超出闪光灯的补光范围，因此就可能产生一定的阴影或暗角效果，此时，将闪光灯上面的内置广角散光板拉下来，就可以基本清除阴影或暗角现象。

▲ 广角散光板

▶ 此图是收回内置广角散光板后的拍摄效果，由于已经超出了闪光灯的广角照射范围，因此形成了较重的阴影及暗角，非常影响画面的表现

▶ 此图则是拉下内置广角散光板后使用 16mm 焦距拍摄的效果，可以看出四角的阴影及暗角并不明显『焦距：35mm ┊ 光圈：F5.6 ┊ 快门速度：1/320s ┊ 感光度：ISO200』

为人物补充眼神光

眼神光板是中高端闪光灯才拥有的组件，尼康SB-700、SB-900这两款闪光灯都有此功能，平时可收纳在闪光灯的上方，在使用时将其抽出即可。眼神光板最大的功能就是利用闪光灯在垂直方向可旋转一定角度的特点，将闪光灯射出的少量光线反射至人眼中，从而形成漂亮的眼神光。

虽然其效果并非最佳（最佳的方法是使用反光板补充眼神光），但至少可以达到有聊胜无的效果，可以在一定程度上让眼睛更有神。

▶ 将闪光灯垂直旋转至60°，并拉出眼神光板，为人物眼睛补充了一定的眼神光，使之更有神『焦距：70mm ¦ 光圈：F4.5 ¦ 快门速度：1/125s ¦ 感光度：ISO100』

柔光罩

柔光罩是专用于闪光灯上的一种硬件设备，由于直接使用闪光灯拍摄时会产生比较生硬的光照，而使用柔光罩后，可以让光线变得柔和——当然，光照的强度也会随之变弱，可以使用这种方法为拍摄对象补充自然、柔和的光线。

在内置和外置闪光灯上都可以添加柔光罩，其中外置闪光灯的柔光罩类型比较多，比较常见的有肥皂盒、碗形柔光罩等，配合外置闪光灯强大的功能，可以更好地进行照亮或补光处理。

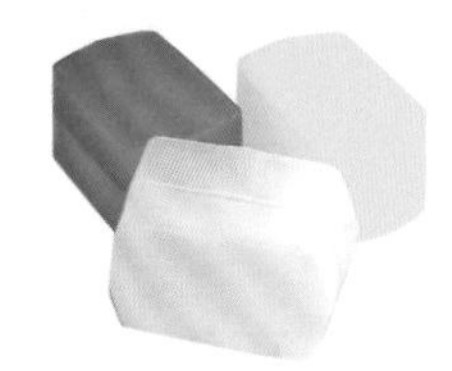

▲ 外置闪光灯的柔光罩

▶ 将闪光灯及柔光罩搭配使用为人物补光后拍摄的效果，可以看出，光线非常柔和、自然『焦距：85mm ¦ 光圈：F2.8 ¦ 快门速度：1/320s ¦ 感光度：ISO100』

Chapter 09

Nikon D500 人像摄影技巧

正确测光拍出人物细腻皮肤

对于拍摄人像而言，皮肤是非常重要的表现对象之一，而要表现细腻、光滑的皮肤，测光是非常重要的一步工作。准确地说，拍摄人像时应采用中央重点测光或点测光模式，对人物的皮肤进行测光。

如果是在午后的强光环境下，建议还是找有阴影的地方进行拍摄，如果环境条件不允许，那么可以对皮肤的高光区域进行测光，并对阴影区域进行补光。

在室外拍摄时，如果光线比较强烈，在拍摄时可以以人物脸部的皮肤作为曝光的依据，适当增加半挡或2/3 挡的曝光补偿，让皮肤获得足够的光线而显得光滑、细腻，而其他区域的曝光可以不必太过关注，因为相对其他部位来说，女孩子更在意自己脸部的皮肤如何。

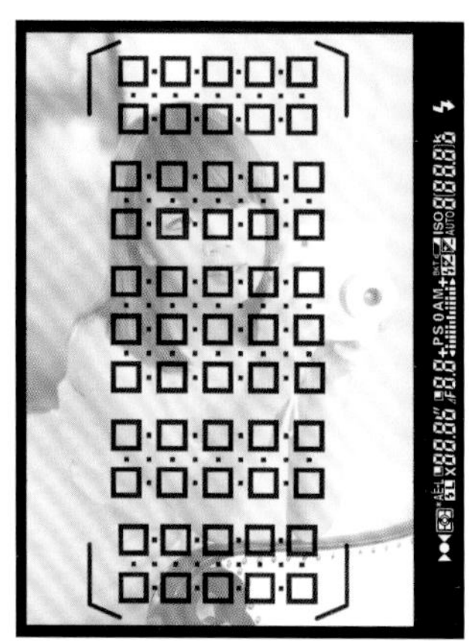

▲ 图中红色框即为所选的对焦点位置，在点测光模式下，相机可以针对其对焦点所在的位置进行测光

◀ 使用点测光对人物脸部皮肤进行测光，可使模特的肤色显得更加白皙、细腻『焦距：85mm ┆ 光圈：F2 ┆ 快门速度：1/100s ┆ 感光度：ISO200』

用大光圈拍出漂亮虚化背景的人像

大光圈在人像摄影中起到非常重要的作用，可得到浅景深的漂亮虚化效果，同时，它还可以帮助我们在环境光线较差的情况下使用更高的快门速度进行拍摄。

焦　　距：50mm
光　　圈：F1.8
快门速度：1/1600s
感 光 度：ISO200

▶ 使用大光圈拍摄的画面，稍微曝光过度的背景使画面整体更加明亮，也简化了不必要的细节，使人物在画面中显得更加突出

用广角镜头拍出空间感强烈的人像照片

使用广角或超广角镜头拍摄的照片都会有不同程度的变形，如果要拍摄写实人像，则应该避免使用广角镜头。但如果希望拍出有强烈空间感的人像照片，则可以考虑使用广角镜头。

此外，利用广角镜头的变形特性，还可以修饰模特的身材。在拍摄时只要将模特的腿部安排在画面的下三分之一处，就能够使其看上去更修长。

但使用镜头的广角端拍摄人像时，应注意如下两点。

1. 拍摄时要距离模特比较近，这样才可以充分发挥广角端的特性，对模特的身材进行修饰。如果使用广角端拍摄时距离模特较远，要注意人像主体的背景，不能够纳入杂乱背景，以避免干扰主体人像。

2. 使用广角镜头拍摄比较容易出现暗角现象，应该为广角镜头配备专用的遮光罩，并注意不要在广角全开时使用，从而避免由于遮光罩的原因所产生的暗角问题。

▶ 用广角镜头在一个较低的位置以仰视的角度拍摄人像，夸张的透视效果将女孩的身体表现得很修长『焦距：16mm ┆ 光圈：F2.8 ┆ 快门速度：1/640s ┆ 感光度：ISO100』

三分法构图拍摄完美人像

简单来说，三分法构图就是黄金分割法的简化版，是人像摄影中最为常用的一种构图方法，其优点是能够在视觉上给人以愉悦和生动的感受，避免人物居中给人的呆板感觉。

Nikon D500 相机可以在取景器中显示网格线，我们可以将它与黄金分割曲线完美地结合在一起使用。

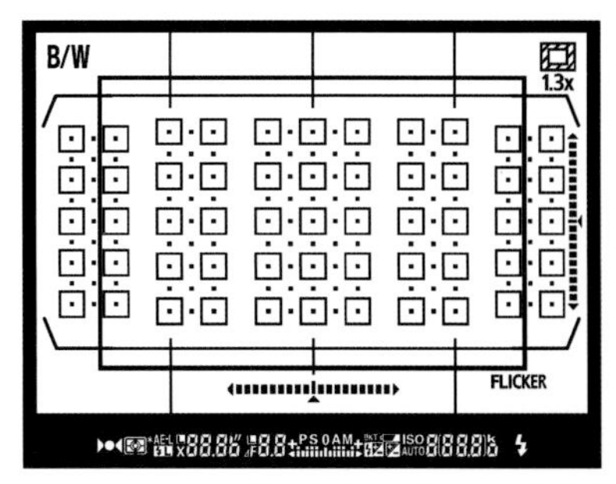

▲ Nikon D500 的取景器网格可以辅助我们轻松地进行三分法构图

▲ 将人物放在靠右的三分线处，画面显得简洁又不失平衡，给人一种耐看的感觉『焦距：100mm ┆ 光圈：F3.5 ┆ 快门速度：1/400s ┆ 感光度：ISO100』

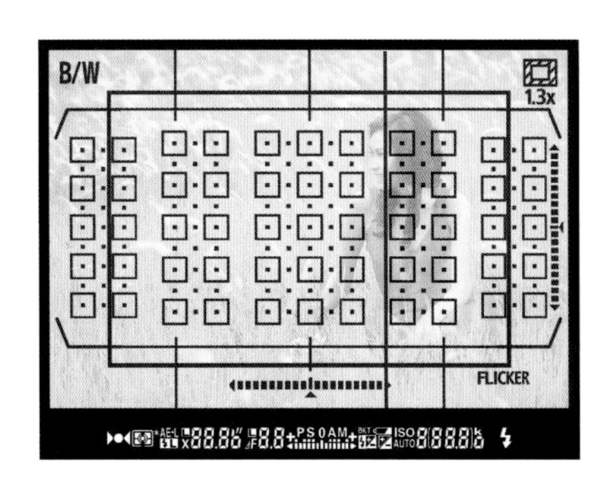

对于纵向构图的人像而言，通常是以眼睛作为三分法构图的参考依据。当然，随着拍摄面部特写到全身像的范围变化，构图的标准也略有不同。

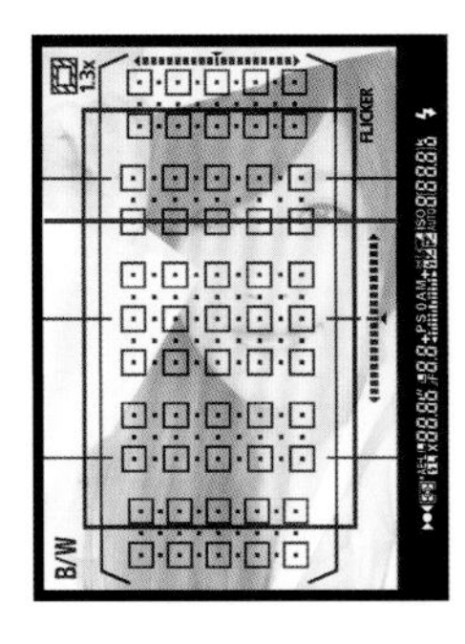

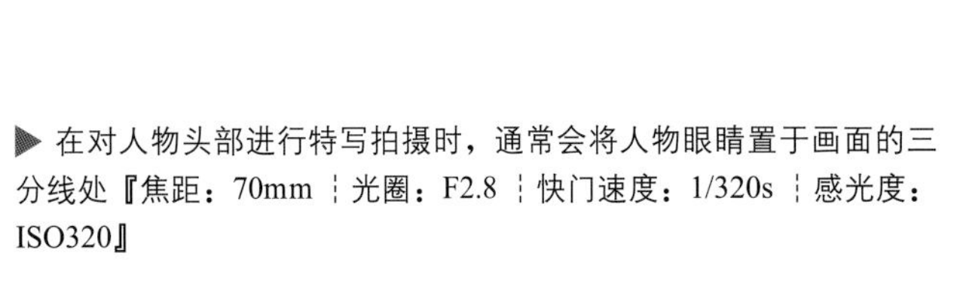

▶ 在对人物头部进行特写拍摄时，通常会将人物眼睛置于画面的三分线处『焦距：70mm ┆ 光圈：F2.8 ┆ 快门速度：1/320s ┆ 感光度：ISO320』

S 形构图表现女性柔美的身体曲线

在现代人像拍摄中，尤其是人体摄影中，S 形构图越来越多地用来表现人物身体某一部位的线条感，S 形构图中弯曲的线条朝哪一个方向以及弯曲的力度大小都是有讲究的（弯曲的力度越大，表现出来的力量也就越大）。

所以，在人像摄影中，用来表现身体曲线的 S 形线条的弯曲程度都不会太大，否则被摄对象要很用力，从而影响到其他部位的表现。

▶ 摄影师使用 S 形构图把模特拍得恬静优美，将女性优美的气质很好地表现出来『焦距：55mm ┆ 光圈：F9 ┆ 快门速度：1/125s ┆ 感光度：ISO100』

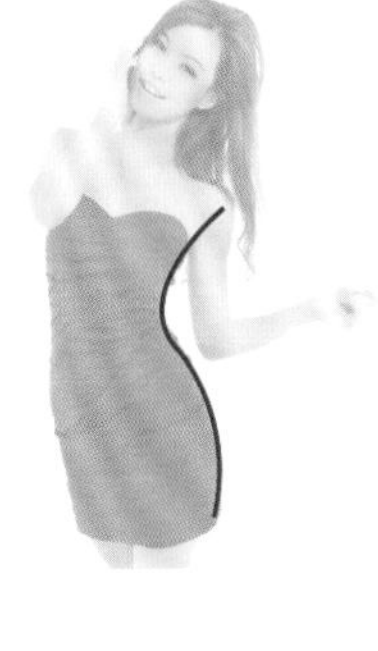

▶ 几种 S 形构图的摆姿

用侧逆光拍出唯美人像

在拍摄女性人像时，为了将她们漂亮的头发从繁纷复杂的场景中分离出来，常常需要借助低角度的侧逆光来制造漂亮的头发光，从而增加其妩媚动人感。

如果使用自然光，拍摄的时间应该选择在下午5点左右，这时太阳西沉，距离地平线相对较近，因此照射角度较小。拍摄时让模特背侧向太阳，使阳光以斜向45°的方向照向模特，即可形成漂亮的头发光。漂亮的发丝会在光线的照耀下散发出金色的光芒，使其质感、发型样式都得到完美表现，模特看起来更漂亮。

由于背侧向光线，因此需要借助反光板或闪光灯为人物正面进行补光，以表现其光滑细嫩的皮肤。

▶ 侧逆光打亮了人物头发的轮廓，在深色背景的衬托下显得非常突出，优美的卷发也将女孩柔美的气质表现得淋漓尽致『焦距：50mm ┆ 光圈：F5.6 ┆ 快门速度：1/125s ┆ 感光度：ISO100』

逆光塑造剪影效果

在运用逆光拍摄人像时，由于在纯逆光的作用下，画面会呈现出被摄体黑色的剪影，因此逆光常常作为塑造剪影效果的一种表现手法。而在配合其他光线使用时，被摄体背后的光线和其他光线会产生强烈的明暗对比，从而勾勒出人物美妙的线条。也正是因为逆光具有这种艺术效果，因此逆光也被称为“轮廓光”。

通常采用这种手法拍摄户外人像，测光时应该使用点测光对准天空较亮的云彩进行测光，以确保天空中云彩有细腻、丰富的细节，而主体人像则呈现为轮廓线条清晰、优美的效果。

▲ 对天空较亮的区域进行测光，锁定曝光后再对剪影处的人像进行对焦，使人像由于曝光不足成为轮廓清晰、优美的剪影效果『焦距：200mm ┆ 光圈：F8 ┆ 快门速度：1/500s ┆ 感光度：ISO100』

中间调记录真实自然的人像

中间调的明暗分布没有明显的偏向，画面整体趋于一个比较平衡的状态，在视觉感受上也没有轻快和凝重的感觉。

中间调是最常见也是应用最广泛的一种影调形式，其拍摄也是最简单的，拍摄时只要保证环境光线比较正常，并设置好合适的曝光参数即可。

▶ 无论是艺术写真或日常记录，中间调都是摄影师最常用的影调『焦距：135mm ┆ 光圈：F2.8 ┆ 快门速度：1/640s ┆ 感光度：ISO100』

高调风格适合表现艺术化人像

高调人像的画面影调以亮调为主，暗调部分所占比例非常小，较常用于女性或儿童人像照片，且多用于偏向艺术化的视觉表现。

在拍摄高调人像时，模特应该穿白色或其他浅色的服装，背景也应该选择相匹配的浅色，并采用顺光拍摄，以利于画面的表现。在阴天时，环境以散射光为主，此时先使用光圈优先曝光模式（A 挡）对模特进行测光，然后再切换至全手动曝光模式（M 挡）降低快门速度以提高画面的曝光量，当然，也可以根据实际情况，在光圈优先曝光模式（A 挡）下适当增加曝光补偿的数值，以提亮整个画面。

高调照片能给人轻盈、优美、淡雅的感觉，模特身着的彩衣与鲜艳的手镯，使画面显得更鲜活『焦距：40mm ┆ 光圈：F7.1 ┆ 快门速度：1/125s ┆ 感光度：ISO125』

低调风格适合表现个性化人像

与高调人像相反，低调人像的影调构成以较暗的颜色为主，基本由黑色及部分中间调颜色组成，亮调所占的比例较小。

在拍摄低调人像时，如果采用逆光拍摄，应该对背景的高光位置进行测光；如果采用侧光或侧逆光拍摄，通常是以黑色或深色作为背景，然后对模特身体上的高光区域进行测光，该区域以中等亮度或者更暗的影调表现出来，而原来的中间调或阴影部分则呈现为暗调。

在室内或影棚中拍摄低调人像时，根据要表现的主题，通常布置 1~2 盏灯光，比如正面光通常用于表现深沉、稳重的人像，侧光常用于突出人物的线条，而逆光则常用于表现人物的形体造型或头发（即发丝光），此时模特宜穿着深色的服装，以与整体的影调相协调。

▲ 利用深暗的背景得到的低调风格画面，拍摄时只用一束光线照亮模特的面部，使其与背景分离开『焦距：50mm ┆ 光圈：F5.6 ┆ 快门速度：1/100s ┆ 感光度：ISO100』

▼ 拍摄低调人像照片时，针对人脸的亮部进行测光，沉稳的暗调背景将人物衬托得更加成熟、稳重，安排在模特后方的闪光灯打出的光线不仅勾勒出漂亮的头发，而且也使整个画面的光效更时尚『焦距：50mm ┆ 光圈：F3.5 ┆ 快门速度：1/40s ┆ 感光度：ISO200』

暖色调适合表现人物温暖、热情、喜庆的情感

在人像摄影中，以红、黄两种颜色为代表的暖色调，可以在画面中表现出温暖、热情以及喜庆等情感。

在拍摄前期，可以根据需要选择合适的服装颜色，像红色、橙色的衣服都可以获得暖色调的效果。同时，拍摄环境及光照对色调也有很大的影响，应注意选择和搭配。比如在太阳落山前的 3 个小时时间段中，可以获得不同程度的暖色光线。

如果是在室内拍摄，可以利用红色或者黄色的灯光来进行暖色调设计。当然，除了在拍摄过程中进行一定的设计外，拍摄者还可以通过后期软件的处理来得到想要的效果。

▲ 穿着红色衣服置身于一片红灯笼中的女孩，给人热情、柔美的感觉，画面看起来很喜庆『焦距：85mm ┆ 光圈：F2 ┆ 快门速度：1/160s ┆ 感光度：ISO200』

▼ 逆光拍摄使模特的头发染上了金黄色，加上黄色的背景，使画面呈现出一片暖洋洋的效果『焦距：55mm ┆ 光圈：F2.8 ┆ 快门速度：1/400s ┆ 感光度：ISO100』

冷色调适合表现清爽人像

在人像摄影中，以蓝、青两种颜色为代表的冷色调，可以在画面中表现出冷酷、沉稳、安静以及清爽等情感。

与人为干涉照片的暖色调一样，我们也可以通过在镜头前面加装蓝色滤镜，或在闪光灯上加装蓝色柔光罩等方法，为照片增加冷色调。

通过蓝色的泳池及模特蓝色的衣服，为画面营造出一种冷色调，在视觉上给人以清爽、幽凉之感『焦距：135mm ┆ 光圈：F4 ┆ 快门速度：1/250s ┆ 感光度：ISO100』

使用道具营造人像照片的氛围

为了使画面更具有某种气氛，一些辅助性的道具是必不可少的，例如婚纱、女性写真人像摄影中常用的鲜花，阴天拍摄时用的雨伞。这些道具不仅能够为画面增添气氛，还可以使人像摄影中较难处理的双手呈现较好的姿势。

道具的使用不但可以增加画面的内容，还可以营造出一种更加生动、活泼的气息。

在拍摄婚纱及写真类照片时，道具的使用可以使画面看起来不那么生硬，还可缓解模特的紧张情绪，在这张照片中，漫天的红色花瓣营造出了一种梦幻般的意境『焦距：28mm ┆ 光圈：F7.1 ┆ 快门速度：1/100s ┆ 感光度：ISO100』

为人物补充眼神光

眼神光是指通过运用光照使人物眼球上形成微小光斑，从而使人物的眼神更加传神生动。眼神光在刻画人物的神态时有不可替代的作用，其往往也是人像摄影的点睛之笔。

无论是什么样的光源，只要是位于人物面前且有足够的亮度，通常都可以形成眼神光。下面介绍几种制造眼神光的方法。

利用反光板制造眼神光

在所有制造眼神光的方法中，使用反光板是最为人所推崇的，原因就在于它便于控制，而且形成的眼神光较大且柔和。

眼神光板是中高端闪光灯才拥有的组件，尼康 SB-800、SB-900 这两款闪光灯都有此功能，平时可收纳在闪光灯的上方，在使用时将其抽出即可。眼神光板最大的功能就是借助闪光灯在垂直方向上可旋转一定角度的特点，将闪光灯射出的少量光线反射至人眼中，从而形成漂亮的眼神光，虽然其效果并非最佳（最佳的方法是使用反光板补充眼神光），但至少可以达到有聊胜无的效果，可以在一定程度上让眼睛更有神。

Q：在树荫下拍摄人像怎样还原出健康的肤色？

A：在树荫下拍摄人像时，树叶所形成的反射光可能会在人脸上形成偏绿、偏黄的颜色，影响画面效果。那么，如何还原出健康的肤色呢？其实只需一个反光板即可。在拍摄时，选择一个大尺寸的白色反光板，并尽量靠近被摄人像对其进行补光，使反光效果更直接的同时能够有效地屏蔽掉其他反射光，避免多重颜色覆盖的现象，以还原出人物柔和、健康的肤色。

▶ 通过在模特前面安放反光板的方法，使模特的眼睛中呈现出明亮的眼神光，其眼睛看起来更加有神『焦距：70mm ┆ 光圈：F7.1 ┆ 快门速度：1/125s ┆ 感光度：ISO100』

利用窗户光制造眼神光

在拍摄人像时，最好使用超过肩膀的窗户照进来的光线制造眼神光，根据窗户的形态及大小的不同，可形成不同效果的眼神光。

利用来自窗户的光线为模特增加眼神光时，如果来自窗户的光线不够明亮，可以通过在窗户外面安放离机闪光灯的方法为模特增强眼神光的效果。

▲ 在窗前拍摄既可以得到充足的光线，也可以为人物的眼睛补充眼神光，使画面看起来十分生动、自然『焦距：50mm ┆ 光圈：F2.8 ┆ 快门速度：1/100s ┆ 感光度：ISO100』

利用闪光灯制造眼神光

利用闪光灯也可以制造眼神光效果，但光点较小。多灯会形成多个眼神光，而单灯会形成一个眼神光，所以在人物摄影中，通过布光的方法制造眼神光时，所使用的闪光灯越少越好，一旦形成大面积的眼神光，反而会使人物显得呆板，不利于人物神态的表现，更起不到画龙点睛的作用。

◀ 使用闪光灯为人物补充眼神光，明亮的眼神光使人物变得很有精神，模特熠熠闪亮的眼睛成为了画面的焦点『焦距：35mm ┆ 光圈：F7.1 ┆ 快门速度：1/250s ┆ 感光度：ISO100』

儿童摄影贵在真实

对儿童摄影而言，可以拍摄他们在欢笑、玩耍甚至是哭泣的自然瞬间，而不是指挥他们笑一个，或将手放在什么位置。除了专业模特外，这样的要求对绝大部分成人来说都会感到紧张，更何况那些纯真的孩子们。

即使您真的需要让他们笑一笑或做出一个特别的姿势，那也应该采用间接引导的方式，让孩子们发自内心、自然地去做，这样拍出的照片才是最真实、最具有震撼力的。

另外，为了避免孩子们在看到有人给自己拍照时感到紧张，最好能用长焦镜头，这样可以在尽可能不影响他们的情况下，拍摄到最真实、自然的照片。

这一点与拍摄成人的人像照片颇有相似之处，只不过孩子们在这方面更敏感一些。当然，如果能让孩子们完全无视您的存在，这个问题也就迎刃而解了。

▶ 小男孩自己玩得不亦乐乎，很好地表现出了这个年龄段孩子的天性

禁用闪光灯以保护儿童的眼睛

闪光灯的瞬间强光对儿童尚未发育成熟的眼睛有害，因此，为了他们的健康着想，拍摄时一定不要使用闪光灯。

在室外拍摄时通常比较容易获得充足的光线，而在室内拍摄时，应尽可能打开更多的灯或选择在窗户附近光线较好的地方，以提高光照强度，然后配合高感光度、镜头的防抖功能及倚靠物体等方法，保持相机的稳定。

▲ 为了不使用闪光灯，摄影师选择在窗户附近为儿童拍照，从而获得了曝光正常、画面自然的照片『焦距：200mm ¦ 光圈：F4 ¦ 快门速度：1/500s ¦ 感光度：ISO200』

用玩具吸引儿童的注意力

儿童摄影非常重视道具的使用，这些东西能够吸引孩子的注意力，让他们表现出更自然、真实的一面。很多生活中常见的一些东西，只要符合孩子们的兴趣，都可以成为道具，这样，拍摄出来的照片气氛更活跃，内容更丰富，也更有意思。

▶ 无论拍摄的是哪个年龄段的宝宝，利用小玩具都能够快速吸引他们的注意力，在这张照片中，木制小烟斗明显吸引了小宝宝的注意力，使摄影师可以从容拍摄这个有意思的画面『焦距：35mm ¦ 光圈：F2.8 ¦ 快门速度：1/160s ¦ 感光度：ISO100』

增加曝光补偿表现儿童娇嫩肌肤

绝大多数儿童的皮肤都可以用“剥了壳的鸡蛋”来形容，在实际拍摄时，儿童的面部也是需要重点表现的部位，因此，如何表现儿童娇嫩的肌肤，就是每一个专业儿童摄影师甚至家长应该掌握的技巧。

首先，给儿童拍摄时尽量使用散射光，在这样的光线下拍摄儿童，由于光比不大，因此不会出现浓重的阴影，画面整体影调很柔和，儿童的皮肤看起来也更细腻、娇嫩。

其次，可以在拍摄时增加曝光补偿，即在正常的测光数值基础上，适当地增加0.3~1挡的曝光补偿，这样拍摄出的照片会显得更亮、更通透，儿童的皮肤也更加粉嫩、白皙。

▲ 增加曝光补偿后，孩子的皮肤看起来更加白皙、细腻，让人看了真想捏一把『焦距：50mm ┆ 光圈：F2.8 ┆ 快门速度：1/640s ┆ 感光度：ISO200』

拍摄合影珍藏儿时的情感世界

儿童摄影对于情感的表达非常重要，儿童与玩具、父母、兄弟姐妹及玩伴之间的情感描绘，常常给人以温馨、美好的感受，是摄影师最为喜爱的拍摄题材之一。

在拍摄玩伴之间充满童趣的画面时，由于拍摄对象已经由一个人变为两个甚至更多的人，有时可能是一个人的表情很好，但其他人却不在状态。因此，如何把握住最恰当的瞬间进行拍摄，就需要摄影师拥有足够的耐心和敏锐的眼光，同时，也可以适当调动、引导孩子们的情绪，但注意不要太过生硬、明显，以免引起他们的紧张。

▶ 兄弟俩“统一着装”坐在拖拉机上，兴奋的劲头让人不禁疑惑，是开着飞机还是开着拖拉机啊，有那么神气吗『焦距：200mm ┆ 光圈：F8 ┆ 快门速度：1/320s ┆ 感光度：ISO200』

平视角度拍摄亲切儿童照

除了一些特殊的表现形式外，绝大多数时候，我们还是需要以平视的角度拍摄儿童，以保证拍摄到真实、自然的儿童照片。

这一点与拍摄成人照片有相同之处，只不过儿童更矮一些，摄影师需要经常蹲下甚至是趴下才能保证平视视角。

▶ 在采用平视角度拍摄儿童时，摄影师会很辛苦，经常需要在地上“摸爬滚打”地寻找合适的角度，且还要保持相机的稳定，当然，在看到记录下一个个精彩的瞬间时，再多的辛苦也值了『焦距：50mm ┆ 光圈：F6.3 ┆ 快门速度：1/200s ┆ 感光度：ISO200』

呼唤宝宝的名字

拍摄宝宝的时候，为了将其注意力引导至摄影师镜头的方向，常常在宝宝玩得最起劲、最开心的时候叫他（她）的名字，而宝宝的回应会使画面呈现出非常轻松、自然的效果。

摄影师在拍摄宝宝时需要时刻观察他们的一举一动，说不定哪一瞬间就展现出其最轻松、自然的表情，同时，摄影师还需要具有稳、准、快的拍摄素养。

▲ 利用呼喊名字的方法使宝宝转过头来，摄影师抓拍到了宝宝憨憨的笑容『焦距：85mm ┆ 光圈：F4 ┆ 快门速度：1/160s ┆ 感光度：ISO100』

Chapter 11 Nikon D500风光摄影技巧

拍摄山峦的技巧

连绵起伏的山峦，是众多风光摄影题材中最具视觉震撼力的。虽然要拍摄出成功的山峦作品，需要付出更多的辛劳和汗水，但还是有非常多的摄影爱好者乐此不疲。

用前景衬托山峦的季节之美

在不同的季节里，山峦会呈现出不一样的景色。

春天的山峦在鲜花的簇拥之下，显得美丽多姿；夏天的山峦被层层树木和小花覆盖，显示出了大自然强大的生命力；秋天的红叶使山峦显得浪漫、奔放；冬天山上大片的积雪又让人感到寒冷和宁静。可以说四季之中，山峦各有不同的美感，只要寻找合适的角度即可。

拍摄不同时节的山峦要注意通过构图方式、景别、前景或背景衬托等形式体现出山峦的特点。

▲ 前景中冰冻的河流与远景中的山脉形成呼应，使画面呈现出严冬的寒意『焦距：17mm ┊ 光圈：F16 ┊ 快门速度：1/2s ┊ 感光度：ISO100』

用光线塑造山峦的雄奇伟峻

在有直射阳光的时候，用侧光拍摄有利于表现山峦的层次感和立体感，明暗层次使画面更加富有活力。如果能够遇到日照金山的光线，将是不可多得的拍摄良机。

采用逆光并对亮处进行测光，拍摄山体的剪影照片，也是一种不错的表现山峦的方法。

▲ 以冷蓝色的天空为基调，一道晨光射向山顶，形成日照银山的壮观美景『焦距：50mm ┊ 光圈：F12 ┊ 快门速度：30s ┊ 感光度：ISO200』

不同角度表现山峦的壮阔

拍摄山峦最重要的是要把雄伟壮阔的整体气势表现出来。“远取其势，近取其貌”的说法非常适合拍摄山峦。要突出山峦的气势，就要尝试从不同的角度去拍摄，如诗中所说“横看成岭侧成峰，远近高低各不同”，所以必须寻找一个最佳的拍摄角度。采用最多的拍摄角度无疑还是仰视，以表现山峦的高大、耸立。当然，如果身处山峦之巅或较高的位置，则可以采取俯视的角度表现“一览众山小”之势。另外，平视也是采用较多的拍摄角度，采用这种视角拍摄的山峦比较容易形成三角形构图，从而表现其连绵起伏的气势或稳定感。

▼选择俯视角度拍摄，并选择180度接片表现山峦的磅礴气势，使山峦的全貌一览无余，右下角的旅行者衬托出了大山的神奇与美丽『焦距：14mm ┊ 光圈：F12 ┊ 快门速度：1/320s ┊ 感光度：ISO160』

▲平视拍摄山峰，突出表现了山的坚硬质感及巍峨雄伟的气势『焦距：24mm ┆ 光圈：F11 ┆ 快门速度：1/160s ┆ 感光度：ISO200』

用云雾体现山峦的灵秀飘逸

水因为山显得更为灵秀，山因为水的映衬而更显雄奇，这就是陪体的作用。在拍摄山峦的时候可以借助合适的陪体，如云、雾、树木等来使山峦看上去更具有或秀丽、或灵动的美感。

采用平视的角度拍摄，很好地展现了连绵不断的山脉，山间的云雾为画面营造出了神秘与灵秀的气氛，增强了画面的表现力『焦距：18mm ┆ 光圈：F10 ┆ 快门速度：1/100s ┆ 感光度：ISO100』

拍摄树木的技巧

以逆光表现枝干的线条

在拍摄树木时，可将其树干作为画面突出呈现的重点，采用较低机位的仰视视角进行拍摄，以简练的天空作为画面背景，在其衬托对比之下突出表现枝干的线条造型，这样的照片往往有较大的光比，因此多用逆光进行拍摄。

▲ 8 种风光摄影技巧教学视频

▲ 逆光拍摄树木的剪影，伴随着暖暖的夕阳，画面呈现出非常祥和的气氛『焦距：24mm ┆ 光圈：F11 ┆ 快门速度：1/160s ┆ 感光度：ISO200』

仰视拍摄表现树木的挺拔与树叶的通透美感

采用仰视的角度拍摄树木有两个优点：其一，如果拍摄时使用的是广角镜头，可以获得树木在画面中向中间汇聚的奇特视觉效果，大大增强画面的新奇感，即使未使用广角镜头，也能够拍摄出树梢直插蓝天或树冠遮天蔽日的效果；其二，可以借助蓝天背景与逆光，拍摄出背景色彩纯粹、树叶质感通透的画面。

▲ 采用仰视角度拍摄，使树顶部呈聚拢状态，画面不仅新奇有趣，而且还非常富有形式美感『焦距：24mm ┆ 光圈：F14 ┆ 快门速度：1s ┆ 感光度：ISO200』

拍摄树叶展现季节之美

树叶也是无数摄影爱好者钟爱的拍摄题材之一，无论是金黄还是血红的树叶，总能够在恰当的对比色下展现出异乎寻常的美丽。如果希望表现漫山红遍、层林尽染的整体气氛，应该选用广角镜头；而长焦镜头则适合对树叶进行局部特写拍摄。由于拍摄树叶时的重点在于表现其颜色，因此拍摄时应该将重点放在画面的背景色选择上，以最恰当的背景色来对比或衬托树叶。

夏季的树叶茂盛而翠绿，拍摄出的照片充满生机与活力。如果在秋天拍摄，由于树叶呈大片的金黄色，能够给人一种强烈的丰收喜悦感。

拍摄公园的一角，堆积满地的落叶，渲染出浓浓的秋意，为了使画面呈现更厚重的色调，拍摄时降低了 1/3 挡曝光补偿『焦距：40mm ┆ 光圈：F10 ┆ 快门速度：1/60s ┆ 感光度：ISO100』

捕捉林间光线使画面更具神圣感

当阳光穿透树林时，由于被树叶及树枝遮挡，因此会形成一束束透射林间的光线，这种光线被有的摄友称为“耶稣圣光”，能够为画面增加神圣感。

要拍摄这样的题材，最好选择清晨或黄昏时分，此时太阳斜射向树林中，能够获得最好的画面效果。在实际拍摄时，可以迎向光线以逆光进行拍摄，也可以与光线平行以侧光进行拍摄。在曝光方面，可以以林间光线的亮度为准拍摄出暗调照片，衬托林间的光线；也可以在此基础上，增加1~2挡曝光补偿，使画面多一些细节。

针对画面中透射下来的光线测光，画面明暗对比强烈，使放射状的光线成为画面中的亮点，整个森林更具神秘感『焦距：50mm ┆ 光圈：F9 ┆ 快门速度：1/10s ┆ 感光度：ISO100』

拍摄溪流与瀑布的技巧

用不同快门速度表现溪流与瀑布的不同效果

使用较慢的快门速度，可以拍摄出如丝般质感的溪流与瀑布。为了防止曝光过度，可使用较小的光圈，如果还是曝光过度，应考虑在镜头前加装中灰滤镜，这样拍摄出来的瀑布是雪白的，就像丝绸一般。

由于使用的快门速度很慢，所以三脚架是必不可少的。除了用慢速快门外，还可以用高速快门在画面中凝固瀑布水流跌落的美景，虽然谈不上有“大珠小珠落玉盘”的水珠下坠之感，却也能很好地表现瀑布的势差与水流的奔腾之势。

▲ 利用中灰镜降低了镜头的进光量，长时间的曝光可使拍出来的水流像丝绸般顺滑『焦距：50mm ┆ 光圈：F11 ┆ 快门速度：2s ┆ 感光度：ISO100』

通过对比突出瀑布的气势

在没有对比的情况下，很难通过画面直观判断一个事物的体量。因此，如果在拍摄瀑布时希望体现出瀑布宏大的气势，就应该通过在画面中加入容易判断大小体量的画面元素，从而通过大小对比来表现瀑布的气势，最常见的元素就是瀑布周边的旅游者或景物。

▲ 画面中游人的加入，使观者能够通过这一元素快速判断出瀑布的体量『焦距：28mm ┆ 光圈：F10 ┆ 快门速度：1/400s ┆ 感光度：ISO400』

拍摄湖泊的技巧

拍摄倒影使湖泊更显静逸

蓝天、白云、山峦、树林等都会在湖面形成美丽的倒影，在拍摄湖泊时可以采取对称构图的方法，将画面的水平线放在画面的中间位置，使画面的上半部分为天空，下半部分为倒影，从而使画面显得更加静逸。也可以按三分法构图原则，将水平线放在画面上三分之一或下三分之一的位置，使画面更富有变化。

要在画面中展现美妙的倒影，在拍摄时要注意以下几点。

▲ 以水平对称方法进行构图，得到完美的水天合一的美景，画面细节丰富，对称构图使画面显得更加静谧『焦距：17mm ┆ 光圈：F8 ┆ 快门速度：1/80s ┆ 感光度：ISO200』

- 波动的水面不会展现完美倒影，因此应选择湖泊上风很小的时候进行拍摄，以保持画面中湖面的平静。
- 水面的倒影能够表现多少，与拍摄的角度有关，角度越低，映入镜头的倒影就越多。
- 逆光与侧逆光是表现倒影的首选光线，应尽量避免在顺光或顶光下拍摄。
- 在倒影存在的情况下，应该适当增加曝光补偿，以使画面的曝光更准确。

选择合适的陪体使湖泊更有活力

在拍摄湖泊时，应适当选取岸边的景物作为衬托，如湖边的树木、花卉、岩石、飞鸟、游人等，这样能使平静的湖面充满生机与活力。

如果以树木、花卉作为衬托陪体，在构图时可以利用其在水面上形成的倒景，使画面形成对称式构图；以飞鸟、游人或小船作为衬托陪体时，如果数量较少，可以考虑采用留白式构图形式，如果数量较多，可以考虑使用散点式构图。

▲ 蓝色的湖水与湖畔的绿树固然很美，但却缺乏看点与生气，将行船置于画面的前景处，顿时使湖面充满了活力『焦距：18mm ┆ 光圈：F16 ┆ 快门速度：1/80s ┆ 感光度：ISO100』

拍摄雾霭景象的技巧

雾气不仅增强了画面的透视感，还赋予了照片朦胧的气氛，使照片具有别样的诗情画意。一般来说，由于浓雾的能见度较差，透视性不好，不适宜拍摄，因此拍摄雾景时通常应选择薄雾。薄雾的湿度较低，能见度和光线的透视性都比浓雾好很多，薄雾环境中的近景可以相对较清晰地呈现在画面中，而中景和远景要么被雾气所掩盖，要么就在雾气中若隐若现，有利于营造神秘的氛围。

调整曝光补偿使雾气更洁净

在顺光或顶光下，雾会产生强烈的反射光，容易使整个画面显得苍白、色泽较差且没有质感。而采用逆光、侧逆光或前侧光拍摄，更有利于表现画面的透视感和层次感，通过画面中光与影的效果营造出一种更飘逸的意境。逆光或侧逆光还可以使画面远处的景物呈现剪影效果，使画面更有空间感。

在选择了正确的光线方向后，还需要适当调整曝光补偿，因为雾是由许多细小水珠形成的，可以反射大量的光线，所以雾景的亮度较高，因此根据白加黑减的曝光补偿原则，通常应该增加 1/3 至 1 挡左右的曝光补偿。

调整曝光补偿时，要考虑所拍摄的场景中雾气的面积这个因素，面积越大意味着场景越亮，就越应该增加曝光补偿；若面积很小的话，可以考虑不增加曝光补偿。还需要注意的是，如果对于曝光补偿的增加程度把握不好，那么建议还是以“宁可欠曝也不可过曝”的原则进行拍摄。因为所拍摄的照片如果是曝光不足，我们可以通过后期处理进行提亮（会产生一定杂点）；但如果是曝光过度，那么就很难再显示出其中的细节了。

▲为了使雾气看上去不浑浊，可适当增加曝光补偿，这样雾气显得更加洁净『焦距：45mm ┆ 光圈：F11 ┆ 快门速度：1/125s ┆ 感光度：ISO200』

善用景别与光线使画面更有层次

由于雾气对光的强烈散射效果，使雾气中的景物具有明显的空间透视效果，因此越远处的景物看上去越模糊，如果在构图时充分考虑这一点，就能够使画面具有更明显的空间感。

因为雾气亮度较高，因此当画面中存在暗调景物并与雾气相互交融时，就能够使画面具有明显的层次和对比。

在选择光线时应首选逆光，在构图时要注意利用远景来衬托前景与中景，利用光线造成的前景、中景、远景间不同的色调对比来营造层次感。

▲ 在缭绕的雾气中，画面的前景、中景与背景分别以层级不同的暗调出现，层次感十分清晰，让人强烈地感受到画面广袤的空间感『焦距：24mm ┆ 光圈：F16 ┆ 快门速度：1/100s ┆ 感光度：ISO200』

Q&A

Q：如何拍出色彩鲜艳的图像？

A：可以在“照片风格”菜单中选择色彩较为鲜艳的“风光”风格选项。

如果想要使色彩看起来更为艳丽，可以加强“饱和度”选项的数值；另外，加强“反差”选项的数值也会使照片的色彩更为鲜艳。不过需要注意的是，在调节数值时不能过大，避免出现色彩失真的现象，导致画面细节损失。

Q：如何平衡画面中的高亮部分与阴影部分？

A：开启相机内的“自动亮度优化”功能。此功能能够自动调整亮部与暗部的细节，调整出最佳亮度与反差。

Nikon D500

拍摄日出、日落的技巧

日出、日落是许多摄影爱好者最喜爱的拍摄题材之一，在诸多获奖摄影作品中也不乏以此为拍摄主题的照片，但由于太阳是最亮的光源，无论是测光还是曝光都有一定难度。因此，如果不掌握一定的拍摄技巧，很难拍摄出漂亮的日出、日落照片。

选择正确的曝光参数是成功的开始

拍摄日出、日落时，较难掌握的是曝光控制，日出、日落时，天空和地面的亮度反差较大，如果对准太阳测光，太阳的层次和色彩会有较好的表现，但会导致云彩、天空和地面上的景物曝光不足，呈现出一片漆黑的景象；而对准地面景物测光，会导致太阳和周围的天空曝光过度，从而失去色彩和层次。

正确的曝光方法是使用点测光模式，对准太阳附近的天空进行测光，这样不会导致太阳曝光过度，而天空中的云彩也有较好的表现。

最保险的做法是在标准曝光量的基础上，增加或减少一挡或半挡曝光补偿，再拍摄几张照片，以增加挑选的余地。如果没有把握，不妨使用包围曝光法，以避免错过最佳拍摄时机。

一旦太阳开始下落，光线的亮度将明显下降，很快就需要使用慢速快门进行拍摄，这时若用手托举着长焦镜头会很不稳定。因此，拍摄时一定要使用三脚架。拍摄日出时，随着时间的推移，所需要的曝光数值会越来越小；而拍摄日落则恰恰相反，所需要的曝光数值会越来越大，因此，在拍摄时应该注意随时调整曝光数值。

▲采用逆光拍摄时，可针对画面的中灰部分测光，使画面过亮的地方不过曝，海面也获得了较好的曝光，画面细节较丰富『焦距：35mm ┆ 光圈：F11 ┆ 快门速度：1/320s ┆ 感光度：ISO100』

用长焦镜头拍摄出大太阳的技巧

如果希望在照片中呈现较大的太阳，要尽可能使用长焦距拍摄。通常在标准的35mm幅面的画面上，太阳的直径只是焦距的1/100。因此，如果用50mm的标准镜头拍摄，太阳的直径为0.5mm；如果使用200mm的镜头拍摄，则太阳直径为2mm；如果使用400mm的长焦镜头拍摄，太阳的直径就能够达到4mm。

▲ 利用长焦拍摄夕阳落日，在淡淡云层的折射下，太阳在画面中呈现为一个模糊的白色圆形，而前景处手持渔竿的人犹如正在“钓”太阳，使画面多了一份幽默的味道『焦距：400mm ┆ 光圈：F5 ┆ 快门速度：1/500s ┆ 感光度：ISO100』

用合适的陪体为照片添姿增色

从画面构成来讲，拍摄日出、日落时，不要直接将镜头对着天空，这样拍摄出的照片显得单调。可选择树木、山峰、草原、大海、河流等景物作为前景，以衬托日出、日落时特殊的氛围。尤其是以树木等景物作为前景时，树木呈现出漂亮的剪影效果，阴暗的前景能和较亮的天空形成鲜明的对比，增强了画面的形式美感。

如果要拍摄的日出、日落场景中有水面，可以在构图时选择天空、水面各一半的构图形式，或者在画面中加大波光粼粼水面的区域，此时依据水面进行曝光，可以适当提高一挡或半挡曝光补偿，以抵消光经过水面折射时产生的损失。

▲ 将牛作为陪体拍摄，通过降低曝光补偿的方式，使牛儿呈美丽的剪影，为画面增添了活力『焦距：210mm ┆ 光圈：F5.6 ┆ 快门速度：1/1000s ┆ 感光度：ISO320』

善用 RAW 格式为后期处理留有余地

大多数初学者在拍摄日出、日落场景时，得到的照片要么是一片漆黑，要么是一片亮白，高光部分完全没有细节，除了在测光与拍摄技巧上要加强练习外，还可以在拍摄时为后期处理留有余地，以挽回这种可能“报废”的片子，即将照片的保存格式设置为 RAW 格式，或者 RAW+JPEG 格式，这样拍摄后就可以对照片进行更多的后期处理，以便得到最漂亮的照片。

用云彩衬托太阳使画面更具艺术感染力

拍摄日出、日落时，云彩有时是最主要的表现对象，无论是日在云中还是云在日旁，在太阳的照射下，云彩都会表现出异乎寻常的美丽，从云彩中间或旁边透射出的光线更应该是重点表现的对象。因此，拍摄日出、日落的最佳季节是春、秋两季，此时云彩较多，可增加画面的艺术感染力。

▲ 金黄色的云彩与蓝色的天空使画面色彩丰富、浓郁，渲染出落日余晖的辉煌，即将落入地平线的太阳是画面的视觉重点，与前景水面处的树枝形成呼应『焦距：20mm ┆ 光圈：F13 ┆ 快门速度：1/125s ┆ 感光度：ISO200』

拍摄冰雪的技巧

运用曝光补偿准确还原白雪

由于雪的亮度很高，如果按照相机给出的测光值曝光，会造成曝光不足，使拍摄出的雪呈灰色，所以拍摄雪景时一般都要使用曝光补偿功能对曝光进行修正，通常需要增加 1 至 2 挡曝光补偿。需要注意的是，并不是所有的雪景都需要进行曝光补偿，如果所拍摄的场景中白雪所占的面积较小，则无需进行曝光补偿处理。

◀ 采用增加 1 挡曝光补偿拍摄的雪景，色彩和层次都有了较好的表现『焦距：45mm ┆ 光圈：F14 ┆ 快门速度：1/160s ┆ 感光度：ISO100』

尝试用不同的白平衡塑造个性色调

拍摄雪景时，摄影师可以结合实际环境的光源色温进行拍摄，以得到洁净的纯白影调、清冷的蓝色影调或铺上金黄的冷暖对比影调，也可以结合相机的白平衡设置来获得独具创意的画面影调效果，以服务于画面的主题。

◀ 通过恰当的白平衡设置，使画面中的蓝色与紫色巧妙地融合在一起，衬托出冬季特有的魅力『焦距：50mm ┆ 光圈：F8 ┆ 快门速度：1/400s ┆ 感光度：ISO100』

Chapter 12

Nikon D500 动物摄影技巧

选择合适的角度和方向拍摄昆虫

拍摄昆虫时应注意拍摄角度的选择，在多数情况下，以平视角度拍摄能取得更好的效果，因为这样拍摄到的画面看起来十分亲切。

拍摄昆虫时还应注意拍摄的方向。根据昆虫身体结构的特点，大多数情况下会选择侧面拍摄，这样能在画面中表现出更多的昆虫形体结构和色彩等特征。

不过也可以打破传统，以正面角度拍摄，这样拍摄到的昆虫往往看起来非常可爱，很容易令人产生联想，使画面充满一种幽默的意境。

『焦距：105mm ¦ 光圈：F5 ¦ 快门速度：1/125s ¦ 感光度：ISO400』

▶ 从这4张蝴蝶微距作品中可以看出，最下方采用与蝴蝶翅膀平面平行的角度拍摄的效果是最好的

『焦距：105mm ¦ 光圈：F11 ¦ 快门速度

使用点测光对昆虫的眼睛进行测光

蜜蜂、蜻蜓和苍蝇等的眼睛特别大，通常会选择点测光模式来拍摄，即把昆虫的眼睛安排在取景器中央对焦点周围的小圆圈内。这样相机便会按照昆虫眼睛的亮度来进行测光，拍摄出的昆虫眼部会非常突出，画面更具视觉感染力。

▶ 从正面拍摄昆虫，突出表现昆虫的大眼睛，为画面增添了幽默与趣味『焦距：90mm ┆ 光圈：F22 ┆ 快门速度：1/250s ┆ 感光度：ISO200』

▶ 使用中央重点测光对蝇的眼睛进行测光，得到具有强烈感染力的画面『焦距：180mm ┆ 光圈：F10 ┆ 快门速度：1/125s ┆ 感光度：ISO200』

利用小景深突出昆虫

拍摄昆虫较难掌握的是景深控制。为了让背景模糊，以便突出昆虫主体，通常都会采用较大的光圈拍摄。

但要注意的是，当使用最大光圈的时候，往往容易导致主体的局部也会模糊，所以在拍摄前应使用景深预览功能，这样就可以直接在取景器上观察画面的虚实情况。

其实拍摄昆虫使用的是中长焦镜头，即使使用中等光圈也能拍摄到小景深的效果。

在拍摄昆虫时，使用中等光圈既能得到较浅的景深，又能使主体有一定的清晰度『焦距：50mm ┆ 光圈：F4.5 ┆ 快门速度：1/250s ┆ 感光度：ISO100』

选择合适的光线拍摄昆虫

在拍摄昆虫时，通常以顺光和侧光为佳。顺光拍摄能较好地表现昆虫的色泽，使照片看起来十分鲜艳动人；而侧光拍摄的昆虫富有明暗层次，有着非常不错的视觉效果；逆光拍摄在昆虫摄影中较少利用，但如果运用得好，也可以拍摄出非常精彩的照片，尤其是在拍摄半透明的昆虫时，逆光拍摄的效果非常独特。

▶ 以侧逆光拍摄蜻蜓，可在其身体的轮廓涂上一层柔和的轮廓光，使蜻蜓显得很轻盈『焦距：105mm ┆ 光圈：F7.1 ┆ 快门速度：1/400s ┆ 感光度：ISO500』

▼ 环形闪光灯使昆虫外甲坚硬的质感得以表现，红色的盔甲、长长的触角与绿色的背景形成鲜明的颜色对比，使昆虫更加突出『焦距：300mm ┆ 光圈：F5.6 ┆ 快门速度：1/200s ┆ 感光度：ISO200』

使用长焦镜头“打鸟”

因为鸟类易受人的惊扰，所以通常要使用200mm以上焦距的镜头才能使被摄的鸟在画面中占有较大的面积。使用长焦镜头拍摄的另一个好处是，在一些不易靠近的地方也可以轻松拍摄到鸟儿，如在大海或湖泊上。

▲ 使用长焦镜头捕捉鸟儿将头塞进花朵的瞬间，画面既生动又简洁，突出主体的同时又不失趣味性『焦距：500mm ┆ 光圈：F5.6 ┆ 快门速度：1/500s ┆ 感光度：ISO800』

捕捉鸟儿最动人的瞬间

对于正在飞行中的鸟儿，须用较高的快门速度才能将其清晰地拍摄下来。使用大光圈的长焦镜头可以使拍摄变得更加轻松，如F2.8的长焦镜头。为了提高拍摄的成功率，可以启动高速连拍功能来拍摄，只要按住快门不放，相机便会连续拍摄多张照片。

另外，还需注意对焦模式的选择。如果使用单次伺服自动对焦模式，故在半按快门对焦完成之后，彻底按下快门时，如果主体发生了移动，便会导致失焦。而连续伺服自动对焦则比较适合拍摄运动中的物体，只要保持半按快门状态，就会对主体进行持续对焦，从而拍摄出清晰鸟儿飞翔的画面。

▲ 鸟儿喂食的瞬间，画面温馨且动人，使用中央重点测光模式使鸟儿得到正确曝光『焦距：300mm ┆ 光圈：F7.14 ┆ 快门速度：1/1600s ┆ 感光度：ISO320』

选择合适的背景拍摄鸟儿和游禽

在拍摄鸟儿和游禽时，背景的选择非常重要。对于拍摄鸟儿来说，最合适的背景就是天空和水面。一方面可以获得比较干净的背景，突出被摄体的主体地位；另一方面天空和水面在表达鸟儿生存环境方面比较有代表性。而拍摄游禽最佳的背景就是水面，可以很好地交代其所处的环境。

▲ 使用长焦镜头拍摄鸟儿，以简洁的天空为背景，可使鸟儿在画面中显得更加突出『焦距：200mm ┆ 光圈：F4.5 ┆ 快门速度：1/640s ┆ 感光度：ISO100』

▼ 使用长焦镜头以水面为背景拍摄低飞的水鸟，可以将它们的生存状态真实地呈现出来『焦距：45mm ┆ 光圈：F4 ┆ 快门速度：1/125s ┆ 感光度：ISO100』

选择最合适的光线拍摄鸟儿和游禽

想要选择适合的光线拍摄鸟儿和游禽，对于摄影师来说不是特别方便——因为你没有充分的时间来考虑如何用光，大部分鸟儿和游禽也不会一动不动地等着你去拍，稍不注意就会丧失拍摄良机。

因此，需要摄影师熟知不同光线下拍摄的鸟儿和游禽会呈现的不同画面效果。下面就介绍一下拍摄鸟

儿和游禽时常用的光线。顺光拍摄能够较好地表现鸟儿和游禽的羽毛质感及色泽，使照片看起来十分鲜艳动人；顶光和侧光比较相似，都会使拍摄出的画面有很强的明暗对比，层次感、立体感较强；逆光会使张开双翼的鸟儿和游禽的翅膀呈半透明状，轮廓感明显；柔光拍摄鸟儿和游禽细节比较突出，有利于表现其羽毛的质感。

选择合适的景别拍摄鸟儿

选择不同的景别拍摄鸟儿，可以给人传达不同的信息。选择表现鸟儿的整体可以使观者更多地了解鸟儿的整体外貌及身体特征，还有助于表现其生存环境。当然，也可以拍摄鸟儿其他的特写，即不拍摄全景的鸟儿，只对它的局部特征进行表现，如只拍摄鸟儿的头部，这样的照片能给观众留下十分深刻的印象。

▲ 用全景景别来拍摄落在树枝上吸食花蜜的小鸟，将环境也一同呈现使画面更加真实、自然『焦距：500mm ┆ 光圈：F5.6 ┆ 快门速度：1/500s ┆ 感光度：ISO800』

▼ 要用特写的景别拍摄别具特色的火鸟头部，纤毫毕现的头部给人极强的视觉冲击力『焦距：300mm ┆ 光圈：F2.8 ┆ 快门速度：1/320s ┆ 感光度：ISO100』

Chapter 13 Nikon D500 花卉摄影技巧

用水滴衬托花朵的娇艳

在早晨的花园、森林中能够发现无数出现在花瓣、叶尖、叶面、枝条上的露珠，在阳光下显得晶莹闪烁、玲珑可爱。拍摄带有露珠的花朵，能够表现出花朵的娇艳与清新的自然感。

要拍摄有露珠的花朵，最好用微距镜头以特写的景别进行拍摄，使分布在叶面、叶尖、花瓣上的露珠不但给人一种雨露滋润的感觉，还能够在画面中形成奇妙的光影效果。景深范围内的露珠清晰明亮、晶莹剔透；而景深外的露珠却形成一些圆形或六角形的光斑，装饰美化着背景，给画面平添几分情趣。

如果没有拍摄露珠的条件，也可以用小喷壶对着花朵喷几下，从而使花朵上沾满水珠。

▶ 采用人工喷水的方法使花瓣布上了一层均匀的小水滴，让鲜花看上去更加娇艳，拍摄时为了使水滴看上去更透亮，增加了1/3挡曝光补偿『焦距：105mm ┆ 光圈：F2.8 ┆ 快门速度：1/15s ┆ 感光度：ISO100』

拍出有意境和神韵的花卉

意境是中国古典美学中一个特有的范畴，反映在花卉摄影中，指拍摄者观赏花卉时的思想情感与客观景象交融而产生的一种境界。其形成与拍摄者的主观意识、文化修养及情感境遇密切相关，花卉的外形、质感乃至影调、色彩等视觉因素都可能触发拍摄者的联想，因而意境的流露常常伴随着拍摄者丰富的情感，在表达上多采用移情于物或借物抒情的手法。我国古典诗词中有很多脍炙人口的咏花诗句，如"墙角数枝梅，凌寒独自开""短短桃花临水岸，轻轻柳絮点人衣""冲天香阵透长安，满城尽带黄金甲"，将类似的诗名熟记于心，以便在看到相应的场景时就能引发联想，以物抒情，使作品具有诗境。

▲ 利用长焦拍摄远处的荷花，深色背景的衬托下，浅色的荷花愈发的显着有种梦幻的美感『焦距：300mm ┆ 光圈：F3.5 ┆ 快门速度：1/250s ┆ 感光度：ISO100』

仰拍获得高大形象的花卉

如果要拍摄的花朵周围环境比较杂乱，采用平视或俯视的角度很难拍摄出漂亮的画面，则可以考虑采用仰视的角度进行拍摄，此时由于画面的背景为天空，因此很容易获得背景纯净、主体突出的画面。

如果花朵生长的位置较高，比如生长在高高树枝上的梅花、桃花，那么拍摄起来就比较容易。

如果花朵生长在田原、丛林之中，如野菊花、郁金香等，则要有弄脏衣服和手的心理准备，为了获得最佳拍摄角度，可能要趴在地上将相机放得很低。

而如果花朵生长在池塘、湖面之上，如荷花、莲花，则可能无法按这样的方法拍摄，需要另觅他途。

▲ 低角度仰拍花卉，使花儿显得十分高大，由于区别于平常所见，因此画面具有很强的视觉冲击力『焦距：18mm ┆ 光圈：F11 ┆ 快门速度：1/200s ┆ 感光度：ISO100』

俯拍展现星罗棋布的花卉

采用这种角度拍摄时，最好用散点构图形式，散点式构图的主要特点是“形散而神不散”，因此，采用这种构图手法拍摄时，要注意花丛的面积不要太大，分布在花丛中的花朵在颜色、明暗等方面与环境形成鲜明对比，否则没有星罗棋布的感觉，要突出的花朵也无法在花丛中凸显出来。

▶ 以俯视的角度拍摄花卉，不仅很好地展现了花朵的形态，还使画面呈现出散点分布的效果『焦距：50mm ┆ 光圈：F2.8 ┆ 快门速度：1/60s ┆ 感光度：ISO100』

逆光拍出有透明感的花瓣

运用逆光拍摄花卉时，可以清晰地勾勒出花朵的轮廓线。如果所拍摄花的花瓣较薄，则光线能够透过花瓣，使其呈现出透明或半透明效果，从而更细腻地表现出花的质感、层次和花瓣的纹理。拍摄时要用闪光灯、反光板进行适当的补光处理，并应对透明的花瓣以点测光模式测光，以花的亮度为基准进行曝光。

▲10种花卉拍摄技巧教学视频

▲逆光下拍摄勃勃生机的向日葵，半透明的花瓣在暗色背景衬托下显得更加美丽和富有生机『焦距：18mm ┆ 光圈：F22 ┆ 快门速度：1/320s ┆ 感光度：ISO200』

▼采用逆光拍摄可以很好地表现花朵的质感和纹理，使用大光圈将背景虚化，使画面更有层次，主体更突出『焦距：85mm ┆ 光圈：F3.2 ┆ 快门速度：1/160s ┆ 感光度：ISO100』

选择最能够衬托花卉的背景颜色

花卉摄影中背景色作为画面的重要组成部分，起到烘托、映衬主体，丰富作品内涵的积极作用。由于不同的颜色给人不一样的感觉，对比强烈的色彩会使主体与背景间的对比关系更加突出，而和谐的色彩搭配则让人有惬意祥和之感。

通常可以采取深色、浅色、蓝天色三种背景拍摄花卉。使用深色或浅色背景拍摄花卉的视觉效果极佳，画面中蕴涵着一种特殊的氛围。其中又以最深的黑色与最浅的白色背景最为常见，黑色背景的花卉照片显得神秘，主体非常突出；白色背景的画面显得简洁，给人一种很纯洁的视觉感受。

拍摄背景全黑花卉照片的方法有两种：一是在花朵后面安排一张黑色的背景布；二是如果被摄花朵正好处于受光较好的位置，而背景处在阴影下，此时使用点测光对花朵亮部进行测光，这样也能拍摄到背景几乎全黑的照片。

如果所拍摄花卉的背景过于杂乱，或者要拍摄的花卉面积较大，无法通过放置深色或浅色布或板子的方法进行拍摄，则可以考虑采用仰视角度以蓝天为背景进行拍摄，以使画面中的花卉在蓝天的映衬下显得干净、清晰。

▲ 选择黑色的背景布作为背景可将素雅的花朵凸显出来『焦距：105mm ┆ 光圈：F4 ┆ 快门速度：1/160s ┆ 感光度：ISO100』

▼ 以干净的蓝色天空作为背景，突出了樱花的纯洁与美丽，画面给人以清新自然的感觉『焦距：55mm ┆ 光圈：F8 ┆ 快门速度：1/320s ┆ 感光度：ISO100』

加入昆虫让花朵更富有生机

拍摄昆虫出镜照片时一定要清楚主体是花朵，最好不要使昆虫在画面中占据太显眼的位置，昆虫的色彩也不能过于艳丽，否则会造成喧宾夺主、干扰主体的视觉效果。

在拍摄时，由于昆虫经常不停地飞动或爬行，想要获得合适的拍摄角度和位置，就需要摄影师耐心等候。

▶ 温暖的黄色花蕊上辛勤的蜜蜂正在忙碌，大光圈的使用将背景虚化得非常漂亮，从而将鲜花衬托得更加美丽『焦距：105mm ┆ 光圈：F4.5 ┆ 快门速度：1/400s ┆ 感光度：ISO200』

▲ 在拍摄花朵的时候，总是会有一些调皮的小东西来“捣乱”，将它们也纳入到画面中来，使画面更富有生机『焦距：135mm ┆ 光圈：F6.3 ┆ 快门速度：1/320s ┆ 感光度：ISO400』

Chapter 14 Nikon D500 建筑摄影技巧

合理安排线条使画面有强烈透视感

拍摄建筑题材的作品时，如果要保证画面有真实的透视效果与较大的纵深空间，可以根据需要寻找合适的拍摄角度和位置，并充分利用透视规律。

在建筑物中选取平行的轮廓线条，如桥索、扶手、路基，使其在远方交汇于一点，从而营造出强烈的透视感，这样的拍摄手法在拍摄隧道、长廊、桥梁、道路等题材时最为常用。

如果所拍摄的建筑物体量不够宏伟、纵深不够大，可以利用广角镜头夸张强调建筑物线条的变化，或在构图时选取排列整齐、变化均匀的对象，如一排窗户、一列廊柱、一排地面的瓷砖等。

▶ 使用竖画幅构图，借助对比强烈的光影与广角镜头造成的明暗透视效果来增强画面的空间感。前景中安排了身穿黑色服装的人物，由于面积较小又处于画面右下角的阴影处，不但不会影响走廊主体的表现，还为画面增添了神秘的气氛与联想的空间『焦距：28mm ┆ 光圈：F10 ┆ 快门速度：1/250s ┆ 感光度：ISO100』

用侧光增强建筑立体感

利用侧光拍摄建筑时，由于光线的原因，画面中会产生阴影或投影，呈现出比较明显的明暗对比，有利于体现建筑的立体感与空间感。在这种光线的照射下，建筑外立面的屋脊、挑檐、外飘窗、阳台均能够形成显著的明暗对比，因此能够很好地突出建筑的立体感。要注意的是，此时最好以斜向 45°的方向进行拍摄，从正面或背面拍摄时，由于只能够展示一个面，因此不会产生理想的立体效果。

▲ 利用侧光拍摄建筑，使画面更有空间感，建筑物的立体感更强『焦距：35mm ┆ 光圈：F8 ┆ 快门速度：1/640s ┆ 感光度：ISO100』

逆光拍摄勾勒建筑优美的轮廓

逆光对于表现轮廓分明、结构有形式美感的建筑非常有效，如果要拍摄的建筑环境比较杂乱且无法避让，摄影师就可以将拍摄的时间安排在傍晚，用天空的余光将建筑拍摄成为剪影。此时，太阳即将落下、夜幕将至、华灯初上，拍摄出来的剪影建筑画面中不仅有大片的深色调，还有星星点点的色彩与灯光，使画面明暗平衡、虚实相衬，而且略带神秘感，能够引发观众的联想。

在具体拍摄时，只需要针对天空中亮处进行测光，建筑物就会由于曝光不足而呈现为黑色的剪影效果，如果按此方法得到的是半剪影效果，可以通过降低曝光补偿使暗处更暗，从而使建筑物的轮廓外形更明显。

▲ 采用水平构图并配合逆光拍摄把桥的形体轮廓很好地勾勒出来，近景中的水与远景的山在丰富画面的同时，也使照片更加生动『焦距：50mm ┆ 光圈：F8 ┆ 快门速度：1/250s ┆ 感光度：ISO200』

▲ 10 种建筑摄影技巧教学视频

用长焦展现建筑独特的外部细节

如果觉得建筑物的局部细节非常完美，则不妨使用长焦镜头，专门对局部进行特写拍摄。这样可以使建筑的局部细节得到放大，给观众留下更加深刻的印象。

▶ 以长焦镜头拍摄高处的建筑细节，使其华丽的装饰和复杂的细节成为画面的表现重点，并以此形成较强的视觉冲击力『焦距：200mm ┆ 光圈：F9 ┆ 快门速度：1/320s ┆ 感光度：ISO200』

室内弱光拍摄建筑精致的内景

在拍摄建筑时，除了拍摄宏大的整体造型及外部细节之外，也可以进入建筑物内部拍摄内景，如歌剧院、寺庙、教堂等建筑物内部都有许多值得拍摄的细节。由于室内的光线较暗，在拍摄时应注意快门速度的选择，如果快门速度低于安全快门时，应适当开大几挡光圈。当然，提高 ISO 感光度、开启光学防抖功能，也都是防止成像模糊的有效办法。

▼ 平视拍摄建筑内景时，由于光线较暗，需使用较慢的快门速度，为了避免拍摄时由于手的抖动而导致画面模糊，因此使用了三脚架来固定相机『焦距：20mm ┆ 光圈：F8 ┆ 快门速度：1/15s ┆ 感光度：ISO100』

通过对比突出建筑的体量感

在没有对比的情况下，很难通过画面直观判断出这个建筑的体量。因此，如果在拍摄建筑时希望体现出建筑宏大的气势，就应该通过在画面中加入容易判断大小体量的画面元素，从而通过大小对比来表现建筑的气势，最常见的元素就是建筑周边的行人或者大家比较熟知的其他小型建筑。总而言之，就是用大家知道的景物来对比判断建筑物的体量。

▶ 采用超广角镜头，以仰视的角度拍摄门洞，使画面具有夸张的透视变形效果，而前景处的游人则成为衡量建筑体量的参照物，反衬出建筑体量的庞大『焦距：16mm ┆ 光圈：F8 ┆ 快门速度：1/500s ┆ 感光度：ISO200』

拍摄蓝调天空夜景

要表现城市夜景，当天空完全黑下来才去拍摄，并不一定是个好选择，虽然那时城市里的灯光更加璀璨。实际上，当太阳刚刚落山，夜幕正在降临，路灯也刚则开始点亮时，是拍摄夜景的最佳时机。此时天空具有更丰富多彩的颜色，通常是蓝紫色，而且在这段时间拍摄夜景，天空的余光能勾勒出天际边被摄体的轮廓。

如果希望拍摄出深蓝色调的夜空，应该选择一个雨过天晴的夜晚，由于大气中的粉尘与灰尘等物质经过雨水的附带而降落到地面，使得天空的能见度提高而变为纯净的深蓝色。此时，带上拍摄装备去拍摄天完全黑透之前的夜景，会获得十分理想的画面效果，画面呈现出醉人的蓝色调，仿佛走进了童话故事里的世界。

在日落后的傍晚拍摄，由于色温较高，因此画面的色调整体偏冷，为了增强画面的蓝调氛围，使用了色温较低的“荧光灯”白平衡模式『焦距：17mm ┆ 光圈：F8 ┆ 快门速度：8s ┆ 感光度：ISO100』

长时间曝光拍摄城市动感车流

使用慢速快门拍摄车流经过留下的长长的光轨，是绝大多数摄影爱好者喜爱的城市夜景题材。但要拍出漂亮的车灯轨迹，对拍摄技术有较高的要求。

很多摄友拍摄城市夜晚车灯轨迹时常犯的错误是选择在天色全黑时拍摄，实际上应该选择天色未完全黑时进行拍摄，这时的天空有宝石蓝般的色彩，此时拍出照片中的天空才会漂亮。

如果要让照片中的车灯轨迹呈迷人的S形线条，拍摄地点的选择很重要，应该寻找能够看到弯道的地点进行拍摄，如果在过街天桥上拍摄，那么出现在画面中的灯轨线条必然是有汇聚效果的直线条，而不是S形线条。

拍摄车灯轨迹一般选择快门优先模式，并根据需要将快门速度设置为30s以内的数值（如果要使用超出30s的快门速度进行拍摄，则需要使用B门）。在不会过曝的前提下，曝光时间的长短与最终画面中车灯轨迹的长度成正比。

采用慢速快门拍摄城市夜间车流的轨迹，画面视野开阔，车流作为画面的主体表现充分，作为陪体出现的城市建筑大小合适，远景适中，很好地展现了城市的繁华景象『焦距：18mm ¦ 光圈：F16 ¦ 快门速度：20s ¦ 感光度：ISO200』

利用水面拍出极具对称感的夜景建筑

在上海隔着黄浦江能够拍摄到漂亮的外滩夜景，而在香港则可以在香江对面拍摄到点缀着璀璨灯火的维多利亚港，实际上类似这样临水而建的城市在国内还有不少，在拍摄这样的城市时，利用水面拍出极具对称效果的夜景建筑是一个不错的选择。夜幕下城市建筑群的璀璨灯光，会在水面折射出五颜六色的、长长的倒影，不禁让人感叹城市的繁华、时尚。

要拍出这样的效果，需要选择一个没有风的天气，否则在水面被风吹皱的情况下，倒影的效果不会太理想。

此外，要把握曝光时间，其长短对于最终的结果影响很大。如果曝光时间较短，水面的倒影中能够依稀看到水流痕迹；而较长的曝光时间能够将水面拍成如镜面一般平整。

▼ 国家大剧院在灯光的点缀下呈现为弧线轮廓，与湖面的倒影形成了完美的对称构图，仿佛一个唯美的星球，给人以梦幻、神秘的感觉『焦距：16mm ┆ 光圈：F8 ┆ 快门速度：15s ┆ 感光度：ISO100』

拍摄城市夜晚燃放的焰火

许多城市在重大节日都会燃放烟花，有些城市甚至经常进行焰火表演，例如香港就经常在维多利亚港燃放烟花，在弱光环境下拍摄短暂绽放的漂亮烟花，对摄影爱好者而言不能不说是一个比较大的挑战。

▲ 运用慢速快门拍摄夜空中的焰火，把焰火绽放的瞬间记录下来『焦距：30mm ┊ 光圈：F6.3 ┊ 快门速度：6s ┊ 感光度：ISO100』

漂亮的烟花各有精彩之处，但拍摄技术却大同小异，具体来说有三点，即对焦技术、曝光技术、构图技术。

如果在烟花升起后才开始对焦拍摄，待对焦成功后烟花也差不多都谢幕了，因此，如果所拍摄烟花的升起位置差不多的话，应该先以一次礼花作为对焦的依据，拍摄成功后，切换至手动对焦方式，从而保证后面每次拍摄都是正确对焦的。如果条件允许的话，也可以对周围被灯光点亮的建筑进行对焦，然后使用手动对焦模式拍摄烟花。

在曝光技术方面，要把握两点：一是曝光时间，二是光圈大小。烟花从升空到燃放结束，大概只有5~6 秒的时间，而最美的阶段则是前面的 2~3 秒，因此，如果只拍摄一朵烟花，可以将快门速度设定在这个范围内。如果距离烟花较远，为了确保画面的景深，应将光圈数值设置为 F5.6~F10 之间。如果拍摄的是持续燃放的烟花，应适当缩小光圈，以免画面曝光过度。拍摄时所用光圈的数值，要在遵循上述原则的基础上，根据拍摄环境的光线情况反复尝试，切不可照搬硬套。

构图时可将地面有灯光的景物、人群也纳入画面中，以美化画面或增加画面气氛。因此，要使用广角镜头进行拍摄，以将烟花和周围景物纳入画面。

如果想在拍摄时得到蒙太奇的效果，让多个焰火叠加在一张照片上，应该使用 B 门曝光模式。拍摄时按下快门后，用不反光的黑卡纸遮住镜头，每当烟花升起，就移开黑卡纸让相机曝光 2~3 秒，多次之后关闭快门可以得到多重烟花同时绽放的照片。需要注意的是，总曝光时间要计算好，不能超出合适曝光所需的时间。另外，按下 B 门后要利用快门线锁住快门，拍摄完毕后再释放。